生命と地球の進化アトラス

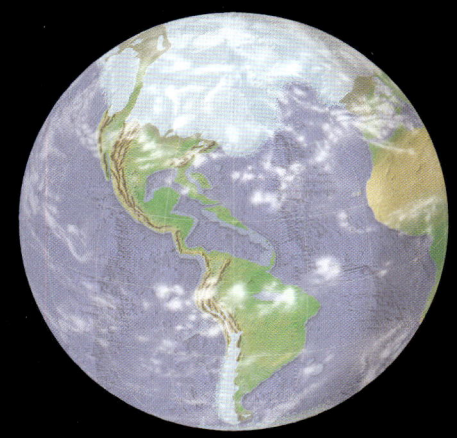

VOLUME

III

第三紀から
現代

生命と地球の進化アトラス

VOLUME

III

第三紀から現代

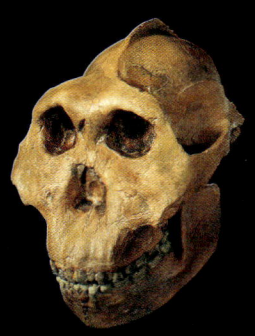

イアン ジェンキンス 著

小畠郁生 監訳

朝倉書店

Principal contributors
Dougal Dixon

Dr. Ian Jenkins
University of Bristol, UK

Professor Richard T.J. Moody
University of Kingston, UK

Dr. Andrey Yu. Zhuravlev
Paleontological institue, Moscow

Project director Ayala Kingsley
Project editor Lauren Bourque
Art editors Ayala Kingsley, Martin Anderson
Cartographic manager Richard Watts
Cartographic editor Tim Williams
Paleogeography Dougal Dixon
Additional design Roger Hutchins
Picture research Alison Floyd
Picture management Claire Turner
Production director Clive Sparling
Proofreader Lynne Wycherley
Index Ann Barrett

Illustrators Julian and Janet Baker,
Robert and Rhoda Burns, Felicity Cole,
Dougal Dixon, Bill Donohoe, Brin Edwards,
Samantha Elmhurst, David Hardy,
Ron Hayward, Karen Hiscock, Ruth Lindsay,
Maltings Partnership, Denys Ovenden,
Colin Rose, David Russell, John Sibbick

Planned and produced by
Andromeda Oxford Limited
11–13 The Vineyard
Abingdon
Oxfordshire
OX14 3PX
England

www.andromeda.co.uk

© 2001 Andromeda Oxford Ltd

Japanese translation rights arranged
with Andromeda Oxford Limited,
Abingdon, Oxfordshire, England
through Tuttle-Mori Agency, Inc., Tokyo

Published in the United States of America by
Macmillan Reference USA
1633 Broadway
New York,
NY 10019

All rights reserved. No part of this book may be
reproduced or transmitted in any form, or by any means,
electronic or mechanical, including photocopying, recording, or by
any information storage and retrieval system, without permission
in writing from the publisher.

目　次

シリーズの序　6
地質年代図　9

PART 5　第 三 紀　10

古第三紀　14
哺乳類の進化　36
肉食哺乳類の進化　38

新第三紀　40
有蹄類の進化　62
霊長類の進化　64

PART 6　第 四 紀　66

更新世　70
人類の進化　94

完新世　96
現代の絶滅　120

用語解説　122
参考文献・謝辞　137
監訳者あとがき　138
日本語参考図書・訳者一覧　139
索　引　140

シリーズの序

この現代ではたいていの人が，地球の起源，海中での生命の誕生，恐竜の時代，原始人類，氷河時代などについて，おおまかな知識はすでにもっている．しかし，あちこちの採石場や海岸に露出した岩石や，偶然に発見された化石から，これらの膨大な物語が組み立てられたのが，僅かこの200年ほどの間にすぎないというのは驚くべきことである．

すでに古代ギリシャ人やローマ人も，自然の世界を科学的に観察していた．西暦1200年に中国の博物学者で詩人の朱子（Zhu Xi）も，「高い山に貝殻を見たことがある．……その貝は水中に住んでいたにちがいない．低い土地が今や高地となり，軟らかいものが硬い石に変わったのだ」と書いている．しかし，それから600年後のヨーロッパでも，自然科学の歩みはまだ遅々としたものだった．いくつかの重要な発見はあったが，いぜんとして地球はごく近い過去に，最高の創造主によってつくられたものだという考え方が一般的だった．

少しずつ，この考え方に疑問を投げかける人が現れ始めた．1788年，スコットランドの地主でアマチュアの地質学者であったジェイムズ・ハットン（James Hutton）は，地球がそれまで考えられもしなかった，気も遠くなるほど古いものであることを強く主張した．彼はスコットランドで，河川や海岸の浸食や砕屑物の堆積層を観察し，古い岩石の層を調べた．その岩層の驚くほどの厚さは，それが膨大な時間をかけて生まれたものであることを示していた．「いつ始まったとも，いつ終わるとも知れない」とハットンはいい，斉一観という考え方を提唱して，「現在は過去を解くカギである」という言葉でそれを表した．この言葉は，自然の法則はどの時代にも変わらないということを意味する．これによって彼は中世的な考え方を葬り去り，地質学を科学として確立した．

ハットンの生きている間に，化石は単なる珍奇な個人収集物から，生命の起源に関する論争の核心を占めるものとなった．1750年ころまでは，ほとんどの博物学者（多数の聖職者が含まれていた）が，地球上の植物や動物はこれまでずっと同じ姿であったし，これからもずっと同じ姿であり続けるものと考えていた．生物の絶滅などということは，創造主が重大な誤りを犯したことを意味するものと考えられた．しかし，探検や産業的発掘が進むにともなって，未知の動植物の遺骸が次々に発見された．

北アメリカの初期の探検者たちは，そこで発見したものを研究のためヨーロッパに送った．貝殻やシダの葉はまだそれほどの問題にはならなかったが，1750年ころ，新植民地オハイオの地表堆積層から掘り出された巨大な骨や歯がロンドンやパリに送られてきた．ヨーロッパの学者たちは，これらはある種のゾウの遺物と考えたが，現代のインドゾウやアフリカゾウとは違っていた．何か別種のゾウ——彼らはこれにインコグニトゥム（Incognitum）（「未知のもの」）という名前をつけた——が，今も北アメリカの西部辺境に生きているのではないかと彼らは考えた．しかし，探検者がさらに西に進んでも生きているゾウは発見されず，この理屈は成り立たなくなった．1795年には，フランスの有名な解剖

学者で，古生物学者のジョルジュ・キュヴィエ（Georges Cuvier）は，アメリカのインコグニトゥムは絶滅した動物マストドンであると発表した．彼はほかにもいくつか，化石化した骨しか知られず，明らかに絶滅したと考えられる大型の動物について論文を発表した．これにはシベリアのマンモスや南アメリカの巨大な地上ナマケモノであるメガテリウム（Megatherium）が含まれていた．

　キュヴィエは，これらの動物が消滅したのは，全地球的な破局によってすべての生物が一掃されたためと考えた．この考え方は聖書の大洪水や疫病の話と一致し，ゆっくりした変化を主張する斉一観に反対の伝統主義者もこれを支持した．しかし科学としての地質学が進むのにともなって，あらゆる証拠は斉一観を裏づけるように思われた．ごく最近の1960年代まで，多くの地質学者は「超斉一観主義者」となって，現代世界ではもはや観察されない作用は認めようとしないほどだった．実際には，破局論者も多くの点で正しかった．大量絶滅が隕石の衝突や氷河時代といった出来事によって起こったという考え方もある．このような出来事でさえ，今日では自然現象であることがわかっている．

　斉一観の考え方を裏づける証拠は，主として1820〜1830年代に築かれた層序学──岩層の新旧の順序づけ──の原理から得られた．ハットンは岩石に対し時間枠を設定し，彼の後継者たちは地球上の多くの場所で特定の岩石の分布がくり返し見られることに気づいた．さらに，特定の岩層には，予測可能な化石群が含まれていた．イングランド南部のある岩層は，同じ化石群を含んでいるスコットランドやフランスの岩層と相互に対比できると考えられた．ある特定の岩層が相互に対比できるものであることが明らかになれば，その上や下にどのようなものがあるかを地質学者は予測することができた．地質時代の重要な区分──石炭紀，ジュラ紀，白亜紀，シルル紀など──が，年代の順にではなかったが，1つずつ定義され，名前がつけられていった．

　しかし，化石はどう考えるべきものだろうか？　これは時代とともに，はっきりと変化していった．化石はジョルジュ・キュヴィエが主張したように，一連の創造と絶滅を表すものなのだろうか？　それともさまざまな時代を通してひとつながりのものなのだろうか？　イギリスやフランスの哲学者たちは19世紀の前半，この問題について議論をくり返したが，最後に1859年にその法則とメカニズムを明らかにしたのはチャールズ・ダーウィン（Charles Darwin）だった．今日見られる生物の多様性は，長い時間をかけた系統の分離（種の形成）によってのみ生じえたものであり，すべての生物は想像を絶する遠い昔の共通の祖先にまでさかのぼりうることを彼は示したのである．このようなモデルを与えられ，さらに多くの化石による裏づけを得て，19世紀の古生物学者は，その後ほとんど何の修正も必要としないほどの詳細な生命の歴史を描き上げた．20

> *時間と岩石と化石の複雑な関係について謎が解け始めたのは，1800年代の初め頃からだった．*

第三紀

6500万年前から
180万年前

PART 5
哺乳類の台頭

古第三紀 ▶

新第三紀 ▶

PART
5　第三紀

　6500万年前に新生代（Cenozoic）が始まるとともに，地球は比較的新しい時代に入った．この時代の移り変わりはいちじるしく，恐竜ばかりでなく，アンモナイト類，巨大な海生爬虫類，その前の時代に広範囲にわたるチョークの堆積層をつくった石灰質のナノプランクトンなども姿を消した．それ以前の地層と異なり，新生代の堆積層はおおむね軟らかい（新第三紀最初期の炭酸塩および珪砕屑性堆積岩の一部を除く）．このため新生代堆積層は比較的見分けやすく，また見つけやすい．その下層の中生代の地層と区別する化石もたくさん含んでいる．伝統的な方法では新生代を第三紀（Tertiary）と第四紀（Quaternary）の2つの時代に分けており，後者のほうが新しい．しかし現代の地質学者は，この2つの時代をもっと短いいくつかの世に分けて考えるほうがよいと考えるようになった．

　第三紀という名前は，18世紀ヨーロッパの鉱山関係者や当時生まれたばかりの地質学者の研究からきている．彼らはヨーロッパ本土や英国諸島の岩石が3つに大別されることを明らかにし，アルプスなどの山脈地帯の基盤をつくっている火山岩や変成岩は，まだ混沌としていた地球創世の時代に最初に形成されたと考えた．この"第一期の"岩石の上を"第二期の"堆積岩が覆った．これは多数の化石を含んでおり，聖書に出てくる大洪水のときに堆積したものと考えられた．ヨーロッパの多くの山脈を取り巻く低い丘陵地帯に見られる"第三の"タイプの岩石は，軟らかく，層をなした石灰岩，粘土，砂などでできており，現在生きている種ときわめてよく似た化石をたくさん含んでいた．このような理由で，この"第三期の"堆積層は大洪水の後で堆積したものと考えられた．しかし，フランスの偉大な比較解剖学者で地質学者のジョルジュ・キュヴィエ（Georges Cuvier）男爵が生物の絶滅という考えを思いついたのは，第三紀の岩石中に見られた哺乳類の化石を調べていたときのことだった．これらの哺乳類が現代のどの哺乳類とも大きく異なっており，すでに遠い昔に姿を消したものにちがいないことに彼は気づいたのである．

　古第三紀と新第三紀を包含する第三紀は，中生代と新生代の境界である6500万年前に始まり，世界がはるかに寒く，乾燥するようになって，中生代から第三紀の初めに見られた温暖な熱帯性の環境がもはや見られなくなった180万年前に終わった．第四紀（特にその前期の更新世）の氷河時代は，第三紀にオーストラリアが最終的に南極大陸から分離して，世界の深海に冷たい大水塊サイクロスフェアができたことによって起こった．第三紀に見られたその他の大きな出来事としてはパナマ地峡の形成があり，こ

れによって大西洋からの暖かい水の流れはヨーロッパ北部に向かうようになった．アルプスおよびヒマラヤ山脈が隆起したのもこの時期で，これは大陸が衝突した結果だった．

　第三紀全体にわたる環境の変化によって，哺乳類は全世界に広がっていった．クジラ類は新たに温度の低くなった海に姿を現し，そこに大量に生息する小型無脊椎動物は，それを餌とするあらゆる動物たちの豊かな食料源となった．陸上では，中生代の熱帯林に代わって草原が現れ，その生態的地位に大型の草食哺乳類が急速に広がっていった．草を食べる動物が多数現れて，木の葉を食べる動物たちに取って代わり，草食哺乳類の生体群集の構成は一変した．すぐに草を食べる動物を獲物とする肉食動物も現れた．

　新生代は，哺乳類が支配的な大型の動物として爆発的に多様化していったことから，俗に「哺乳類の時代」(The Age of Mammals) と呼ばれるようになった．哺乳類は最初，中生代の三畳紀に現れたが，恐竜が優位を占める世界で哺乳類が勢力を広げていくチャンスはほとんどなかった．恐竜とは食物（肉と植物の両方）が競合し，初期の哺乳類のような小さな動物は恐竜の餌食ともなったからである．新生代には，すべてが変わった．小さく，主として夜行性の，分化してない哺乳類が，急速にクジラ類，コウモリ類，ウマ類など，多様なグループに進化していき，始新世には100近い科が生まれていた．ゾウ類，ウシ類，イヌ・ネコ類などは，それより少し後に現れた．そのうちにはまったく新しいものもいれば，中生代から子孫が生き残ってきたものもいた．これらがすべて次の第四紀まで生き残ったわけではない．姿を消したものの中には，足の長いカモ類，飛ぶことのできない巨大な肉食鳥類，サイ科の一種で，かつて地球上に生きた最大の哺乳類であるインドリコテリウム（*Indrichotherium*，以前のバルキテリウム *Baluchitherium*）などがいた．

> 哺乳類の時代には，恐竜の陰にいて広がることのできなかった一群の動物たちが，急速に，驚くほど広く多様化していった．

　このように勢力を拡大し，多様化していった哺乳類の中に霊長類がおり，これは他に例を見ない脳の力と社会組織をもっていた．霊長目は約5000万年前に控えめに登場し，現代のコビトキツネザルやメガネザルに似た小型の樹上性の動物が最初に姿を現した．大型の種でも，体重は1 kgほどしかなかった．古第三紀後期から新第三紀前期に，その子孫たちは世界のほとんどあらゆる場所に広がっていった．このようなみすぼらしい祖先から，真猿類のあらゆる系統が進化し，そこから最後に人間が生まれた．しかし，人間が登場するのはまだずっと後のことである．

　3500万年ほど前，漸新世の前期に，尾がまっすぐで，幅の狭い鼻をもつ旧世界ザルが現れた．これらは今日，アフリカやユーラシアに見られるものたちである．南アメリカにいる新世界ザルは，ものをつかむことのできる尾と，幅の広い鼻をもつのが特徴で，漸新世後期にアフリカの外に移住したグループから進化した．旧世界ザルからは次に類人猿（apes）が生まれ，これは地上で生活するようになったものも多かった．類人猿の1科であるラマピテクス科（Ramapithecidae）は1700万年前ころにアフリカに起こり，その体重は20〜275 kgくらいあった．多様な類人猿——今日よりもはるかに多数の種が見られた——の1つとして，約400万年前にまた別の新しいものが現れた．直立して歩くアウストラロピテクス属（*Australopithecus*）で，これが現在確認されている最古のヒト科動物である．

古第三紀

6500万年前から2400万年前

古第三紀（Paleogene）は恐竜が死滅して白亜紀が終わったすぐ後の時代であるため，一般向けの本では詳しく見ることなく通り過ぎてしまうことが少なくない．しかし，現代の世界に見られる生物のうちで，地球の歴史のこの重要な時期に起源をもつものは多い．この時代の最も重要な変化としては，始新世の熱帯林が，漸新世のもっと涼しく，開けたサバンナに変わり，それにともなって当時多数見られた哺乳類のタイプが大きく変化したことがあげられる．

地球全体に及ぶこのような変化は，南極大陸をめぐる冷たい海流の成立と関係がある．南アメリカとオーストラリアが南極大陸から離れると，冷たい海流が流れてくるようになったため，この大陸の縁に沿って流れていた暖かい海流の方向が変わり，やがて氷床が形成された．今日の南極大陸の氷冠と，現在生きている哺乳類（mammals）の多様性は，この時期に残された2つの大きな遺産である．

偉大な地質学者チャールズ・ライエル（Charles Lyell）の研究が初期の基礎となって，現在のような形の"第三紀"（Tertiary）が組み立てられた．この第三紀は，第四紀（Quaternary）と呼ばれる最新の200万年に及ぶ氷河時代を除いた，新生代（Cenozoic，現代までの6500万年間）のほとんど全期をなす．新生代を古第三紀（6500万年〜2400万年前）と新第三紀（2400万年前〜現代）の2つの時期に分ける専門家もいる．新生代の歴史における最も根本的な変化が，新生代のいずれかの世のはっきりした境界にではなく，始新世（Eocene）中期から漸新世（Oligocene）初期の間に起こったことは，やや混乱を招きやすい．7つの世からなる新生代（3つの世からなる古第三紀を含む）が確定され，この時期の岩石に関する層序学が進むと，地球史のこの時期の進化的な変化がどのような状況の中で起こったかを，より明確にとらえることが可能になった．

白亜紀末の劇的な恐竜絶滅によって，多数の生態的地位が空き家となって残った．

キーワード

アルプス造山運動
ムカシクジラ類
食肉類
顆節類
肉歯類
ホットスポット
ララミー造山運動
哺乳類
メソニクス類
環太平洋火山帯
海洋底拡大
テーチス海
有蹄類

白亜紀と古第三紀の境界期に恐竜が絶滅したことによって，陸生脊椎動物相の構成は根底から変化した．それまで恐竜が占めてきた生態的地位（ecological niches）に，他の動物が入り込めるようになった．大型の植物食恐竜や肉食恐竜が果たしていた役割は，哺乳動物が引き継いだ．しかし，それに続く古第三紀の間に，哺乳類はそれ以前には存在しなかったような新しい生態的地位を多数つくり出した．アリ食い動物，草を食べる草食動物（グレーザー），齧歯（げっし）動物などは，陸生哺乳類によって始められた．これらの奇妙な形をした動物たちは，絶滅によって空き家となった生態的地位，進化の真空地帯とでもいうべきものに対応して生まれたものといえる．しかし，このチャンス到来型進出（opportunistic refilling）の初期の段階には，進化の過程で奇妙な形をした動物や植物がすさまじい勢いで多数生まれた．

この哺乳類の爆発的進化は海生動物の世界にも広がり，最初のクジラ類（whales）が姿を現したのも古第三紀だった．ク

白亜紀	**65**（百万年前）	60	55	50	古第三紀	45
統	暁新世					始新世
ヨーロッパの階	ダニアン	セランディアン	タネティアン	ユプレシアン		ルテティアン
北アメリカの階	プエルカン	ティファニアン		ワサッチアン		ブリッジェリアン
		トレホニアン		クラークフォーキアン		
	大西洋中央海嶺により，グリーンランドが北米およびユーラシアから分離			アドリアマイクロプレートの衝突でアルプス造山運動が始まる		
地質学的事件	ララミー造山運動続く．ロッキー山脈隆起			太平洋で新しい沈み込み帯が広範囲に発達		
気候			温暖な熱帯〜亜熱帯気候			
海水準			中〜高を変動			
植物	大量絶滅		熱帯植物（つる植物，ソテツ類など）が優勢			
動物	哺乳類の適応放散	●最初の"真の"食肉類		最初のクジラ類		肉歯類が優勢の肉食獣

ジラ類は，メソニクス類顆節類（mesonychid condylarths）と呼ばれる暁新世（古第三紀の初期）の一群の有蹄肉食動物から進化した．〔訳注：最近，偶蹄類の一部から進化したと考えられる化石が得られ，分子生物学的推論と一致した．〕最も古いクジラ類の化石は，パキスタンおよびエジプトの初期から中期始新世の岩石から見つかっている．古第三紀の海では，脊椎動物の歴史上，重要な出来事がほかにも起こった．現代型のサメ類（sharks）が繁栄したのもこの時代だった．サメ類の軟骨性の骨格はすぐに分解してしまうが，その硬い歯は簡単には分解されない．古第三紀の岩石から化石のサメの歯を見つけることは，古くからアマチュアにとっても，専門家にとっても，人気の高い趣味とされてきた．

17世紀の中ごろ，デンマークの医師ニコラウス・ステノ（Nicolaus Steno）は大きなサメの頭を切り開いて調べているとき，サメの歯が，何世紀も前からマルタ島の断崖の軟らかい岩石から掘り出されていた奇妙な「タングストーン（舌石）」とよく似ていることに気づいた．1667年にステノは1冊の本（『サメの頭部の解剖』）を書き，その中で，舌石が実ははるか昔に死んだサメの歯であり，それが聖書の中の洪水で埋まったものだと述べた．彼の主張は，現存する動物の体の特徴が，今では化石と呼ばれる無生物に見られる場合があることを認めたものであり，これによって医師ステノは世界最初の古脊椎動物学者となったのだった．しかし，ステノに材料を与えた古第三紀の岩石がもつ重要性や歴史的意義は，今日いっそうはっきりと認識されるようになっている．

大きな気候の変化は，古第三紀の全体を通じて見られた．これは長期にわたる寒冷化の時代の始まりだったが，温度は下降・上昇をくり返しながら，全体として低下していった．暁新世に見られた最初の寒冷期ののち，暁新世から始新世への移行期には地球全体に熱帯の気候が戻った．暁新世後期／始新世前期（5100万～5600万年前）のインド大陸プレートとアジア大陸プレートの衝突が，この最近の5億5000万年間で最も温暖な時期の1つと関連することはほとんどまちがいない．これに続いて，始新世後期の世界的な「温室」気候から，漸新世初めの「冷蔵庫」気候への大きな変化がやってきた．

インドプレートがその前の白亜紀の大半を通じて北に向かって漂移する間に火山が噴出し，インドが巨大なアジアプレートに衝突すると火山活動は衰えた．これによって深海に堆積する有機物中の炭素が隆起した大陸縁に沿って押し上げられ，それが受動的な地球温暖化につながったのかもしれない．この炭素は大量に堆積したプランクトン，魚類，微生物などの生物の遺骸からきたものだった．この出来事は世界の大洋の一部で

> 火山活動や，
> 隆起した堆積物から
> 大気中への炭素の放出も，
> 世界の温暖化の
> 一因となった．

「炭素取り込み効果」（carbon sink effect）を無効にし，それ以上に多くの炭素が二酸化炭素ガスの形で大気中に放出された結果，温室効果が増大した．現在の地質学的理論によると，暁新世・始新世移行期の地球の温暖化は，単一の出来事の結果ではなく，いくつかの要因の組み合わせの結果だったと考えられる．それらの要因のうちには，グリーンランドが北アメリカやヨーロッパから離れたのにともなう盛んな火山活動，高緯度地方の海洋温度の上昇によって大気の循環が弱まったこと，海洋における有機物の生産力の増大なども含まれる．

暁新世および始新世の全体を通じて，世界の気候は徐々に暖かく均一になり，その結果多くの場所──北アメリカ北西部，ドイツ南部，英国のロンドン盆地など──が現代の中央アメリカや東南アジアの熱帯雨林のようになった．特徴的な植物の化石には，モクレン類，ミカン類，ゲッケイジュ類，アボカド類，サッサフラス類，クスノキ，カシュー類，ピスタチオ類，マンゴー類，熱帯性つる植物など

参照

更新世：氷河時代
第Ⅰ巻，始生代：構造プレート，海洋底の拡大と海嶺
第Ⅱ巻，白亜紀：北アメリカの西コルディレラ山系

哺乳類の時代

新生代は地球の歴史全体の最も新しい部分1.5％弱を占め，古第三紀は約4100万年続いたにすぎない．この時代に現代の哺乳類相が形づくられ始めた．この中には，今日われわれがよく知っている現代の動物の祖先もたくさん含まれるが，見なれない，変わった姿のものも多かった．この時代に，恐竜の絶滅によって空き家となった生態的地位に哺乳類が入り込んでいった．気候や植生の変化も，新しい動物のグループの多様化にチャンスを与えた．

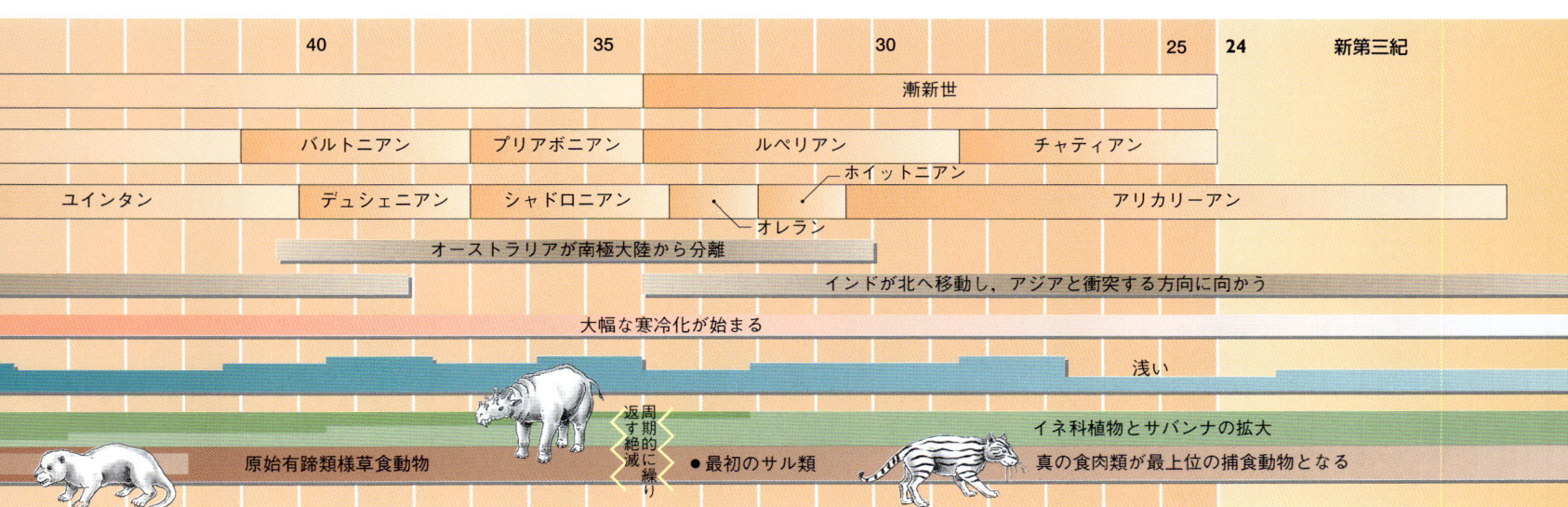

PART 5

始新世後期にはゴンドワナ大陸の最後の分裂が起こって、オーストラレーシア (Australasia) が南極大陸から分かれ、さらに両者は互いに反対の方向に動いて離れていった。地球の同じ側で見られたこのほかの地理的変化としては、東南アジア、日本、南太平洋における新しい沈み込み帯の発達があり、これはさらにずっと北アメリカの太平洋岸にまで伸びていた。そこには火山活動によって島々が弧状に並び、これは「リング・オブ・ファイア」(「火の環」すなわち環太平洋火山帯) というニックネームで呼ばれるようになった。この名は今も使われている。南シナ海やフィリピン海は、同じ時期にこの地域に出現した。約5700万年前の暁新世後期、漂移する島状のインドとアジア大陸南岸との間にはまだ大きな水路が開いていたが、すでにこの両者の間に山脈は隆起しつつあった。この水路は古いテーチス海の一部だった。そのずっと東にはトゥルガイ (Turgai) 海峡があり、ウラル山脈に沿ってテーチス海と北極海とをつないでいた。

オーストラリア大陸プレートは北に漂移するのにともなって南極の大陸塊とのつながりが切れ、南極の周極海流が生まれた。簡潔にいえば、この出来事が現代の気候環境の始まりとなった。オーストラリアが分離する前から、すでに南極大陸は南極の真上にあったが、その沿岸には亜熱帯の低緯度地帯からくる暖かい海水が打ち寄せていたため、気候はまだ暖かかった。プレートの移動が風や海流の変化を起こさせ、このため暖かい赤道地帯の海水が南極にまで届かなくなった。南の巨大大陸を取り囲む冷たい海の水が大陸のまわりをめぐって流れ始め、北から暖かい海水が流れてくるのを妨げるようになったためである。この新しい冷水の分布は、表面水では漸新世までに確立された。

この寒冷化にともなって、始新世の終わり近くには最初の海氷ができ始め、氷点近い水は海の深いところに沈んでいった (冷たい水は温かい水よりも密度が大きいため沈む)。南極大陸周辺で深い海に沈んだ冷たい水は、そこから北に広がっていき、サイクロスフェアをつくった。これは大洋の最深層を指し、水温が氷点近いことがその特徴である。サイクロスフェアは深海の生物に大きな影響を及ぼし、今でもほとんどの海洋生物にとって大きな生理的障壁となっている。この時期に、深海に住む有孔虫類 (foraminiferans) ——大洋のさまざまな深さのところに大量に見られる方解石の殻をもった原生動物——の大規模な絶滅が化石の記録に認められる。絶滅は軟体動物類 (mollusks) など、深海に住むその他の海生生物にも見られる。

これらの出来事は、始新世中期から漸新世中期にわたる長い時間をかけて起こった。動物の急激な減少は、南極大陸の氷の急速な増加にともなう大幅な海の後退と時期が一致していた。

オーストラリアが離れていくのにともなって、南極大陸は他のどの陸地からも切り離され、そのまわりを冷たい周極海流が流れるようになった。

始新世から漸新世への移行期に起こった寒冷化が、その後の多くの進化を起こさせた。

サイクロスフェアの形成にともなう、もう1つの海の生態の変化は、イシサンゴ類 (scleractinian corals) (これはペルム紀末に絶滅した皺皮サンゴ類 (rugose corals) や床板サンゴ類 (tabulate corals) とは異なり、現代のサンゴはすべてこれに含まれる) の再拡大だった。この石状の"真の"サンゴは寒冷化の中で生き残り、現代の重要な造礁生物となった。大型の海生動物も影響を受けたが、必ずしも悪い影響とは限らなかった。始新世中期の初めには、テーチス海東部の亜熱帯の海で最初のクジラ類 (cetaceans) が現れた。これは水中で生活する肉食哺乳類で、現代のハクジラ類の前身である。漸新世の終わりに近づき、世界がさらに寒冷化すると、ヒゲクジラ類 (baleen whales) が現れた。これらは何枚ものひげ板をもち、それを使って冷たい海で大量に繁殖するプランクトン性の生物を濾し取って食べた。すべての哺乳類と同じように、クジラ類は温血で、体温を保つため、皮膚の下には脂肪層の形で脂肪を蓄えた。ヒゲクジラ類のような大型の種のほうが体重あたりの体表面積が小さく、より有利だった。

火山弧

(左) パプアニューギニアの近くでの火山噴火。オーストラリアの北への移動はインドネシアの発達に大きな影響を与え、プレートの沈み込みは今も弧を描く海山列をつくり出している。

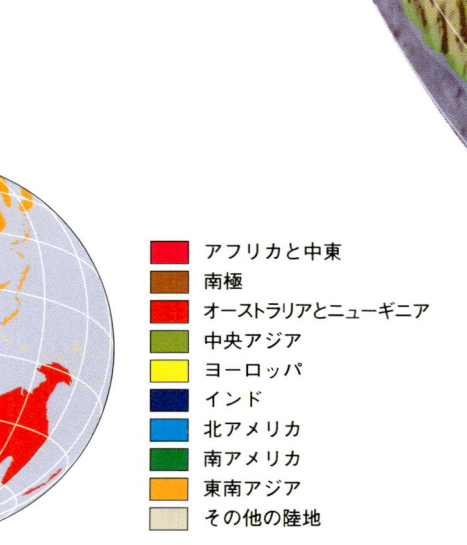

色	地域
赤	アフリカと中東
茶	南極
赤	オーストラリアとニューギニア
緑	中央アジア
黄	ヨーロッパ
紺	インド
水色	北アメリカ
緑	南アメリカ
橙	東南アジア
灰	その他の陸地

第三紀

太平洋のプレートの沈み込み

太平洋海盆の縁に現れた新しい沈み込み帯は，ほとんど絶え間ない火山弧系を生じさせ，環太平洋火山帯と現在では呼ばれる太平洋を取り巻く山脈をつくった．

古第三紀

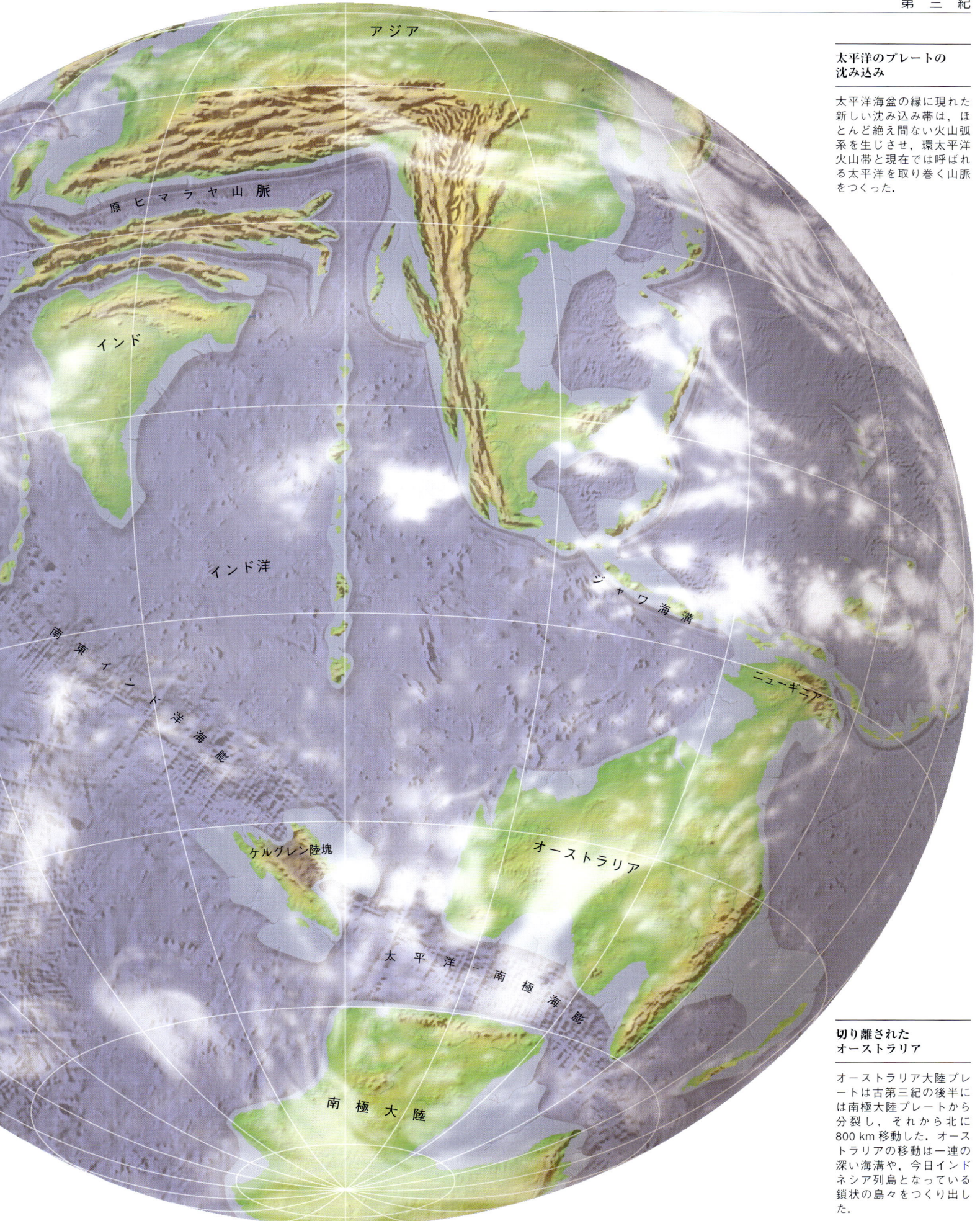

切り離されたオーストラリア

オーストラリア大陸プレートは古第三紀の後半には南極大陸プレートから分裂し，それから北に800 km 移動した．オーストラリアの移動は一連の深い海溝や，今日インドネシア列島となっている鎖状の島々をつくり出した．

19

海面下約3000mのところで、大西洋中央海嶺はアメリカプレートとアフリカプレートとの境界となっている。この海嶺は北極圏からアフリカ南端まで長さ1万6000km近く、幅1600kmに及び、東西の大陸から等距離のところに連なる。山脈の頂上部の幅約80〜120kmの狭い部分が海底火山活動の場で、そこから海底が"広がって"いく。地下から湧き上がるマグマが噴出部から押し出され、新しい海底をつくる。大西洋の海底は、このようにして1年に約1〜10cmのスピードで広がっていると推定される。

> 大西洋中央海嶺は長さ1万6000kmに及ぶ海底山脈で、火山性物質がマントルから上昇してきてつくられた。

地質学者にとって幸いなことに、アイスランドは大西洋中央海嶺の一部が盛り上がって海面上に頭を出した火山島である。完全に海洋地殻だけでできたこの"島"は海底山脈の一部であり、他の部分より2500m以上高く——島が海面に頭を出し、玄武岩質の岩石が海面上に出るだけの高さまで——隆起している。海嶺に沿って見られる海面上に頭を出した火山島は、このほかアセンション島（Ascension Island）、セントヘレナ島（St. Helen）、トリスタン・ダ・クーニャ島（Tristan da Cunha）などがあるが、アイスランドのように大西洋中央海嶺そのものの真上にあるものは1つもない。これらはすべて、地下600kmものところにあるマントルから融けた岩石が湧き上がってくる"ホットスポット"（hot spot）とつながっている。アイスランドをつくっている大量の溶岩の堆積は、この島の真下にあるホットスポットからきたものである。約6000万年前、グリーンランドがヨーロッパから分離し始めたころ、グリーンランド東部を数百キロメートルもの厚さで覆った膨大な量の溶岩流をつくり出したのも同じホットスポットだった。

地溝の構造

陥没した地溝の側面を区切っている断層は地下にあるマグマ溜まりまで達していて、マグマ溜まりと地表をつないでおり、溶岩はここを通って噴出する。地溝の横方向への拡大が続くのにともなって、その溶岩流が次々に地溝の底部をつくり、新しい海洋地殻を形成する。

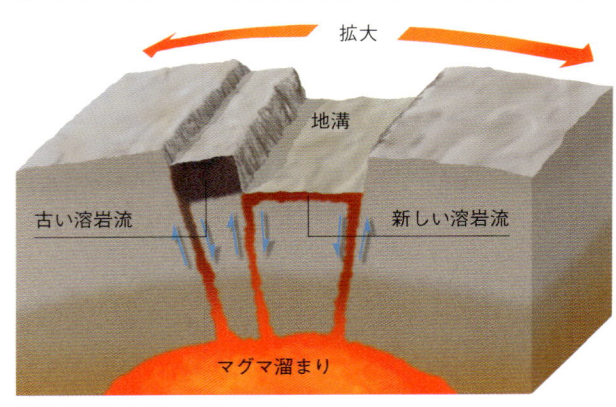

大洋中央海嶺

北大西洋の中央海嶺は1万数千kmにもわたって海底を走る巨大な地形である。しかし、これが地球の表面に露出している場所が1か所だけ見られる。それがアイスランドである。大西洋中央海嶺の玄武岩層が地表に現れたティングベリル地溝の、急傾斜の側面をもつ谷（下写真）は、構造プレートの放散（divergence）をきわめて印象的に証明している。

第 三 紀

古第三紀

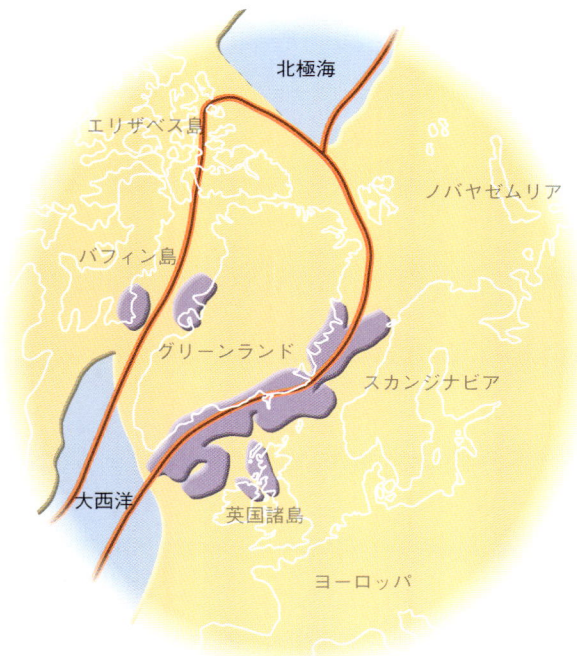

新しい大洋の拡大

大西洋の中央に横たわる大西洋中央海嶺のごつごつした巨大な山脈は、新しい海底岩石圏が形成されている場所である。新しい地殻が年に約2.5cmの速度で横に広がっていき、マグマが押し出された溶岩の形で割れ目から外側に向かって動いていくのにともなって、大陸もいっしょに移動していく。6300万〜5200万年前の間に、マントルのホットスポットが地殻を押し広げ、火山物質が大量に流出した（この大量の玄武岩質溶岩が、今日北アイルランドやスコットランドのインナーヘブリディーズ（Innner Hebrides）諸島に残っている）。ヨーロッパ、グリーンランド、北米の間が裂けて細い水路ができ（上の地図）、やがてはグリーンランドは完全に切り離されて大きな島となり、北極海と大西洋がつながった。古第三紀中期には、西側の地溝は活動が低下したが、東側の地溝は現在まで広がり続けている（下の地図）。

海洋底拡大帯

ヨーロッパからのグリーンランドの分裂を起こさせたマントルのプルームは、今もアイスランドの地下に存在している。北大西洋構造プレートの縁がアイスランドのどのあたりを通っているかは、そこに見られる火山活動帯やプレート分裂構造物によって知ることができる。この島は全体が火山性のものであり、スルツェイ（Surtsey）島は1963年に海面上に現れた。

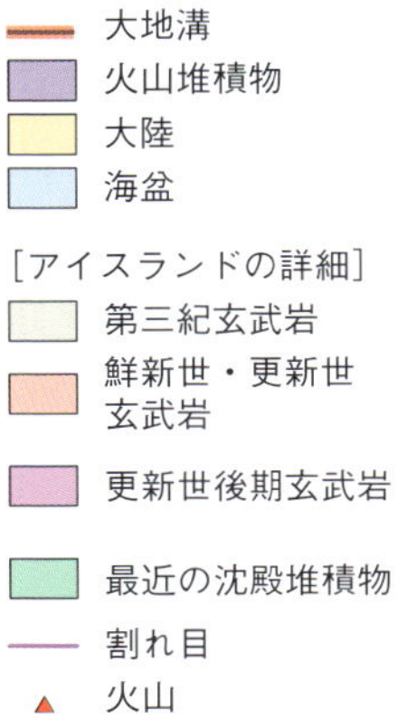

海洋底拡大説を発表したアメリカの地質学者ハリー・ヘス（Harry Hess）は、大洋中央海嶺が深い溝をもつという特徴を示すことに注目した。これは、アイスランドでは地形の特色として目で見ることができる。地溝（graben）と呼ばれる谷は、2つの断層帯が並行して走り、その間の部分が陥没して、溝をつくっている。地溝は地殻が割れ、新しい溶岩が上昇してきたところにできる。大西洋中央海嶺を探査した潜水艇は、海底の幅の狭い大地溝帯（rift zone）が枕状溶岩（pillow lava）——新しい溶岩が水中で急速に冷却したときにしばしば見られる球状の形に固まった溶岩——で覆われていることを発見した。さらに谷の底には、あたかも海底が巨大な力で引っ張られているかのように、山脈の軸と平行に走る、幅10mくらいまでの割れ目が多数見られる。

古第三紀前期にはまた、これよりもずっと南東のほうでのことだが、大西洋北東部におけるプレート分裂と関連する別の現象も見られた。古北海海盆の底が沈降し始め、この地質学的な海盆の中心部に厚さ何千メートルにも及ぶ堆積物が積もっていったことである。近くの大陸（現在の北ヨーロッパ）の海岸に接する北海は、英国南東部やフランス北部からデンマークにかけてのヨーロッパ本土にきめの細かい海洋性堆積物を広く堆積させた。この堆積物は、それが堆積したときの状態が亜熱帯の環境だったことを示している。古第三紀の後期に海面が上昇すると、ヨーロッパ大陸は東方のウラル山脈まで北海に覆われた。

> 古北海の前進と後退は、パリやロンドンに広範囲にわたって海洋性の堆積物を残した。この時代の例にもれずそれは熱帯性のものだった。

この地域の2つの堆積層が、ヨーロッパの地質史で特に重要である。イギリスのリチャード・オーウェン（Richard Owen）卿は、ロンドン盆地の粘土から出てきた化石を詳しく調べた。この始新世前期の後半からの遺産では、ワニ類、カメ類、サメ類、魚類、哺乳類、さらには小型の鳥類まで、全部で350種に及ぶ見事に保存された化石が発見されている。動植物の化石が示すところによると、潮の影響を受ける亜熱帯の海岸線が間欠的に森に覆われたことがわかる。そこは現代のマングローブの湿地と似ており、生息する動植物のうちには現代のマレーシアに近縁の種が見られるものもいた。

パリ盆地石灰岩層の化石は、偉大な比較解剖学者で、パリ国立自然史博物館長だったジョルジュ・キュヴィエ（Georges Cuvier）男爵が研究を行っていた。そこには、ロンドン粘土層と似た化石動物の生態群集が見られる。キュヴィエによる古代のバクに似た化石哺乳類パラエオテリウム（*Palaeotherium*,「古代獣」）の発見と記載は、この種の動物に関する最初のものであり、古生物史にとって大きな重要性をもつ。

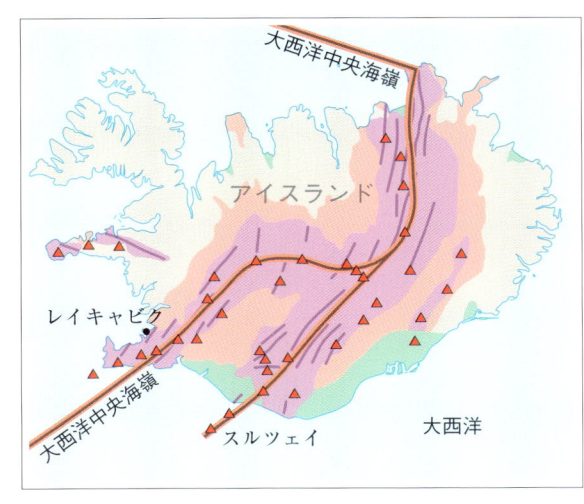

PART 5

古第三紀

前弧海盆（長距離にわたる海底の地勢）とともに，弓なりに並ぶ海山（seamount）ができた．これが現在インドネシア列島のジャワ諸島となっており，ジャワ，スマトラ，スラウェシ，ニューギニアなどがこれに含まれる．1883年に爆発したクラカタウ（Krakatau）火山もこの中にある．約7000万年前に形成され始めた天皇・ハワイ海山列（Emperor-Hawaiian seamount chain）は，4300万年前に東太平洋海膨（East Pacific Rise）の拡大の方向がもっと西向きになったのにともなって湾曲し始め，日本の南方や南太平洋に新しい沈み込み帯と島弧系ができた．

スマトラ沖のムンタワイ（Mentawai）諸島には新生代の岩層がたくさん露出している．これらの島の岩石は，新生代前期や，再び中新世にも，強い褶曲を受けているのが見られる．隆起したサンゴ礁の段丘が示すところによると，これらの島は近年も上昇しつつある．今も隆起が続いていることは，ビルマに向かって伸びるニコバル（Nicobar）諸島およびアンダマン（Andaman）諸島の地質によって示される．ビルマでは，これらの島々は連続した陸上の地勢となり，イラワジデルタの西にあるアルカン・ヨーマ（Arkan Yoma）の高い山脈に変わる．はるか離れたジャワの東の太平洋では，インドネシア弧状列島の尾根の部分がティモール島として海上に姿を現している．この島は連続的なサンゴ礁がいちじるしい高さにまで隆起している点で特に興味深く，ところによって今日では海面より優に1200mもの高さにある．これらのサンゴ礁は，それが発達していたときの島の高さや，海面の高さの変化を記録している．

海底地殻は大地溝帯の大洋中央海嶺に沿ってつくり出されて，プレートが岩流圏（アセノスフェア）に沈み込む深海溝で"破壊"され，マントルで再び融かされて再利用される．このプレートがマントルに下降していく場所を沈み込み帯（subduction zone）といい，その多くは太平洋の周縁部で見られる．これは海洋岩石圏がアジアやアメリカ大陸西端の大陸プレートの下に沈み込んでいくために形成された．（世界でも小さなほうのプレートであるフィリピン海プレートは，全体が沈み込み帯に囲まれており，太平洋とアジアの東縁に挟まれている．）太平洋海盆は全体として活発な火山および地震活動を特徴とし，そのため「リング・オブ・ファイア」というニックネームをもつ．同じベルト地帯はオーストラリアプレートの北縁に当たる東南アジアの下側に沿って連なり，アジア本土に伸びて，ヒマラヤの線を通り，地中海南部にまで至る．

世界の主要な沈み込み帯の多くは太平洋に見られ，その周囲に環太平洋火山帯をつくっている．

この活動はすべて約6000万年前の古第三紀，オーストラリアがニュージーランドやニューギニアといっしょに南極大陸から離れ始めたころに始まった．小さな大陸片であるインドは，すでにチベットに向かって北進していた．オーストラリアプレートの湾状になった北縁の中央部がアジアプレート南西部の突出部分に突き当たると，海底の造山運動が起こり，その結果，

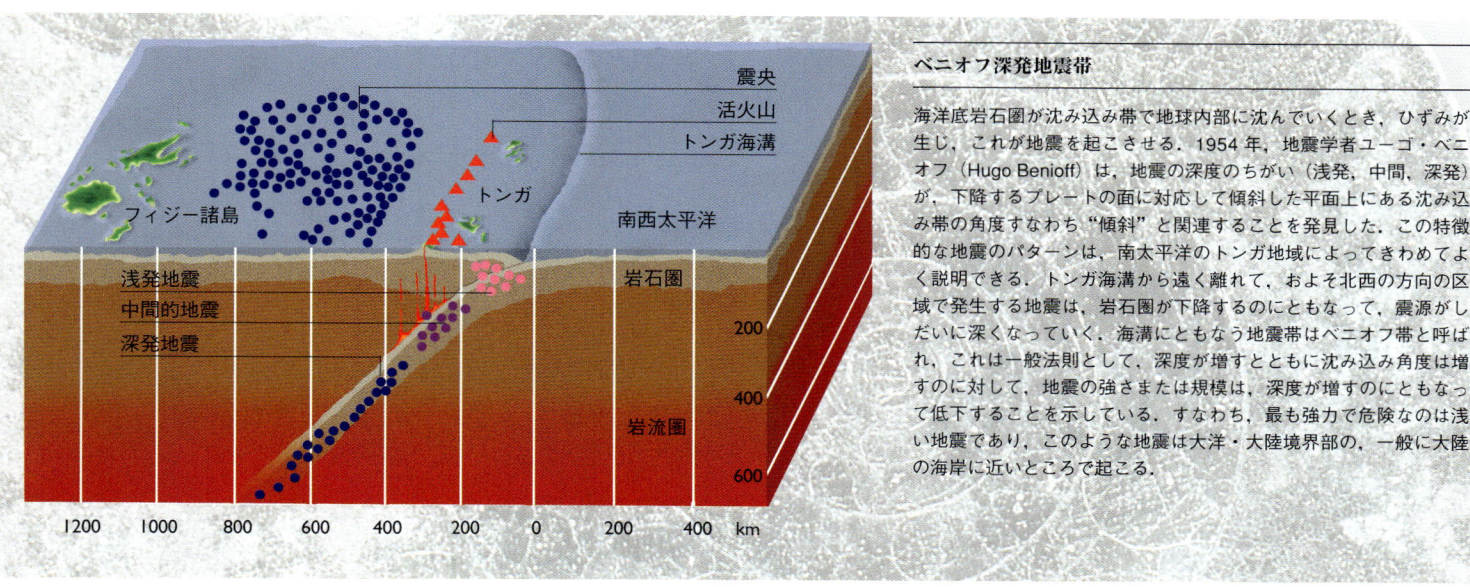

ベニオフ深発地震帯

海洋底岩石圏が沈み込み帯で地球内部に沈んでいくとき，ひずみが生じ，これが地震を起こさせる．1954年，地震学者ユーゴ・ベニオフ（Hugo Benioff）は，地震の深度のちがい（浅発，中間，深発）が，下降するプレートの面に対応して傾斜した平面上にある沈み込み帯の角度すなわち"傾斜"と関連することを発見した．この特徴的な地震のパターンは，南太平洋のトンガ地域によってきわめてよく説明できる．トンガ海溝から遠く離れて，およそ北西の方向の区域で発生する地震は，岩石圏が下降するのにともなって，震源がしだいに深くなっていく．海溝にともなう地震帯はベニオフ帯と呼ばれ，これは一般法則として，深度が増すとともに沈み込み角度は増すのに対して，地震の強さまたは規模は，深度が増すのにともなって低下することを示している．すなわち，最も強力で危険なのは浅い地震であり，このような地震は大洋・大陸境界部の，一般に大陸の海岸に近いところで起こる．

ホットスポット火山

キラウェア火山（左）はハワイを形成する5つの盾状火山の1つである．ハワイは太平洋の真ん中に浮かぶ鎖状列島の一部をなし，どのプレート境界からも遠く離れたところにある．これはホットスポット火山で，生産境界部に見られる，粘度の低い玄武岩質溶岩を噴出する．

このきわめて長い島々，山脈，海底山脈の連なりが一体のものであることは，これが海面下で特に強い，海溝からの負の重力測定値帯と一致することによっても証明される．この重力異常は1920年代にオランダの先駆的な地質学者フェニング・マイネス（F. A. Vening Meinesz）によって発見された．彼は重力測定装置を水中に沈めることによって，データをゆがめる波の"振り子"効果を打ち消し，ほぼ4000 kmにわたりインドネシア弧状列島に沿って存在する負の重力異常帯を明確に地図で示した．これは山の基底部を形成するための海洋地殻の下方屈曲とその後の厚層化を表すものと彼は推論した．しかし現代の地球物理学的分析では，このような重力異常の認められる場所の下にある海洋地殻は，大陸と大洋縁の間の遷移域と同じ厚さであることが示されている．

背弧拡大（back-arc spreading）——弧状列島の後ろに位置する大洋底の伸長と拡大——はプレートの収束境界で起こるのではないかと考えられ，これが沈み込むプレートの上にある岩流圏で起こるきわめて複雑な対流渦（convection eddy）の結果か，あるいは隣接するプレートの引き離し（pulling away）によるものであることを示唆する証拠が得られている．地域的な引張（tension）や正常な断層形成（faulting）は上昇するマントル物質の影響や，沈み込むプレートの地殻の摩擦やグリップによって地殻が"引き延ばされる"（rolled over）ことによっても起こる．この背弧の拡大は沈み込み帯の後ろで起こり，この引張の結果たるみ（sag）が生じる．こうしてこれは周囲の大陸よりも低い位置にあることになり，海中での初期の段階を示す．背弧海盆（back-arc basin）の海底は巨大な大きさになることがある．背弧海盆の底は一般に新しく，堆積層は薄い．露出している岩石のうちには新しい玄武岩が含まれ，これらはある一定の時期——おそらくは約1000万〜2000万年——を経たのち，活発な拡大域ではなくなる．熱流量（heat flow）が高いことも多いが，大西洋とそこに突出する中央海嶺の場合のような，明確な海嶺は見られない．背弧の拡大とその結果生じる海盆は，地球の歴史上の多くの時期に，ごくふつうに見られたものと考えられる．日本海は日本とユーラシア大陸縁との間の拡大によって形成された背弧縁辺海盆（back-arc marginal basin）であり，現在は活動していない．これは新生代の初期に形成が始まったものと思われる．

アラビア海とインド洋の形成は，相互に密接な関連をもつ．インド洋はインドプレートが最後にユーラシアプレート南縁に接したときに形成され，現在アラビア海となっている地域——インド西縁とアラビア半島東縁の間の地域——が生まれた．アデン湾のオフィオライト（Ophiolites）は白亜紀前期のもので，それがこの湾の形成が始まった時期であることを示している．この一連の出来事は，約2000万年前に完了した．

環太平洋火山帯

大洋プレートの縁が大陸プレートの下に沈み込んでいくところでは，海洋底岩石圏がマントル中に下降していくのにともない，深い海溝ができる．岩石圏は深部で融け，その中に閉じこめられていた水も，その上にあるマントルを融かす．融けた岩石は集まり，密度が低いため大陸地殻を通して上昇し，地表で爆発的に噴出する．太平洋海盆をつくる巨大なプレートは周縁部が沈み込み帯で囲まれ，したがってそこでは火山や地震活動が見られる．こうしてできた火山活動の線は巨大な弧をつくり，それは太平洋海盆のほとんど全周にわたって連なる．これが環太平洋火山帯，「リング・オブ・ファイア」である．

PART 5

古第三紀

ヨーロッパでは古第三紀中期から，自然地理に大きな変化があった．それはアルプス山脈の誕生と形成だった．地質学的に見ると，アルプスは比較的若い山脈である．これはアフリカプレートの北側の断片が北に移動し，ヨーロッパプレートと衝突した結果生まれた．古代アルプスは，フランスとスペイン国境のピレネー山脈からヨーロッパ東部のカルパチア山脈やアジアのヒマラヤ山脈まで，ユーラシアの南縁に沿って東西に走る長い山脈列の一部だった．アトラス山脈はこれと対をなすもので，アフリカ北部に連なる．

> アフリカが
> ヨーロッパプレートに
> 押しつけられ，
> アルプスを隆起させると，
> ヨーロッパの自然地理は
> 劇的に変化した．

このうちで最も高いのはヒマラヤだが，これらの山脈はすべてゴンドワナ大陸が北に移動した結果形成された．その位置は古第三紀まではユーラシア陸塊の南縁の一部だったところに当たり，古代テーチス海に接していた．この歴史は，アルプスで中生代および新生代初期の海洋地殻を表すオフィオライトが発見されたことで確認されている．このアルプスのオフィオライトは，主としてイタリアとスイスの間にあるペンニンアルプス——例えば有名なマッターホルンの基部——で見つかる．

興味深いのは，アフリカとヨーロッパの会合部（junction）における造山活動帯の多くの部分で，アフリカ大陸がユーラシ

ア大陸に縫合（suture）していないことである．その結果，この地域では造山運動が続くのにともなってかなりの地震活動が見られ，それは特にイタリア南部やトルコで実際に地震となって現れる．地震活動帯を地図上に記していくと，それは地中海地方や中東を通る造山活動の線に沿っている．この地域の断層も，地震帯とよく一致する．

地中海地域を通る活発な構造帯は，この地域の地殻の構造を反映している．ここでは岩石圏（リソスフェア：地球の外側の固い殻，地殻を含む）の多数の小さなプレートが，アフリカとユーラシアの楯状地（shield）の間にとらえられていて，これらのマイクロプレート（microplate）が互いに押し合い，アフリカプレートとユーラシアプレートの間に挟まった構造活動（tectonic activity）のモザイク状態をつくっている．アルプスの地質学的起源は，ヨーロッパ南部に接しているイベリア，コルシカ，サルディニア，そして特にアドリアなどのマイクロプレートにある．アドリアプレートはもともと現代のバルカン地域でユーラシア大陸にくっついていて，その上にやがてイタリアと呼ばれることになる半島をそっくり乗せていた．約4500万年前，アドリアプレートの北縁がヨーロッパの南縁に押しつけられ，プレートの端がユーラシアクラトンの縁に乗り上げた．これによって地殻は厚くなり，押し曲げられるとともに，下にもぐり込んだプレートの上に火成岩の集積（accumulation）も起こった．この複雑な地殻構造が，アルプス形成の基礎である．

> イベリアおよび
> アドリア半島を乗せた
> マイクロプレートのほか，
> コルシカやサルディニアも，
> アルプスの隆起の
> 一因となった．

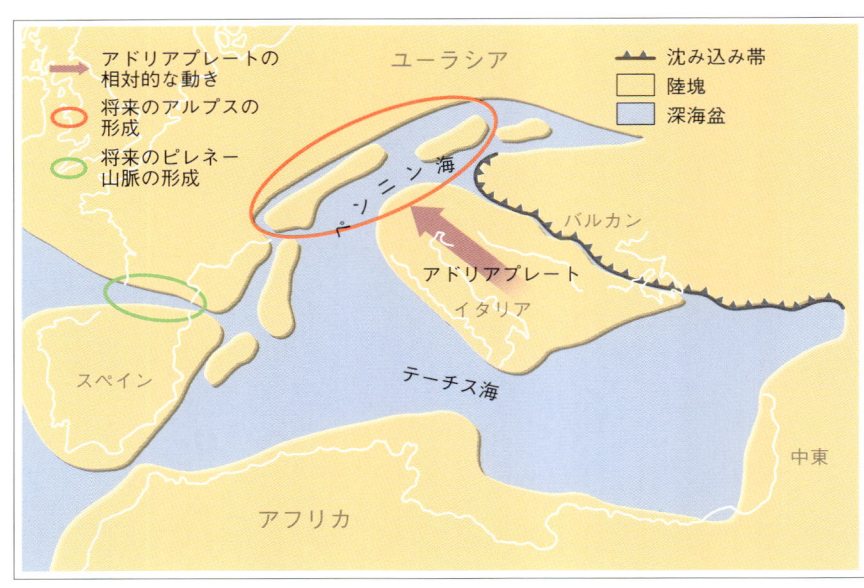

アルプスの起源

アドリアプレートが北に移動すると，イタリアがユーラシアにくっついて，ペンニン海がふさがり，アルプスが隆起した．同じようにイベリア半島の衝突は，ピレネー山脈をつくり出した．アルプスは典型的な山脈列（mountain chain）を形成し，それぞれの地帯が変形の度合いを表す．南アルプスには火成コアがあり，ペンニン帯は変成帯，もっと北のほうは褶曲・衝上断層帯となっている．

第三紀

アルプス山脈形成の最初の段階では，新しく生まれてきた地殻の褶曲は断片状の海によって隔てられていた（三畳紀のプレート分裂によって，テーチス海の北の地域にはペンニン海（Penninic Ocean）が現れていた）．これらの褶曲には，きわめて特徴的な堆積層が積もった．これは黒っぽい珪質頁岩（深い海と砂の堆積を示す）と，細長い深海底堆（deepwater submarine bank）の間に堆積した配列の不ぞろいな砂岩だった．このアルプスの特徴的な隆起した堆積岩を，地質学者はフリッシュ（flysch）と呼んでいる．漸新世には，南方からの圧迫によって以前の水路から巨大な横臥褶曲（横向きの褶曲）が弧状山脈として隆起し，陸上を北方に滑動していった．この複雑な褶曲の北側には地理的凹地があり，これらの陸地に由来する砕屑岩（凝集岩，aggregated rock）——モラッセ（molasse）という——がそこに堆積した．これによってできた大きな台地が，アルプス山系の北縁にある．

アルプスはいくつかの山脈に分かれ，これらはおおむね互いに平行に，東西方向に走っている．北から順に，ジュラ山脈，ヘルベチアアルプス，ペンニンアルプス，サザンアルプスと呼ばれる．スイスのヘルベチアアルプスは特に大量のフリッシュを含む．現在アルプスで発見される最も古いフリッシュ層はペンニン海で堆積したもので，この海は中生代に，ユーラシアプレート南縁と前進するアドリアマイクロプレートの間に一時的に存在した．始新世にこの2つのプレートが衝突してペンニン海は消滅したが，アルプスの南に深い海水が残り，そこで比較的新しいフリッシュ層が堆積された．アルプス造山運動は中新世後期の1000万〜500万年前まで続いた．

若い山脈

ヨーロッパアルプス（上）が地質学的に比較的若いものであることは，そのいちじるしい高さに示されている．これはアルプスが，もっと古い他の山脈ほど，長期間浸食を受けてきていないことによる．

白亜紀末に始まった北アメリカ西縁の造山運動は始新世まで続いた．ララミー造山運動（Laramide orogeny）によってつくられた山脈は，メキシコからカナダにまで及んだ．構造運動（tectonic activity）は東方にも広がり，サウスダコタのブラックヒルズ（Black Hills）にまで達した．ウォーサッチ（Wasatch）山脈やロッキー山脈の一部をなすフロント山脈（Front Range）のような局地的山脈の間には広い盆地が広がっていた．このようなところには近くの山からくる浸食岩屑（erosional detritus）だけでなく，その河川の流水も流れ込んだ．暁新世〜始新世にこの沈降した地域にたまった堆積物や水は，湖や湿地をつくった．これがビッグホーン（Bighorn），ウインタ（Uinta），ワシャキー（Washakie），グリーンリバー（Green River）などの盆地である．ウインタ盆地はこの地域の始新世の湖のうちで最も深い．グリーンリバー層はその岩石の点で注目される．これは600 m近い淡水石灰岩と，きわめてきめの細かい葉理（ラミナ）をもった頁岩（けつがん）からなる．これらの盆地の葉理は年層，すなわち1年間の堆積を表す薄い堆積層あるいは数組の縞層である．これらから，グリーンリバーの堆積層は650万年以上の時間をかけて堆積したものと計算されている．

> 北アメリカ西部では，メキシコからカナダに至るまで山脈が隆起していた．いくつもの山脈の間には，大きな湖ができた．

古第三紀

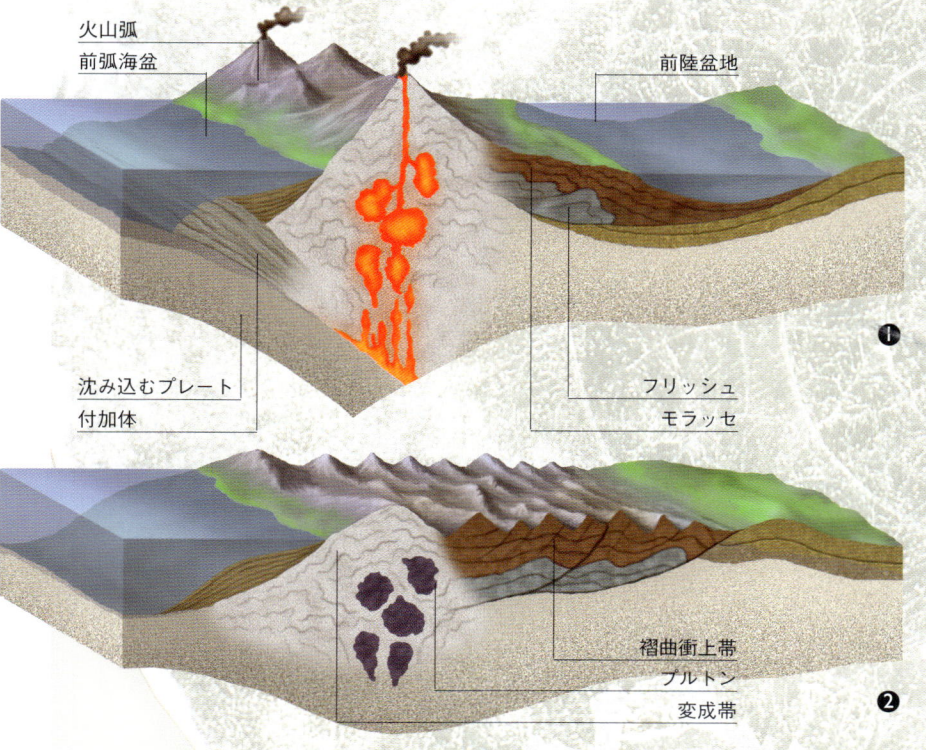

山脈列の解剖

構造プレートの衝突帯（collision zone）では，2つの大陸プレートの間でも（アルプスやヒマラヤのように），大陸プレートと海洋プレートとの間でも（アンデスのように）山脈が形成される．沈み込む海洋プレートが大陸クラトンの下にもぐり込んでいくとき，巨大な剪断応力が生じ，表面の一部が削り取られて，2つのプレートの間の隅の部分にたまる．この岩屑が，新しく形成されていく山脈前縁の付加体となる（❶）．沈み込み物質が融けてできたマグマが大陸地殻を通って上昇して火山列をつくり，これが初期山脈の中核部となる．マグマの一部は固まって，プルトンと呼ばれる火成岩の大きな固まりとなる．海では付加体の上に堆積物が積もり，この部分が前弧海盆と呼ばれる．その堆積物は主として陸地に由来する．山脈の向こう側では，地殻が下方にたわみ，前陸盆地を形成する．最初，前陸盆地には海洋性のフリッシュが積もっているが，山脈から運ばれる堆積物が増えると，海は後退し，フリッシュの堆積に代わってモラッセと呼ばれる非海成の堆積物が堆積するようになる．沈み込むプレートは変成域にもぐり込んでいき，そこではいちじるしい熱と圧のため，岩石は化学的および構造的な変化を起こす．この変成岩は山脈のきわめて深い部分にあり，それが成熟した山脈で表面に露出してくると，地質学者の見ることのできる最も古い岩石となる（❷）．このような区域は範囲がはっきりしており，変成帯と呼ばれる．内陸部では，押しつぶされた岩石が巨大な布のように折り曲げられ，互いに重なり合って褶曲衝上帯と呼ばれるものをつくる．

古第三紀

カラフルな断崖
ワイオミング州のウォーサッチ層の岩石は、始新世の河川によって堆積された。ここには哺乳類の化石が多数保存されている。

ティタノテリウム類——ブロントテリウム類（brontotheres,「雷獣」）と呼ぶほうが適切——は草を食べる草食動物（ブラウザー）で、大きなブタから現代のゾウくらいまでの大きさだった。しかし、これらは鼻先、目の上と後方、ほおなどに骨質の突起（ossicone, 現代のキリンに見られるようなもの）をもっており、現代にこれと真に類似した動物はいない。バティオプシス（*Bathyopsis*）などのように、現代のある種のブタに似た下向きに湾曲した巨大な犬歯の牙をもったものもいた。頭蓋の角、巨大な体、相手に致命傷を与える牙などを合わせもつこれらの動物の成獣は、肉歯類（creodonts）などのような、現代のハイイログマ（grizzly bear）よりもはるかに大きかった始新世の捕食動物にもほとんど負けることはなかった。

ティタノテリウム類、肉歯類、初期の食肉類、初期のウマ科動物、古代のサイ類、さらには紐歯類（ちゅうしるい）（taeniodonts）や裂歯類（tillodonts）のような謎に満ちたグループまではっきりした証拠が示されており、初期の霊長類、食虫類、顆節類（かせつるい）（condylarths）と呼ばれる古代の動物も化石が得られている。

> 恐竜が絶滅して約 1800 万年後、ワイオミング地方の湖沼の中や周囲には哺乳類が多数生息していた。

ホワイトリバー層（White River Formation）は、水生の亜熱帯周縁動物相の化石によってよく知られている。始新世の激しい洪水が氾濫原堆積物を堆積させ、そこには溺死して、水が引いたのちに堆積物中に保存された多数の化石哺乳類が含まれる。平原に住んでいた大型の哺乳類も保存された。激しい洪水に押し流されたり、水辺近くで死んだものだろう。新生代の北アメリカにおける哺乳類の進化について今日知られていることの多くは、これらの岩石から得られた。

湖沼群には、このほか多くの種類の化石が保存された。植物の化石はこの地域が亜熱帯の環境であったことをはっきりと示し、カエル類、淡水のカメ類、トカゲ類、ボア類、ワニ類などの化石が存在することもそれを裏づけている。これらの動物は湖の岸辺に住んでいたもので、湖岸の脊椎動物群集が繁栄し、多様であったことを示しているが、みごとに保存された淡水魚類の骨は特に興味深い。

ワイオミングやその周辺の古第三紀の湖沼堆積物が最初に研究されたのは、19 世紀のエール大学のマーシュ（O. C. Marsh）による探査のときだった。1866 年、野外コレクター（のちに学者としても有名になった）ジョン・ベル・ハッチャー（John Bell Hatcher）は、1 万 400 kg もある巨大な動物の骨を発見した。これらの骨はやがて巨大なゾウのような哺乳類の骨であることが認められ、ティタノテリウム類（titanotheres,「巨大な動物」）と名づけられた。古代の河川の通路から多数の骨が埋まっている場所がいくつも発見され、特徴的な鉄砲水の証拠が示された。

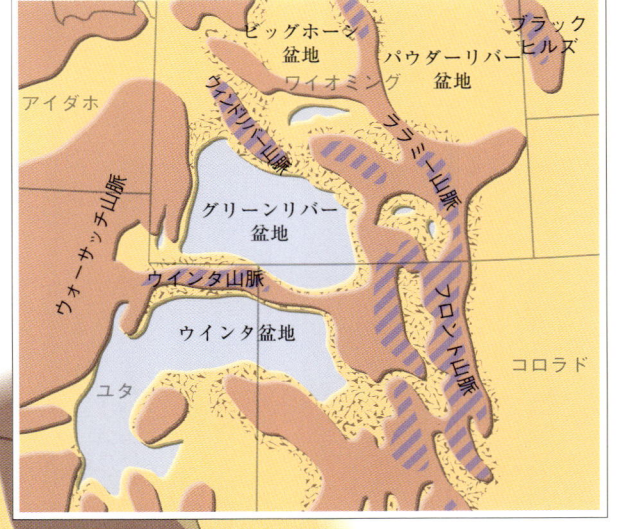

ワイオミングの湖沼群
始新世前期の終わりに、西海岸の沈み込み帯はそれまで急傾斜だった沈降角度がなだらかに変わり、1500 km 内陸部に帯状の火山活動と褶曲衝上断層帯をつくった。もっと東方には、先カンブリア時代の結晶質基盤岩（crystalline basement rock）の一部が隆起して、南北方向に走る山脈となった。この隆起地帯から流れ出す水で、その前面の盆地は湖となり、それらは間もなく急速に浸食される山脈から流されてくる堆積物で埋まった。

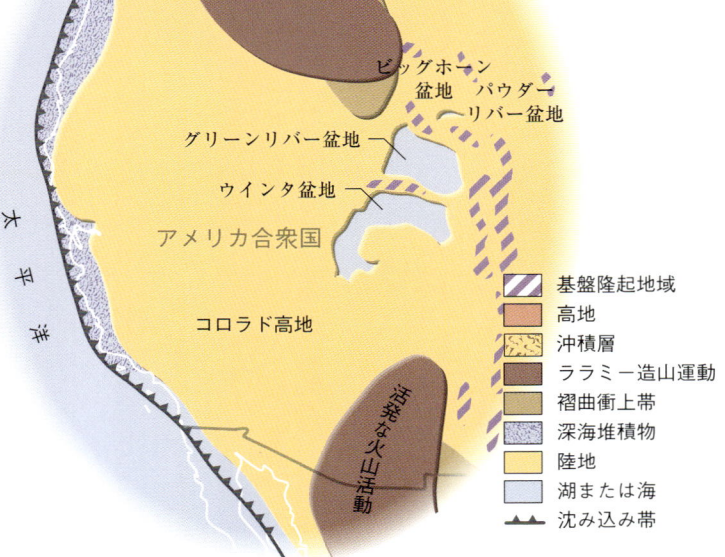

始新世の草食動物
ワイオミングやユタの湖沼は絶滅した有蹄類群が、きめの細かい堆積物にきれいに保存されていることで知られる。始新世には最初の有蹄哺乳類が進化して、広くさまざまな生態的地位を埋めた。当時の最大の哺乳類は恐角類（dinocerates,「恐ろしい角」）で、これにはサイに似たウインタテリウム（*Uintatherium*）が含まれていた。「アケボノウマ」の意味のエオヒップス（*Eohippus*）もこの時代に現れた。

第三紀

哺乳類は中生代にもずっと，地下の巣穴や樹上で暮らす小さな動物として生きていた．1億4000万年にわたって恐竜の陰で生きていたが，白亜紀末の大量絶滅によって，はじめて大きな進化のチャンスを与えられた．古第三紀初期の適応進化の激発を支えた進化の原動力は，今日ではもはや存在せず，現代の動物とはいちじるしく異なる姿をした多数の陸上哺乳類をつくり出した．多くのものは現代の世界に解剖学的あるいは生態学的な類似動物が存在せず，そのことはこれらの動物の生活様式を研究する上で大きな障害となっている．

古第三紀の哺乳類は，現代の目で見ると奇妙な形をし，現代の哺乳類の中に類似種は見られない．

古第三紀の哺乳類は現代の基準で見ると異様な者たちだった．この時代に見られた独特の原始哺乳類としては，牙をもった巨大な汎歯類（pantodont）のコリフォドン（*Coryphodon*），さまざまな形の動物を含む顆節類の，"ウサギ・シカ"のような小型のヒオプソドゥス類（hyopsodonts），フェナコドゥス類（phenacodonts）などがいた．これらはずんぐりした体つきの動物で，かぎ爪はなく，それぞれのつま先に鈍端の蹄をもっていた．顆節類からは，表面的にはオオカミに似たメソニクス（*Mesonyx*）や巨大な"ハイエナ・クマ"ともいうべきパキエナ（*Pachyaena*）のような捕食動物がいくつか進化した．つま先の蹄と肉を引き裂く歯をもったこれらの巨大な捕食動物は，"オオカミ・ヒツジ"と考えることができるかもしれない．このような動物はメソニクス類（mesonychids）と呼ばれるグループに属し，5本の足指をもつ足——そこにはかぎ爪ではなく蹄がついていた——と特殊化した前歯が特徴だった．しかしこの動物たちは古第三紀の捕食動物として，自分たちだけの生態的地位をもっていなかった．真の食肉類の古代の類縁動物である肉歯類は，この時代には大いに増えた．肉歯類は巨大なメソニクス類よりも特殊化し，肉を引きちぎるのではなく，噛み切ることのできる歯をもっていた．肉歯類のほかにも，さまざまな動物を混ぜ合わせたような，さらに奇怪な動物たちがおり，クマ，ハイエナ，ライオンなどの巨大な合いの子のようなものも見られた．パトリオフェリス（*Patriofelis*）やオキシエナ（*Oxyaena*）のような肉歯類は，体の低い，ずんぐりした動物で，太い尾と強力な顎をもち，口には噛み切り歯が多数生えていた．この初期の巨大な肉食動物は，古第三紀の亜熱帯の森に多数生息する有蹄類のような草食動物を獲物としていた．

変わった形をしたこれらの草食動物には，古第三紀の哺乳類のうちでも最も奇妙なものと思われる動物たちが含まれていた．紐歯類と呼ばれるグループがこれで，いわば半分クマ，半分齧歯類（げっしるい）という動物だった．プシッタコテリウム（*Psittacotherium*）やスティリノドン（*Stylinodon*）などの紐歯類は異常にずんぐりしたクマのような体型をもち，前足には土を掘るための大きなかぎ爪がついていた．頭は非常に厚みがあって，歯根の無い，きわめて丈夫な，ものをかじるのに適した巨大な歯をもち，そこには帯状のエナメル質が見られるところから，紐歯類（帯のある歯）という名前がついた．

頭蓋骨の隆起

巨大なブロントテリウム類ウインタテリウムの異様な形をした長さ60 cmの頭骨は，伴侶獲得の儀式に使われたと思われる何本もの角と，闘争に使われたものかもしれない巨大な犬歯の牙を示す．

1 ドリコリヌス（ブロントテリウム類）
2 ヒラコテリウム（ごく初期のウマ類）
3 ヒラキウス（初期のサイ類）
4 メニスコテリウム（顆節類）
5 アミノドントプシス（小型の"走る"サイ）
6 ウインタテリウム（ブロントテリウム類）
7 フェナコドゥス（顆節類）

PART 5

古第三紀

食物適応

クマやパンダの祖先となった肉食動物は，イヌ類，アライグマ類，イタチ類などの祖先でもあった．この肉食動物の系統樹から出た枝の1本であるネコ類は純肉食動物となったのに対して，イヌ類の系統は雑食動物となり，中にはキンカジュウのように植物食に近いものもいる．クマ類も果実や植物への依存度が大きいが，一般にその雑食性が彼らの繁栄を導いた．クマ類は8種しかないが，ほとんどの大陸に見られる（特殊化は，ある特定の生き方に向かって進化しているため，一般に適応力は弱い．何でも屋は多くの食源によって生きていくことができる）．都合しだいの雑食性のため，今日クマが人間との間にトラブルを起こすこともある（右写真）．

進化の研究では，絶滅した生物がどのようにして生きていたかを明らかにすることが重要である．紐歯類の場合，現代の類似動物を見つけようとする試みには無理がある．現代にはクマに似た齧歯類も，ものをかじるクマもいない．紐歯類は，白亜紀後期の肉食動物の祖先であるキモレステス（Cimolestes）に近い食虫性の祖先から生まれたものと思われる．紐歯類は裂歯類（tillodonts）と呼ばれるグループとともに，巨大な齧歯の動物という変わった生態的地位を占めていた．トロゴスス（Trogosus）などの裂歯類は

> トロゴスス（Trogosus）などの巨大なウサギのような動物が，紐歯類とともに巨大な齧歯動物の生態的地位を分け合っていた．

紐歯類ほど力強い体つきではなく，それほど厚みのある頭部ももたなかったが，その大きな前歯と頭蓋の構造から，巨大なウサギのような姿をしていた．裂歯類と紐歯類の間の微妙な解剖学的な違いは，これらがやや異なるものを食物としていたことを意味するものだろう．したがって，この両者の食物や採食習慣には，一見して感じられるほどの重複はなかったものと思われる．紐歯類はきわめて巨大な切歯，強力な顎，食物としていた植物の根やイモを掘るのに用いられるかぎ爪のついた足などをもっていた．どちらのグループの化石も同じ堆積層から発見され，体の大きさや歯列の違いは，これらの動物が同じ食物について競合することなく，いっしょに暮らしていたことを示唆する．このようなものを栄養分割（trophic partitioning）と呼ぶ．

ものをかじる大きな前歯を特徴とする齧歯類に似た適応は，

もう1つのいちじるしく繁栄した哺乳類のグループである多丘歯類（multituberculates）で目立つ．多丘歯類はハツカネズミからオオヤマネコくらいまでの大きさのものがおり，その生態的地位は広く，巣穴動物から樹上生齧歯動物に至るあらゆるものにわたっていた．小型のものの頭蓋や骨格はリス類にちょっと似ていたが，タエニオラビス類（taeniolabids，「しま模様のある唇」）というグループは，ビーバーのようなずんぐりした頭と頑丈な切歯をもっていた．多丘歯類という名前は，その臼歯にエナメル質の丘状隆起があって，その凹凸の面で食物をかみ砕けるようになっていることによる．多丘歯類はあらゆる

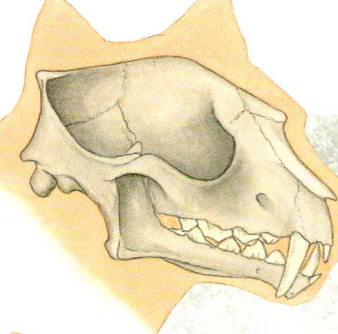

ディニクティス
肉食動物

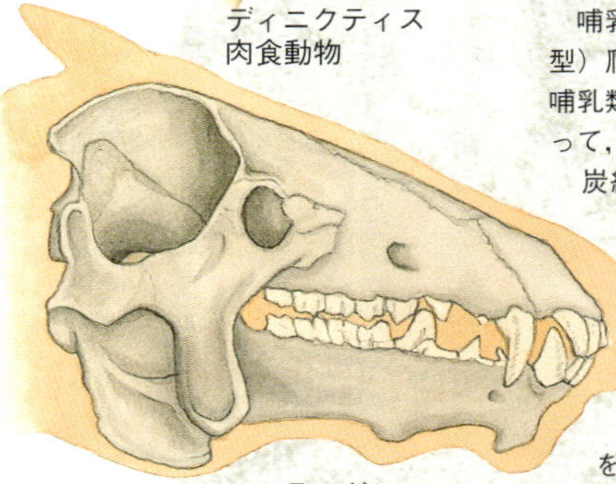

エンテロドン
雑食動物

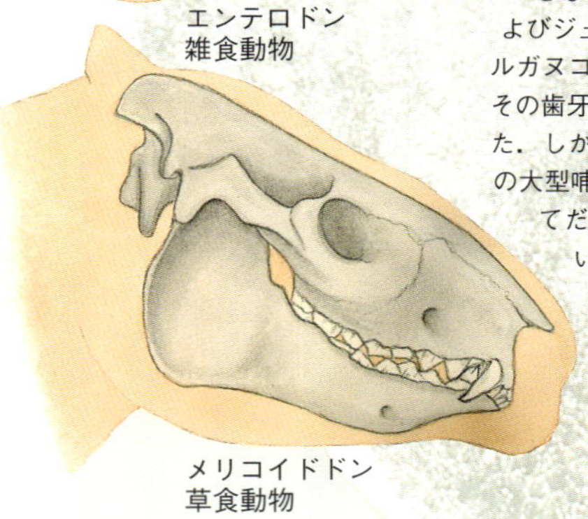

メリコイドドン
草食動物

歯と哺乳類の発達

古生物学者にとって，哺乳類と他のすべての脊椎動物を分ける大きな特徴の1つは，その歯と顎の複雑な構造であり，進化の上で哺乳類が成功を収めたのは，その採食器官がきわめて適応性に富んでいることによる部分が大きい．哺乳類はきわめて精密に噛み合う複雑な歯をもち，その摩耗面（wear facet）が種の特徴を示すこともある．

哺乳類の歯列の最初のしるしは，三畳紀の単弓類（synapsid，哺乳類型）爬虫類に明らかに見られる．その時代としてはきわめて進んだこの哺乳類の先駆動物では，歯に咬頭（cusp）や隆起が発達するのにともなって，摩耗面が現れ始めていた．単弓類の歯ははるかに古いペルム・石炭紀に，ディメトロドン（Dimetrodont）のような動物で，簡単な同歯形の歯列（すべての歯が同じ形をしているもの）から，異歯形の歯列（歯が，例えば切歯や犬歯などに分化したもの）に変わっていた．その後，三畳紀には，哺乳類の先駆動物である犬歯類（cynodont）は異歯性に加えて，隙間のない噛み合わせをつくり出し，顎を閉じる筋肉組織の新しい配列を発達させた．それでもこれらの動物はまだ，哺乳類のような精密な噛み合わせをもつには至っていなかった．最後にこれを実現したのは三畳紀およびジュラ紀の最も初期の真の哺乳類，トガリネズミほどの大きさのモルガヌコドン（Morganucodon）だった．ジュラ紀の多丘歯類哺乳類はその歯牙器官を，解剖学的に齧歯類型（rodentiform）の方向で発達させた．しかし哺乳類の歯列の精密さが現代のレベルに達したのは，新生代の大型哺乳類の先駆動物となったジュラ紀および白亜紀の哺乳類においてだった．恐竜絶滅後の新生代の6500万年に，哺乳類の歯の激しい進化が起こった．最初のゆっくりした変化ののち，歯の形はきわめて複雑になっていった．初期の草食動物の多くは，木の葉を食べる草食動物（ブラウザー）だった．その臼歯は強力な

丸い咬頭が発達し．咬合面（biting surface）がごつごつした粉砕部になっていた．このような歯はその形から丘状歯と呼ばれる．丘状歯列はそれ以後いちじるしい成功を収め，これはある種のブタ類をはじめ，現存する多くの哺乳類に見られる．

古第三紀の有蹄類に見られたもう1つのタイプの臼歯は，接触面に鋭い咬頭の咬頭をもっていた．このような形の歯は半月歯と呼ばれる．これは古第三紀の動物相では丘状歯よりもずっと少なかったが，固い草を噛み砕くには半月歯のほうが優れていた．漸新世に草原が拡大するのにともなって，草を食べる草食動物（グレーザー）が進化してくると，半月歯の歯牙適応がいちじるしく広がった．

また別の基本的な歯牙構造がはじめて見られるようになったのは漸新世のことだった．それは真の齧歯類の出現したことによる．「齧歯類型」歯列は三畳紀の犬歯類のトリチロドン（tritylodont）や多丘歯類以降，ずっと見られている．しかし，これらの動物は真の齧歯類に見られる複雑なすりつぶし用臼歯も，現代の齧歯類に特徴的な，ものを齧って歯の先端を自分で研ぎ摩滅するような長い切歯ももっていなかった．この自己研磨型切歯という適応は，漸新世以降の齧歯類の信じがたいほどの繁栄の要因の1つとなっている．

肉食動物における歯列の革新的進化は，効率的な肉の噛み切り（slicing）と噛み刻み（cutting up）に専門化した独特の臼歯によって示される．ナイフのような裂肉歯がそれで，最も後方の上顎小臼歯が，最も前方の下顎臼歯との間ではさみのような動きをする．この発達によって，食肉類は最高位の捕食動物として成功を収めることになる．食肉類の犬歯は常に大きく，危険なものだったが，グループによって大きな違いが見られた．

第三紀

古第三紀

梢の木の葉を食べる動物

インドリコテリウム（*Indricotherium*）は、空き家になった生態的地位（そこを占拠する動物のタイプによって規定される）がどのように満たされていくかを示す一例となる。この動物が出現する数百万年前、「首が長く、体重のきわめて大きい木の葉を食べる草食動物（ブラウザー）」の生態的地位は、竜脚類恐竜が満たしていた。恐竜の絶滅後、いくつかの哺乳類がこの生態的地位に適応しそうになったが、完全に成功したのはインドリコテリウムだけだった。これは高さが8 mもあったが、ゾウやキリンの仲間ではなく、サイ類に属していた。

哺乳類のうちで最も長い進化の記録をもつグループであって、1億6000万年前のジュラ紀後期に登場し、4000万年前の古第三紀の終わりに絶滅した。1億2000万年にわたって生き続けたわけであり、これは恐竜の長い繁栄の歴史より3000万年短いにすぎない。

白亜紀末の恐竜の絶滅によって、ただ一種類の動物が圧倒的な優勢を占めた生態系の1つが消滅し、多数の生息環境や生態的地位が他の生物に開かれることになった。それに続いて哺乳類の爆発的な適応進化——顎や歯の構造の変化によるものが多かった——が起こった。以前はあまり重要性をもたなかったこの動物が進化して、今や空き家となっていた広くさまざまな生態的地位を引き継いでいった。その結果現れた解剖学的な変化は、いわば"進化の実験"と見ることのできそうなものも多く、出現してきた、ときに奇怪な形もこれによって説明がつく。こうした適応の中には、現代の哺乳類と似通ったところがまったくなく、きわめて怪しげなものや変わったものも少なくなかった。

角をもった美女

（下写真）この時代の異様な進化の"結果"の一例に、アルシノイテリウム（*Arsinoitherium*）がいた。これはアフリカの恐角類である。古代エジプトの女王アルシノエの名前をもつ、このサイほどの大きさの動物は、外面的にはサイに似ていたが、その歯、頭骨、四肢の骨は、これが独特の動物であることを示している。そこでこれには重脚類（embrithopods）という独自の目（もく）が与えられている。アルシノイテリウムは草食動物だったが有蹄類ではなかった。ウマ類などの有蹄類は適応した足の爪（ひづめ）を地面について歩き、必ずしも植物を食べるとは限らない。

陸生の祖先からクジラ類（哺乳類クジラ目）が出現したことは、進化上の大きな物語の1つであり、この出来事は近年発見された、信じられないような新しい化石によって裏づけられた。

> 化石の証拠は，クジラが陸生の祖先から進化したことを示している．

流線型のイルカや100トンもの体重をもつ巨大なヒゲクジラのシロナガスクジラを見ると、このすばらしい一群の現存哺乳類がどのようにして陸上の祖先から進化してきたのか想像するのもむずかしいが、その見事な変化はきわめて強力な化石の証拠によってはっきりと裏づけられている。

白亜紀の終わり近くに起こった中生代の巨大な海生爬虫類の絶滅は、一連の進化の真空地帯あるいは生態学的な空き家をつくり出した。そこは硬骨魚類によって満たされ、その後これらの魚はある程度体も大きくなった。しかし、このような魚はクジラとは何の関係もない。恐竜の消滅によって開かれた生態的地位を哺乳類が急速に埋めていった陸上とは状況が異なり、海生爬虫類の消滅からクジラ類登場までの空白の時間は、少なくとも1000万～1500万年はあった。このことは、新しい生態的地位を埋めるに至るまでに、進化による大きな変化がゆっくりと進まなければならなかったことを示すものだろう。クジラ類は、中生代の海生爬虫類の絶滅によって空き家になった生態的地位を、ただ簡単に埋めていったのではなかった。

PART 5

古第三紀

痕跡的な後肢

ハクジラ類

古第三紀のムカシクジラ類は、現代の海洋に住むヒゲクジラよりも、ハクジラに似ていた。ヒゲクジラはプランクトンを食べるために高度に特殊化したものだが、ハクジラのえさの取り方は捕食性のムカシクジラ類と似ていると思われる。

クジラの誕生のシナリオとしては、巨大なパキエナのような陸生のメソニクス類や、さらにはアンブロケトゥス（Ambulocetus,「歩くクジラ」）のような原始クジラ（ムカシクジラ類, archaeocetes）が海岸の腐食動物として生きていたというのが考えやすい。動物の遺骸や、アフリカ南部の大西洋岸の海生小動物を食べて生きている、現代の南アフリカのカッショクハイエナ（brown hyena）と似たようなものである。古第三紀のある時期、その子孫——ムカシクジラ類の祖先——たちはパキエナのような純粋に陸生のメソニクス類との競争によって、巨大な海生捕食動物の脅威がなくなったばかりの海岸に近い海の世界にしだいに押しやられていった。泳ぐのに適した四肢の進化は、彼らが海の動物を食べて生きることが上手になるのにともなって、ムカシクジラの祖先の方向に向かっていったのだろう。最後に陸上の世界とのつながりが切れ、太古のクジラは完全な海生動物となった。

現代のクマ類、特にホッキョクグマが泳ぎがうまく、アザラシ、アシカ、セイウチなどが漸新世・中新世のクマに似た祖先から進化したことを考えてみるとよい。このような機能の類似性に照らしてみると、クジラの起源を陸生のメソニクス類にまでさかのぼる考え方はまったく妥当なものと思われる。
〔訳注：最近発見された新しい化石資料は、偶蹄類の一群から進化したと考えるに好都合で、分子生物学的考察とも調和する。〕

クジラの起源

古第三紀にテーチス海は、現在ユーラシアとなっているところに東西に伸びていた。この古代の亜熱帯の海洋には、沿岸一帯にクジラの祖先が住んでいた。これらはメソニクス類顆節類〔本文の訳注参照〕で、クマとハイエナの合いの子のようなものだったと思われる（クマは水中でえさを取ることをいやがらず、ハイエナは南アフリカの海岸で腐肉を食べている）。テーチス海海岸の堆積物からは、陸生、半水生、完全水生の生活に適応したことを示すそれぞれの化石が得られ、段階的に進んだクジラの起源が裏づけられている。

ン類（zeuglodont, 原始鯨類）の歯や、メソニクス類からクジラへの大きな解剖学的変化——胴体部、四肢、耳、頭骨の漸進的な短縮など——は、その道筋をたどる手がかりとなる〔訳注参照〕。

始新世中期のアンブロケトゥス（Amblocetus,「歩くクジラ」）——これまでに知られている最も初期の海生のムカシクジラ類——は、長い大腿骨（ももの骨）と長い櫂状の足をもっていた。これは極度に大きい、カワウソかアザラシに似た、足を推進装置として水中を泳ぐ動物で、長さ0.6 mほどの頑丈な頭をもち、体長は約3.5 mあった。四肢は泳ぐのに適応していたが、アンブロケトゥスは明らかに陸上を歩いてもいた。おそらくはかがむような姿勢を取り、きわめて敏捷なアザラシのように体を引きずって歩き回っていたと思われる。ほぼ同じ時代のインドケトゥス（Indocetus）もこれと似ていたが、癒合している骨盤と脊椎連結部や、尾の構造は、これが尾を推進力として泳いでいたことを示す。それ以後のクジラ類はすべて、足ではなく、尾を使って泳いでいた。

もっと最近に発見された類似の動物ロドケトゥス（Rodhocetus）は、クジラの起源にさらに新たな光を投げかけた。頭蓋骨は長く頑丈で、他のムカシクジラ類と同じ大きなノコギリ状の歯（zeuglodont tooth）を備えているが、その骨盤と背骨ははるかによく保存されている。背骨にはきわめて高い棘突起をもち、骨盤は背骨と直接、関節でつながっていた。ロドケトゥスは陸上では自分で体重を支えていたが、同時にその頭は短く大腿骨は小さく、骨盤部の脊椎は自由に動かすことができたように見える。こうした細部からみて、これは泳ぐのに足を使うものと、尾を使うものとの中間的な動物だったと考えられる。ロドケトゥスは泳ぐことも、陸上をよく歩くこともできた。

> 5000万年ほど前、古代テーチス海の北部（現在のパキスタンのあたり）に古代のクジラが多数生息していた。

クジラ類の初期の進化は、始新世初期から中期のさまざまな時期に見られた、およそ5つのタイプの頭蓋骨や骨格の一部によって例証される。これらの動物はすべて、現代のパキスタンの海岸に近い海の堆積層から発見されている。ここは5000万年前には、古代テーチス海の北岸だったところである。これらの始新世パキスタンの初期の原始クジラはムカシクジラ類と呼ばれ、解剖学的構造や生活のしかたは現代のクジラとちじるしく異なっていた。

クジラ類は、確かに暁新世および始新世に多数生息していた古代哺乳類であるメソニクス類顆節類〔訳注：資料の増加で、最近は顆節類からはずして無肉歯類として扱われる。〕から生まれたのであろう。幅の広い切断縁と咬頭をもつジューグロド

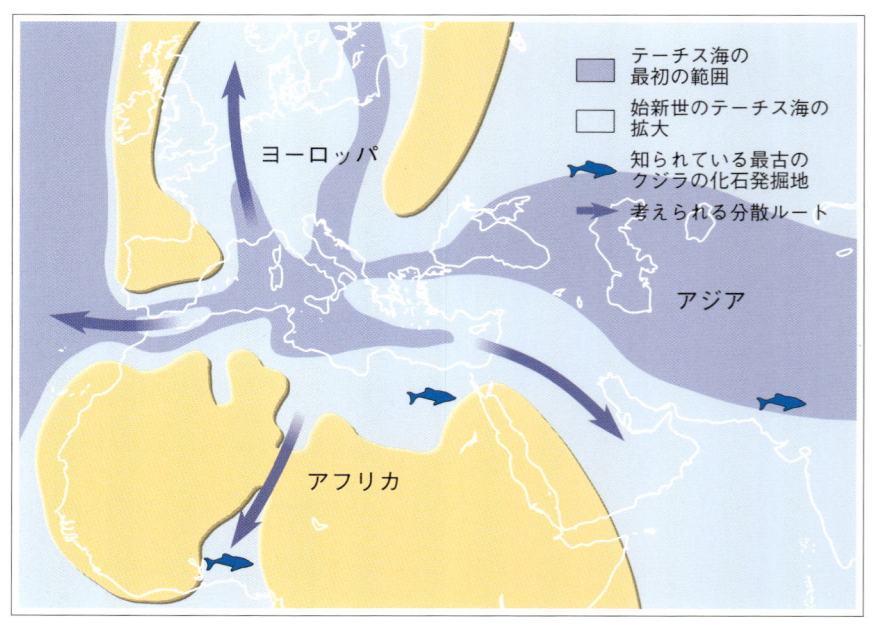

始新世の巨獣

ムカシクジラ類のバシロサウルス（*Basilosaurus*）は典型的なウミヘビのような形をもち、海での生活に完全に適応していた。

その後の始新世のクジラもロドケトゥスやパキケトゥス（*Pakicetus*）と同じような頭骨を——頭骨の解剖学的構造からみて同じような捕食傾向も——もっていたが、長さ12mにも及ぶ長いヘビのような胴体が発達した。これがバシロサウルス類（basilosaurids）で、海中に現れた最初の本当に大型のクジラだった。まだ後肢は存在し、それを構成する骨はすべて元の位置に残っていたが、大きさはずっと小さくなり、泳ぐのには役立たなかった。

最初の完全に海生のムカシクジラ類、例えばプロトケトゥス（*Protocetus*）は、体長3m足らずだったと思われる。これらが示す特徴は進化上の近縁動物であるパキケトゥスの頭骨にも見られ、その頭骨は長さ約0.3mで、顎はやはり長いが、イルカのようにほっそりとしたものではなかった。顎骨はきわめてがっしりとし、そこについている歯も立派なものだった。大きな三角の歯は現代のホオジロザメ（white shark）を連想させるが、それほど鋭くはなく、もっとずんぐりしていて、その前縁と後縁には一連の頑丈な咬頭が段々に並んでいた。この歯の形はムカシクジラ類にきわめて特徴的なもので、その幅の広いギザギザになった形からジューグロドン歯（zeuglodont tooth）と呼ばれる。パキケトゥスとプロトケトゥスはいずれもこのような歯をもっていた。

プロトケトゥスはしなやかな体をもち、前後肢がいちじるしく小さくなっていたが、それでも後肢はまだ無視できない体の一部であり、前肢は陸上で移動するのにある程度は役立つ力をもっていたことがほぼ間違いない。これは現代のクジラと大きく異なる点である。こうして最近のパキスタンでの発見は、機能の点でクジラ類の進化における中間的な段階を表すきわめて変わった動物たちを明らかにした。

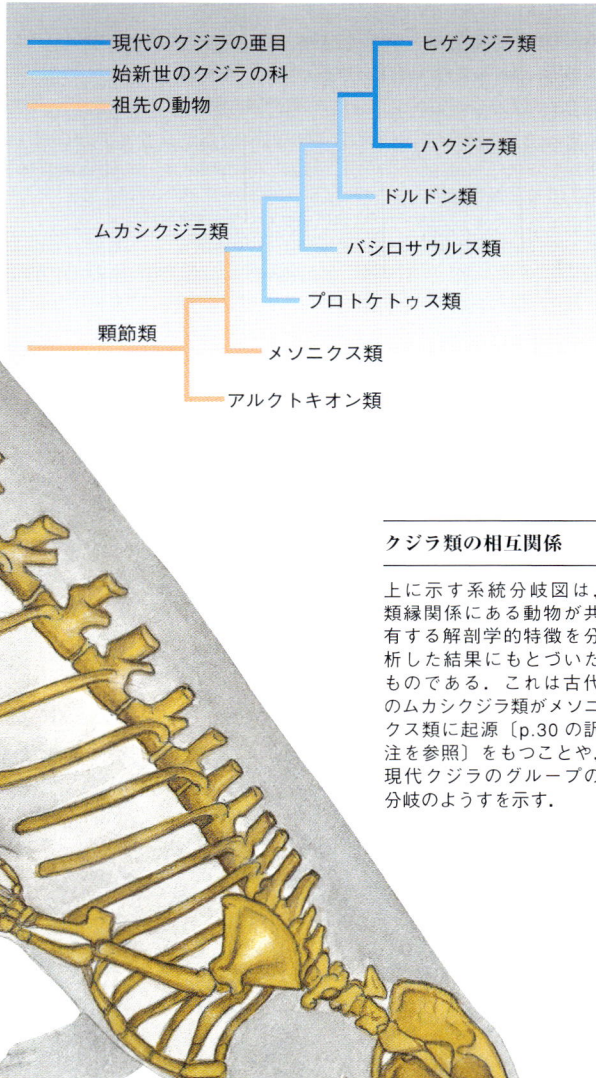

クジラ類の相互関係

上に示す系統分岐図は、類縁関係にある動物が共有する解剖学的特徴を分析した結果にもとづいたものである。これは古代のムカシクジラ類がメソニクス類に起源〔p.30の訳注を参照〕をもつことや、現代クジラのグループの分岐のようすを示す。

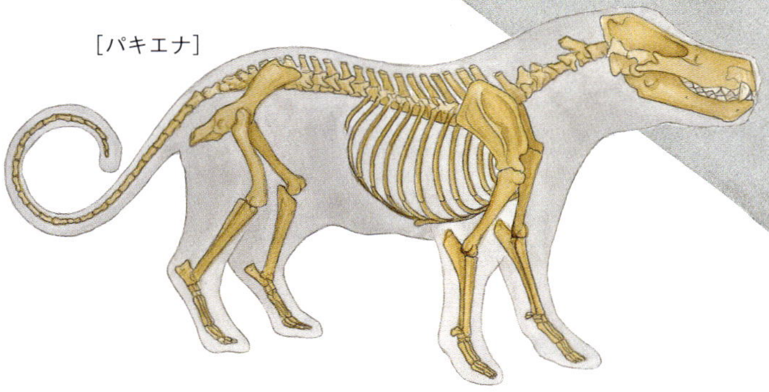

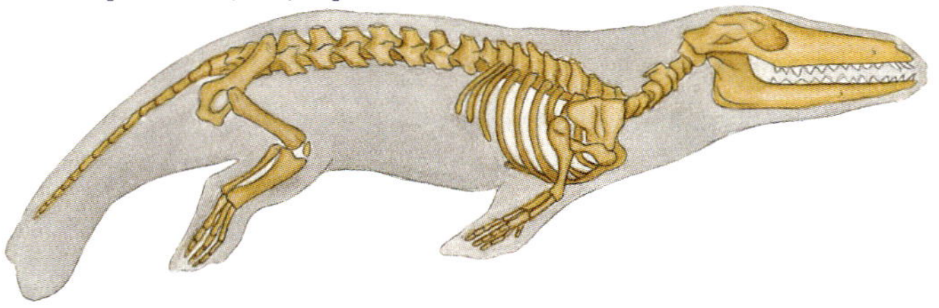

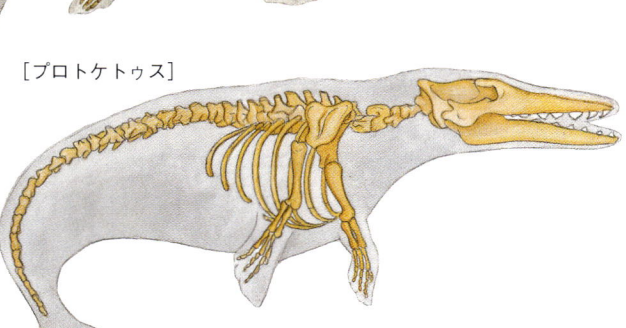

クジラの進化

テーチス海に住んでいた化石クジラの遺骨のコンピューター分析や、それらが示す多数の共通の解剖学的特徴が示すところによると、クジラは高度に捕食性のメソニクス類顆節類〔p.30の訳注を参照〕から生まれた。その祖先は、クマほどの大きさのパキエナ（*Pachyaena*）に似ていたと思われる。アンブロケトゥス（*Ambulocetus*）のような中間的な形のものは、陸生哺乳類から、プロトケトゥス（*Protocetus*）のような海生の原始クジラへ移行する機能上の段階を示す。

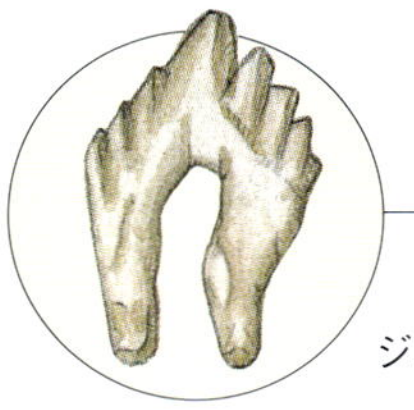

ジューグロドン歯

PART 5

古第三紀

約5500万年前、暁新世・始新世境界ころの中央アジアでは、ここに示すようなシーンが見られたかもしれない。今日と同じく、この地域の多くは大洋から遠いところにあり、海が及ぼす陸地の気候の緩和効果は弱められた。その結果、季節的変化が極端で、夏は恐ろしく暑く、冬は他よりもずっと寒かった。それでも地球が全体として熱帯のような気候であったため、植物の繁茂した森林があちこちに見られたが、開けた平原も広がっていたが、まだ漸新世以降に見られるほどにはなっていなかった。森林は木の葉を食べる草食動物（ブラウザー）に植物性の食物を大量に供給した。これらの動物は至るところに見られるようになり、いちじるしい大きさになることができた。このような獲物に恵まれて、当時の腐食動物や捕食動物たちも、現代の捕食動物よりもはるかに大きい体をもつようになった。

亜熱帯の森林の端では、ひづめをもつ巨大なメソニクス類顆節類〔訳注：現在の無肉歯類〕のアンドリュウサルクス（*Andrewsarchus*）が、巨大なスパイクのような犬歯と、肉を引き裂く三角形の小臼歯で死んだエンボロテリウム（*Embolotherium*）の肉を食べている。どちらもカバくらいの大きさで、エンボロテリウムは3トンくらいあったと推定される。ほとんど同じくらいの大きさの捕食動物サルカストドン（*Sarkastodon*）が、様子を見に近づいてきた。これは体長が3 mほどあって、現代のクマ類よりもはるかに体重は重い。肉を噛み切る肉歯類の臼歯と、骨を噛み割る頑丈な小臼歯は、これが現代の主として雑食のクマよりも、もっと肉食性の動物だったことを示している。別のメソニクス類で、ライオンほどの大きさのハルパゴレステス（*Harpagolestes*）も獲物に近づいてくる。中央アジアに多くはない開けた草原は、ヒエノドン類（hyaenodont）肉歯類であるパラキノヒエノドン（*Paracynohyaenodon*）の群れの狩りの場となっていた。テンに似たミアキス類（miachid）ヴルパヴス（*Vulpavus*）は、最後に古第三紀の巨獣たちに取って代わる"真の"食肉類の長い系統に属するもので、獲物の取り合いからは距離を置いて、巨大な肉食動物たちが腹一杯に食べ終わるのを待っている。一方、まだ登場してきたばかりの小さな霊長類は、安全な木の上から降りようとしない。

アンドリュウサルクスは、これまでに現れた最大の陸生捕食動物だったのではないかと考えられる。

1 ハルパゴレステス（メソニクス類）
2 パラキノヒエノドン（肉歯類）
3 初期の霊長類
4 サルカストドン（肉歯類）
5 アンドリュウサルクス（メソニクス類）
6 エンボロテリウム（ティタノテリウム類）
7 ヴルパヴス（ミアキス類）

古第三紀

哺乳類の進化

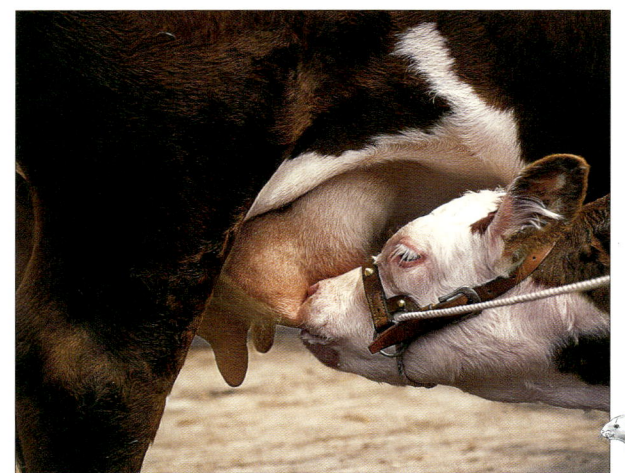

母　乳

哺乳類に特有の大きな特徴の1つは，乳腺をもち，生まれた子どもがそこから乳を吸うことである．

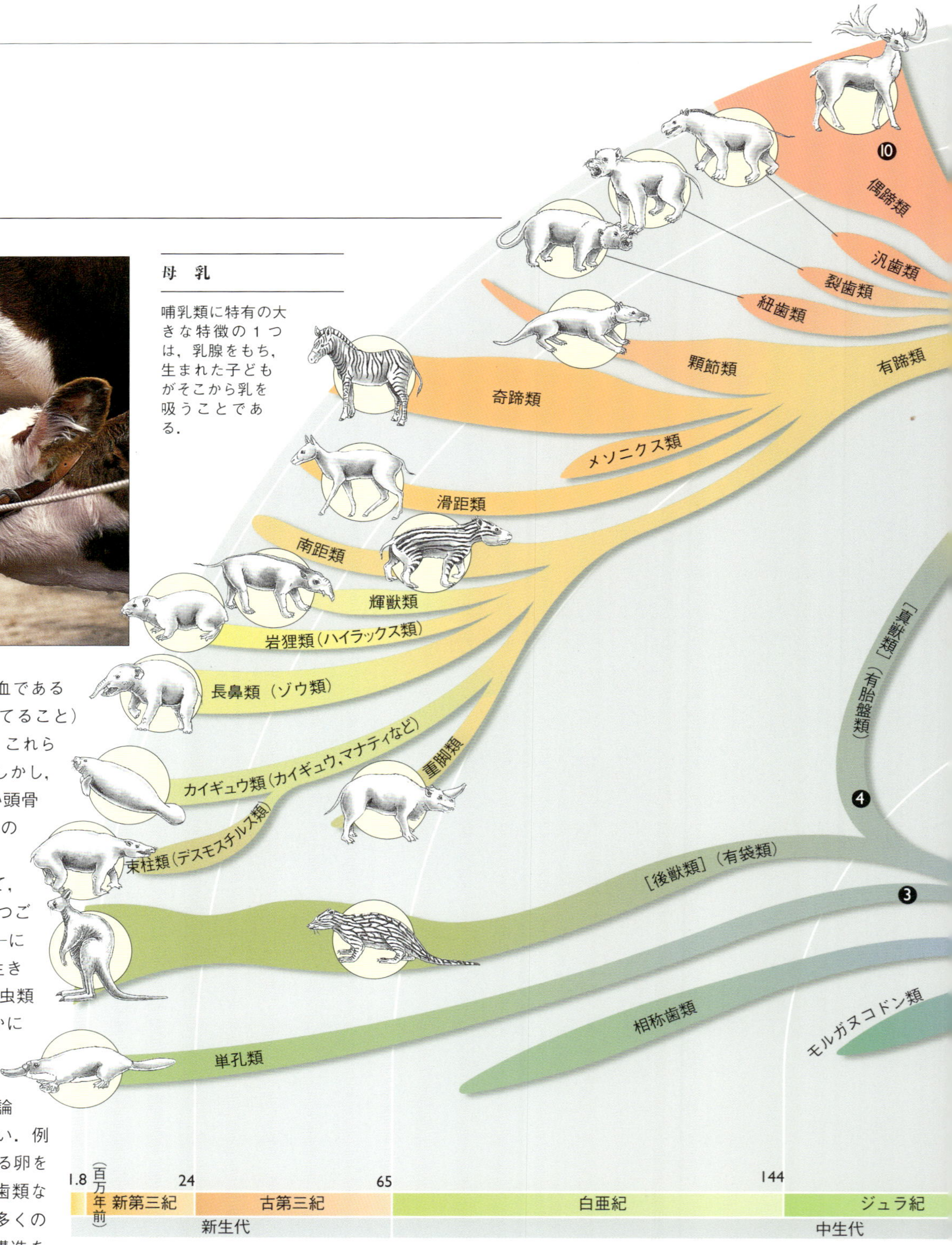

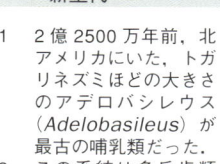

　哺乳類を定義するのに用いられる特徴（温血であること，子供を生み，それを乳腺で授乳して育てること）は，化石の記録を解釈するのには役立たない．これらの特徴は化石として保存されないからである．しかし，化石化した頑丈な骨からも，乾ききった新しい頭骨を調べるのとほとんど同じくらい容易に，多くの手がかりを読み取ることができる．

　分岐論的分析――解剖学的データを比較して，動物のグループ間の類縁関係や，それらがいつごろ共通の祖先から分かれたかを調べること――によって，真の哺乳類の起源が，三畳紀中期に生きていたトガリネズミほどの大きさの哺乳類型爬虫類にあるらしいことが明らかにされている．確かにこれらの小さな動物は，特に頭骨の構造など，いくつかの点で哺乳類にきわめてよく似ている．しかし，中生代の小さな哺乳類の分岐論的分析の結果については，異論もきわめて多い．例えば，現存する単孔類――オーストラリアにいる卵を生む哺乳類――は，長期間存続していた多丘歯類などをはじめとする，絶滅した中生代哺乳類の多くのグループよりも，はるかに原始的な解剖学的構造をもつ．疑問の余地のない事実は，現代の有袋類や有胎盤哺乳類がすべての動物たちのうちで最も進歩したものである，すなわち最も進んだ特徴をもつということである．

　新生代の化石哺乳類に分岐論的分析を適用すると，ある種の関連性が明らかになってくる．例えば，アリクイ類，ナマケモノ類，アルマジロ類などは，センザンコウ類と近い血縁関係にあり，ウサギ類は齧歯類やハネジネズミ類と同じ仲間である．ツパイ類，コウモリ類，フクロモモンガ類などは，どちらかといえば霊長類に近く，このグループをまとめてアルコンタ類（archontans）と呼ぶこともある．ひづめをもつ哺乳類（ungulates）は，クジラ類，カイギュウ類（sirenians），ハイラックス類，ゾウ類，ツチブタ類などとともに，有蹄類（Ungulata）のグループをつくる．

　新生代の化石哺乳類の分析から，興味深い関係も見えてくる．例えば，古第三紀のものをかじる歯をもった巨大な"クマ"，紐歯類は，古第三紀に見られた肉食動物の近縁動物である巨大な肉歯類の祖先に近いグループから出たもののようである．祖先に当たるこのグループは，ごく初期の顆節類に属する小型の哺乳類アルクトキオン類（arctocyonids）と思われる．また別の解釈では，巨大な恐角類――ウインタテリウムなど――はクジラ類や奇蹄類（perissodactyls）といっしょに登場する．クジラ類が明らかに有蹄類と似た2つのグループといっしょにまとめられているのは，クジラ類の起源もひづめをもったグループにあることを示唆する．このことは，クジラ類が暁新世の原始的な有蹄捕食動物であるメソニクス類顆節類（p.30の訳注を参照）に近いことによって裏づけられる．

1　2億2500万年前，北アメリカにいた，トガリネズミほどの大きさのアデロバシレウス（*Adelobasileus*）が最古の哺乳類だった．
2　この系統は多丘歯類をはじめとして，まだ原始的ないくつかの動物に分かれていった．
3　単孔類はジュラ紀後期に出現した．
4　有袋類と有胎盤類との分離は白亜紀前期の北アメリカで，有袋類のアルファドン（*Alphadon*）で起こった．
5　恐竜の絶滅にともなって，大規模な哺乳類の放散が起こった．

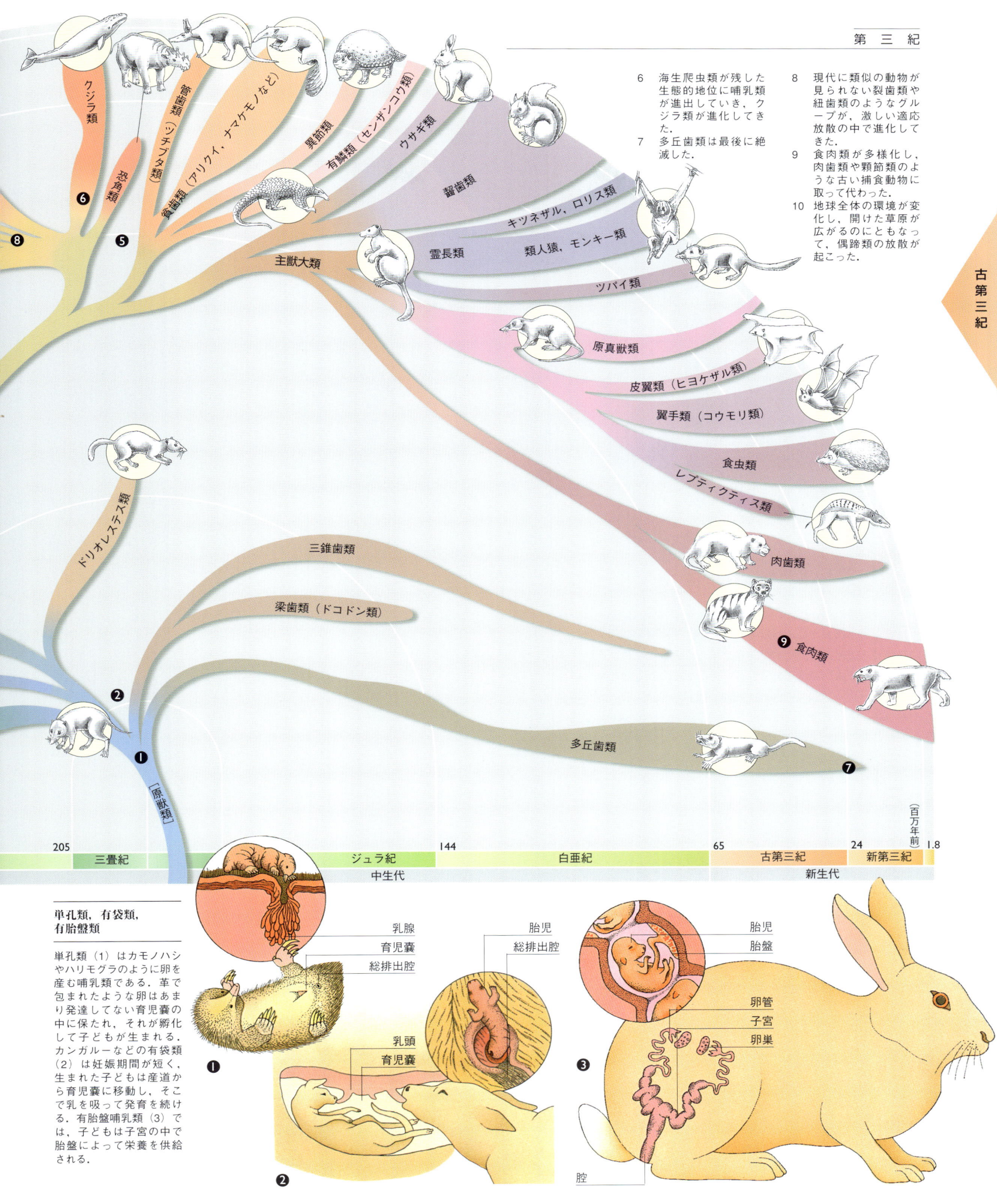

肉食哺乳類の進化

さまざまな役割を果たす最上位の捕食動物たちの生態的地位が，白亜紀末の恐竜の絶滅によって空き家になった．新生代初期に起こった哺乳類の放散には当初，大型の肉食動物は含まれていなかったため，1つの生態的地位をまったく異なる多数の動物グループが引き継いだりした．

南アメリカではフォルスラコス（*Phorusrhacos*）のような巨大な「恐鳥類（terror birds）」が，始新世から漸新世のほとんどの時期，この生態的地位を占拠し，もっとのちに大型の肉食哺乳類——有胎盤類ではなく有袋類の——が出現するまで，競合する動物にぶつかることはなかった．少なくとも漸新世のほとんど終わりころまでは，ジャガーほどの大きさのアルミニヘリンギア（*Arminiheringia*）が重大な脅威となった．中新世の初めまでにフォルスラコス類は絶滅に近づき，間もなく肉食有袋類は肉食有胎盤類の挑戦を受けることになった．現代の肉食有袋類は主としてオーストラリアにおり，フクロネコ類のタスマニアデビル（*Sarcophilus*）がこれに含まれるが，それ以外にはネコよりずっと大型のものはいない．地球上に見られた最後の中型肉食有袋類であるフクロオオカミ（*Cynocephalus*）は1933年に絶滅した．

ほかのところでも，かなり大型の脊椎動物のグループが，捕食動物の生態的地位をめぐって競争をくり広げた．ヨーロッパでは，食肉類（*Carnivola vera*）が巨大な古代の肉歯類や，完全に陸生のワニ類という変わりものグループと競い合った．この後者の進化の歴史は比較的短かった．おそらくは，陸上の肉食哺乳類と，川や河口部に住む，みごとに適応した半水生のワニ類との競争の挟み撃ちに会ったためだろう．

アジアでは，有袋類は最初期の食肉類と同じように，小型のままだった．主な捕食動物は肉歯類とメソニクス類顆節類に属するものたちだった．並はずれて大きく，解剖学的に風変わりなものも多かった．アンドリュウサルクス（*Andrewsarchus*）はこれまでで最大の陸生捕食・腐食哺乳類であり，サルカストドン（*Sarkastodon*）は図体の大きい孤独なクマに似た捕食動物だった．また別の大型メソニクス類捕食動物にパキエナ（*Pachyaena*）もいた．オオカミほどの大きさの肉歯類パラキノヒエノドン（*Paracynohyaenodon*）は足の短いイヌのような体つきで，サルカストドンとは異なり，群れをつくって獲物を捕えた．皆，古第三紀のアジアの繁茂する森で，木の葉を食べる哺乳類や草食動物などの楽な獲物を見つけることができた．しかし，アジアの捕食動物は完全な肉食というより，腐肉食により適応したものが少なくなかったように思われる．

世界が寒冷化していくと，亜熱帯の森は姿を消し，草食哺乳類の生物量は減少した．大型の捕食動物にとって，新しい小型ですばやい草食動物は小さすぎて，それを捕らえても，短い足で重い体を支え，獲物を追いかけるのに費やしたエネルギーを補うことができなかった．長い足のほうが効率がよく，このこともその後に見られた食肉類の繁栄の一因となったのだろう．これらの動物はまた，その歯を使って植物の根，木の実，果実などを食べることができるという長所ももっていた．はさみのような歯しかもたない肉歯類には，このようなことはできなかった．逆説的な話だが，食肉類はいつも肉だけを食べてはいなかったことによって繁栄したといえるかもしれない．

肉食動物のグループ

古第三紀には，"真の"食肉類は小型のミアキス類だった．これはテンに似た動物で，当時見られた図体の大きい捕食動物とはいちじるしく異なっていた．後者にはメソニクス類，肉歯類，南アメリカのボルヒエナ類（borhyaenid）有袋類などが含まれた．基礎となった食肉類がヴルパウス類（vulpavines，イヌの系統）と，ヴィヴェラヴス類（viverravines，ネコの系統）に分離したのは，約6000万年前，ミアキス類でのことだった．現在見られるヴルパウス類（イヌ上科，Canoidea）にはイヌ科，クマ科，イタチ科などが含まれ，そのうちには雑食性のものも見られる．もっと純粋に肉食のヴィヴェラヴス類（ネコ上科，Feloidea）は，外面的にはイヌに似たハイエナ類（hyenid）を含む4つの基本的なグループに分けられる．絶滅したネコ上科動物には剣歯ネコが含まれ，イヌ上科の系統でも多数のものが絶滅した．その中には，北アメリカでハイエナの生態的地位を占めた骨を嚙み砕くイヌ類ボロファグス類（borophagines）や，巨大なアンフィキオン類（amphicyonids，"クマ・イヌ"），ニムラヴス類（nimravids，"古剣歯類"）などがいる．ニムラヴス類は実質的には剣歯ネコだが，解剖学的にはネコよりもイヌに近い．

1. オポッサム類有袋類や顆節類を含む種々の小型肉食哺乳類が現れた．
2. キモレステス（*Cimolestes*）は特殊化した臼歯——裂肉歯によるせん断——の始まりを示す．
3. ミアキス類は最初の食肉類だった．
4. 古い肉食動物グループである肉歯類は最上位の捕食動物だった．
5. "イヌ類"と"ネコ類"への分離は，ミアキス類のヴルパウスとヴィヴェラヴスを経て起こった．
6. イヌ上科とネコ上科は多数の系統に分かれた．
7. 剣歯ネコ類は新生代の肉食動物時代の絶頂期を表す．

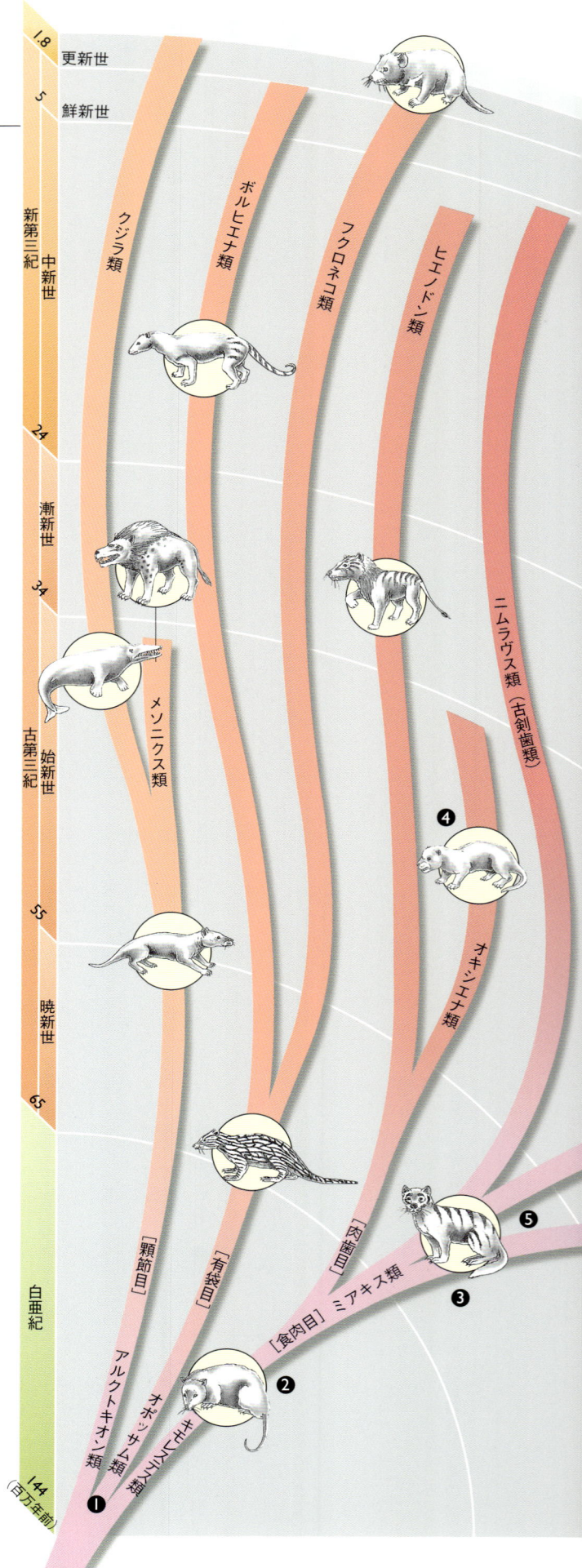

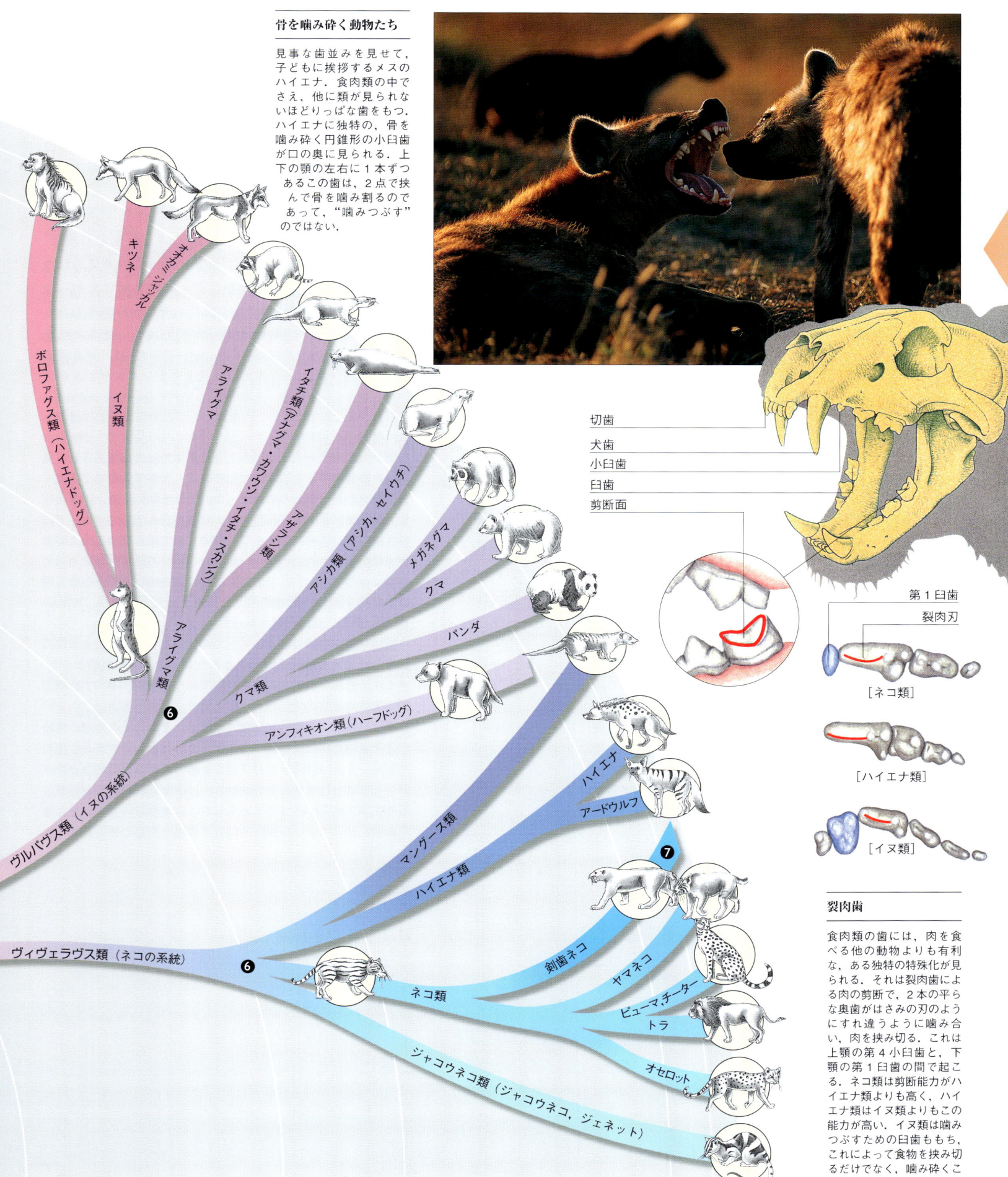

骨を噛み砕く動物たち

見事な歯並みを見せて，子どもに挨拶するメスのハイエナ．食肉類の中でさえ，他に類が見られないほどりっぱな歯をもつ．ハイエナに独特の，骨を噛み砕く円錐形の小臼歯が口の奥に見られる．上下の顎の左右に1本ずつあるこの歯は，2点で挟んで骨を噛み割るのであって，"噛みつぶす"のではない．

裂肉歯

食肉類の歯には，肉を食べる他の動物よりも有利な，ある独特の特殊化が見られる．それは裂肉歯による肉の剪断で，2本の平らな奥歯がはさみの刃のようにすれ違うように噛み合い，肉を挟み切る．これは上顎の第4小臼歯と，下顎の第1臼歯の間で起こる．ネコ類は剪断能力がハイエナ類よりも高く，ハイエナ類はイヌ類よりもこの能力が高い．イヌ類は噛みつぶすための臼歯ももち，これによって食物を挟み切るだけでなく，噛み砕くこともできる．

新第三紀

約600万年前の新第三紀（中新世後期）の世界地図は現在の地図ときわめてよく似ており、大きな地理的な違いは少し見られるにすぎない。西半球では、西部内陸部でロッキー山脈が隆起しつつあった。これはそれより古く古第三紀のララミー造山運動によって残された広大な隆起部で起こった。同じように現代のアパラチア山脈は、古生代後期にローレンシアがバルティカ大陸や、さらにゴンドワナ大陸と衝突した名残である、アメリカ東部の古代山脈が浸食されて残った土台部分の上に形成された。引き続く構造上の活動はカリフォルニア南部に広範囲にわたる海の氾濫を起こさせ、火山はカスケード山脈（Cascade Range）をつくって、オレゴンからユタを経てアリゾナに至る大ベルト地帯で火成岩を噴出させた。大コロンビア川玄武岩層はこの一部である。南北アメリカの西縁では、さまざまなプレートが大陸に押しつけられるのにともなって造山運動が続き、アンデス山脈が隆起した。

現在中央アメリカ諸国を経由して北アメリカと南アメリカをつないでいるパナマ陸橋（Panamanian land-bridge）はゆっくりと形成されつつあり、カリブ海は現在のような大西洋の湾ではなく、まだ太平洋の本来の拡大部分だった。カリブ海地域にはいくつかの火山島が海面上に隆起し、その他のものは海面下にあった。それらは大石灰岩層を堆積し、これがのちに大アンティル諸島の特徴的なカルスト景観をつくった。パナマ陸橋は別の理由でも重要な意味をもつ。これは南大西洋からくる暖かい海水の西へ向かう流れを妨げ、その方向を北に向けてメキシコ湾流を生み出したからである。

ヨーロッパプレートとアフリカプレートが衝突する以前のジュラ紀には、大西洋が開いてアフリカがヨーロッパに対して東の方向に移動したために、テーチス海（Tethys）——アルプスの中生代海洋——が、いちじるしく長い地溝盆地（rift basin）として形成された。白亜紀後期には、アフリカプレートが引き続き移動を続けたため、テーチス海は閉鎖し始めた。古第三紀と新第三紀の境界期には、テーチス海はさらにふさがった。残った部分は現代の地中海となり、東方にはパラテーチス海（Paratethys）が生まれた。南半球で南極の氷床が拡大した結果、地中海ははるかに小さくなった。それにともなって海面は50mも低下し、地中海は大西洋と切り離されて、新第三紀の終わりには、地中海は完全に干上がった。

アフリカプレートは新生代前期にヨーロッパプレートにぶつかり、今もこすれ合いながら東の方向に動き続けている。地中海と北アフリカは、海面の低下と上昇や、アフリカプレートの動きに直接影響を受けた。アトラス、アルプス、ピレネー、カルパチアの各山脈はすべて、このプレートの衝突の結果隆起した。アフリカプレートとヨーロッパプレートの間に挟まったいくつかのマイクロプレートは、イタリアおよびイベリア半島、コルシカ、シチリア、サルディニアなどの島々となった。西アルプスの形成には厚さ約250kmのヨーロッパ岩石圏が関わり、主として地殻の上部の成分だったものから生まれた。これらの山脈の形や分布は、衝突によって生じた変形を記録している。山脈の西から東への湾曲は、空中写真や衛星写真によってはっきりと見ることができる。この変化は今も進行しており、これらの山脈は今でも曲がり続け、北アフリカ、ヨーロッパ、ユーラシアにわたる巨大なS字形を描いている。

> 北アメリカの
> ロッキー山脈は
> この時代に形成された。
> これと同時に、
> 南アメリカの急峻な
> アンデス山脈も
> 隆起しつつあった。

> ヨーロッパの造山運動は
> まだ終わりにはほど
> 遠かったが、
> 古代テーチス海が
> ふさがったのに
> ともなう海の変化は
> それよりもさらに
> 激しいものだった。

アトラス山脈

（左）北アフリカのアトラス山脈の衛星写真。山脈とそれに隣接するいちじるしく褶曲された岩石層が見られる。この岩石層は、アルプスをつくったのと同じプレート運動によってできた。

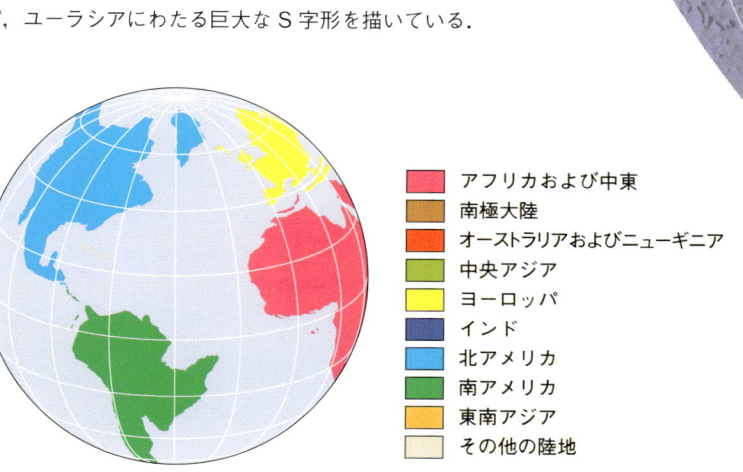

- アフリカおよび中東
- 南極大陸
- オーストラリアおよびニューギニア
- 中央アジア
- ヨーロッパ
- インド
- 北アメリカ
- 南アメリカ
- 東南アジア
- その他の陸地

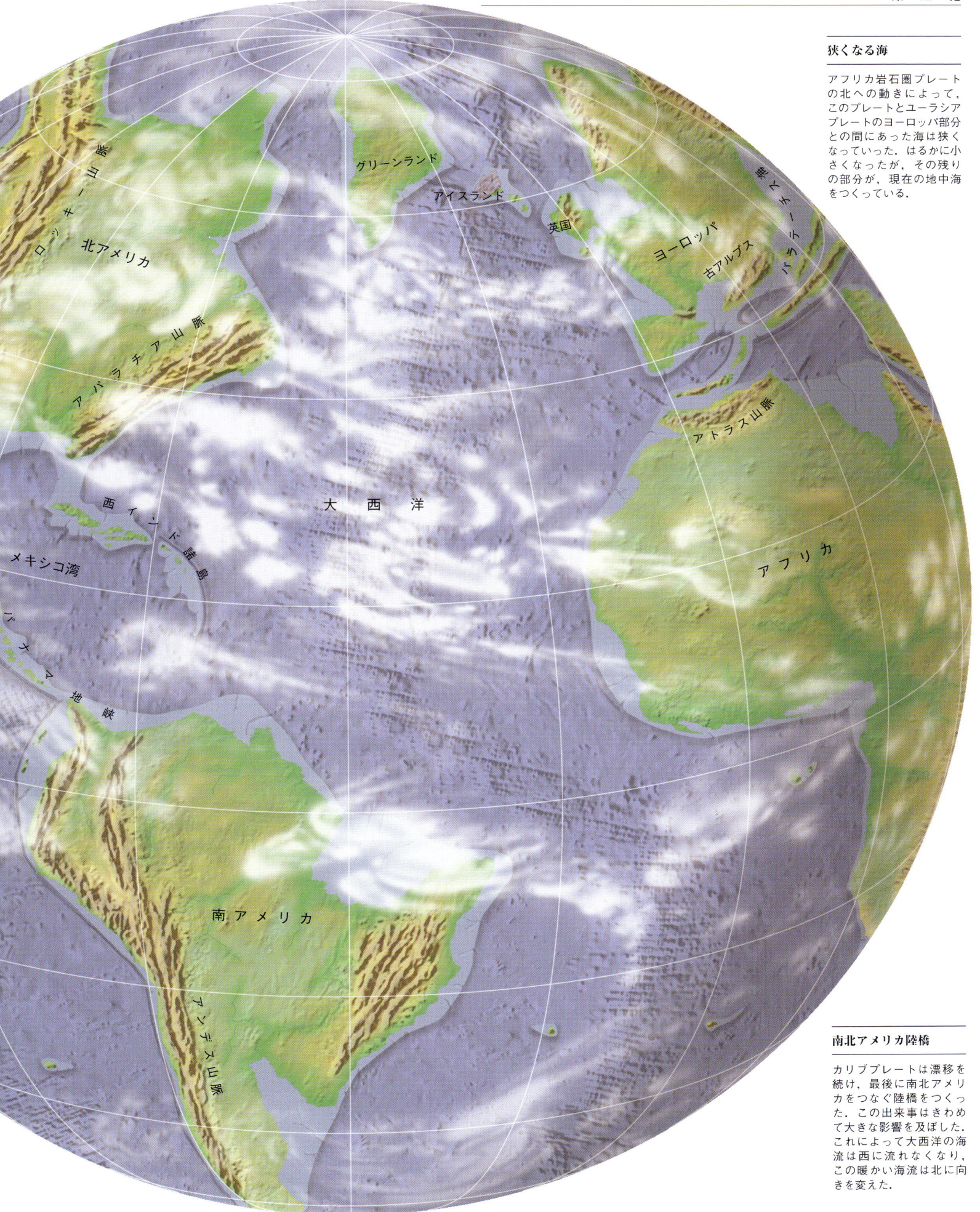

第 三 紀

狭くなる海
アフリカ岩石圏プレートの北への動きによって，このプレートとユーラシアプレートのヨーロッパ部分との間にあった海は狭くなっていった．はるかに小さくなったが，その残りの部分が，現在の地中海をつくっている．

新第三紀

南北アメリカ陸橋
カリブプレートは漂移を続け，最後に南北アメリカをつなぐ陸橋をつくった．この出来事はきわめて大きな影響を及ぼした．これによって大西洋の海流は西に流れなくなり，この暖かい海流は北に向きを変えた．

この（アフリカの）岩石圏の動きが，イベリアプレートとヨーロッパ南部を東に動かした．スペインとポルトガル──イベリアマイクロプレート（Iberian microplate）──は，現在ビスケー湾となっているところからねじり取られ，向きが変わり，ヨーロッパ西部にぶつかったものである．これらのプレートの押し合いによって生じる地殻の変形は，中新世に止まった．

アフリカプレートの動きは地質学的に大規模な東西方向の引き延ばしを引き起こし，ヨーロッパプレートの大部分にわたる引張応力域をつくり出して，引張の方向に対しておおむね直角の巨大な浅い亀裂が生じた．剪断力の方向のため，これらの亀裂は南北方向に並んでいるのが衛星写真で見られる．ローヌ渓谷やライン峡谷はこれに含まれる．

イベリアプレートとヨーロッパプレートの衝突域における圧縮テクトニクスの最初の徴候が実際に表れたのは，約7500万年前の白亜紀後期のことだった．こうした新生代の地殻運動によって生じたトランステンション盆地（transtensional basin）──ビスケー湾など──は，ピレネー地域で隆起が起こったのにともなって，前陸盆地に変わった．これらの盆地の多くは現在，スペイン北部およびフランス南部の陸地によって囲まれている．ビスケー湾についてはそのようにならず，今もヨーロッパ西部大陸棚の沖浜海盆となっている．衝突によってイベリアプレートとヨーロッパ西部の間に当たる地域が押しつぶされ，ピレネー山脈ができた．

東方では，インド大陸プレートがユーラシアと衝突しつつあり，ヒマラヤを隆起させていった．この変化はまだ進行中であって，山脈もまだ低いものにすぎなかった．しかし，その存在はすでにアジア大陸に大きな影響を及ぼしており，中新世にはガンジス川などの大河が形成され始めていた．もっと北のほうにあって，ときおりテーチス海と北方の海をつなぐ水路となっていた古代の内陸海オビク海（Obik Sea）とトゥルガイ海峡は，この時代には閉じていて，浅い海が南アジアから東アジアにかけて広大な地域を覆っていた．アラビア半島はほとんど完全な島であり，マダガスカルはアフリカ東岸のはるか沖合に浮かんでいた．アフリカでは構造的な力によって大陸がアーチ状に3000m近く押し上げられ，大地に大地溝が生まれ始めていた．オーストラリアは現在の位置に向かってゆっくり北に移動しつつあったが，ここはたえず火山島が現れる他の地域とは違って，構造的には静穏だった．南極大陸は，中新世の初めには驚くほど温暖で，大きな氷床ができ始めたのは1500万〜1000万年前ころからのことにすぎない．

南極が凍り始めると，南半球の他の地域にも影響が及んだ．1000万〜500万年前にこの地域の気候が寒冷化したことを示す地質学的な証拠はかなり見られる．南の海洋では突然に，以前よりも広大な面積にわたって，石灰質ではなく，珪質の堆積物が堆積するようになった．この特徴的な堆積物をつくり出した珪藻類──シリカの殻をもつ微小な藻類──の繁栄は，深海の冷たい海水の上昇が増えたことを示し，これは温度勾配が大きくなったことによるものだろう．この時点では，寒冷化は世界的なものではなかったが，そのもたらす影響は大きかった．水が巨大な南極の氷冠に閉じ込められるのにともなって海面が低下し，大西洋の水が地中海の水を補充できないほどとなると，地中海はしだいに干上がっていった．

鮮新世が始まると，海面は再び上昇して，450万〜350万年前ころには，海面は現在のよりもかなり高いレベルにあった．この海面の上昇（海進）は，カリフォルニアや北アメリカ東部の内陸部に大量の海成層を残した．地中海沿岸諸国にも，この時代の同じような堆積層が見られ，北海沿岸にあるヨーロッパ諸国でも同様である．英国やデンマークは，鮮新世の海成層を研究するのに特に適している．

海面が高かったこの時代，ヨーロッパ北部の環境は現在よりも安定していた．その証拠は，そこで見られる化石動物相や，特に花粉の化石から得られる．花粉分析の結果は，英国南東部の気候が現在よりも暖かい亜熱帯か，またはそれに近いものだったことを示す．これは世界が「冷蔵庫」状態にあった──今もなおその状態にある──にもかかわらず，そうだったのである．300万年と少し前，現在の周期的な氷期が始まるとともに，この快適な気候は終わった．

新第三紀

> 地球に新しく2つの大きな地理的な特徴が加わった．ヒマラヤ山脈と中新世後期にできた氷床で，この後者は今も南極大陸を覆っている．

東アフリカの大地溝の形成

東アフリカの大地溝系は南北方向に走っている．ヒト上科（原人）の化石が保存され，発見されてきたのはこの地域である．

アラビア半島

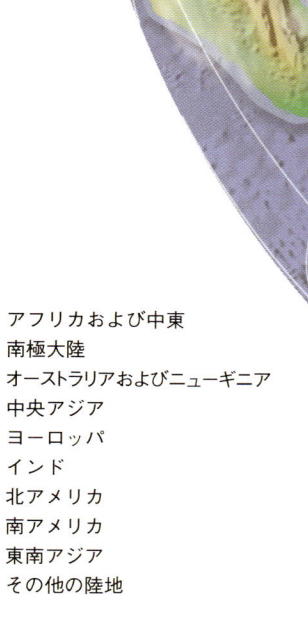

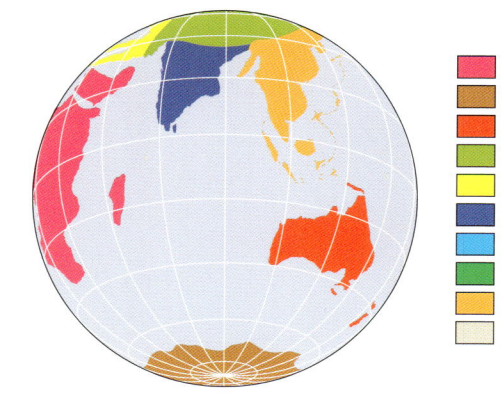

アフリカ

- アフリカおよび中東
- 南極大陸
- オーストラリアおよびニューギニア
- 中央アジア
- ヨーロッパ
- インド
- 北アメリカ
- 南アメリカ
- 東南アジア
- その他の陸地

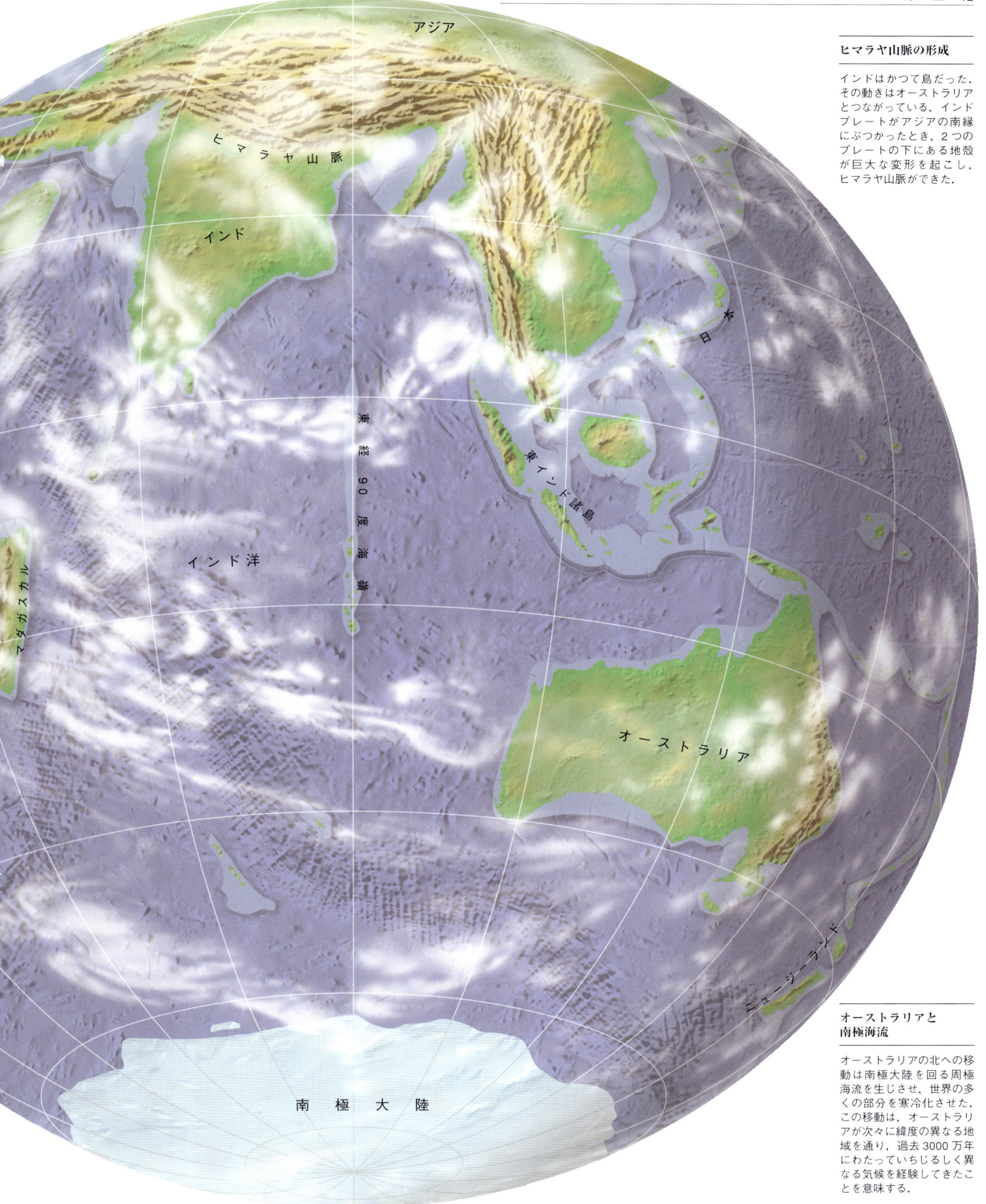

第 三 紀

ヒマラヤ山脈の形成

インドはかつて島だった．その動きはオーストラリアとつながっている．インドプレートがアジアの南縁にぶつかったとき，2つのプレートの下にある地殻が巨大な変形を起こし，ヒマラヤ山脈ができた．

新第三紀

オーストラリアと南極海流

オーストラリアの北への移動は南極大陸を回る周極海流を生じさせ，世界の多くの部分を寒冷化させた．この移動は，オーストラリアが次々に緯度の異なる地域を通り，過去3000万年にわたっていちじるしく異なる気候を経験してきたことを意味する．

45

PART 5

ヒマラヤ山脈の形成は約 8000 万年前の白亜紀後期，インドを乗せたオーストラリアプレートが北に動き始めたときに始まった．これが完全にユーラシアプレートと衝突したのは約 2000 万年前のことだった．それでも衝突は終わらなかった．インドを乗せたプレートはなおもアジアに押しつけ続け，2500 km も内陸部に入り込んだ．この衝突の激しさは，大陸衝突の長い歴史の中でも他に例を見ないものだろう．これによってチベット高原は高く押し上げられ，中国とモンゴルは東に押されて，それにともなう一連の二次的山脈が生まれた．

> ヒマラヤ山脈の形成は
> 8000 万年前ころに
> 始まった．
> 長さ 2400km に及ぶ
> 大陸のくさびが，
> 今日見られるように
> アジア大陸中心部にまで
> 押し込まれるには
> 6000 万年かかった．

ヒマラヤの前面は，平坦なガンジス平原からいきなり高くなる．アイソスタシー（isostasy）と呼ばれる現象は，ヒマラヤの下にある地殻がきわめて厚いことを意味する．地殻は，半ば融けた密度の大きい岩石からなる岩流圏の上に浮かぶ岩石圏——地球の外層の固い部分——の一部である．山脈が隆起すると，岩流圏の表面の浮力と，同じだけ深く，はるか地球内部に伸びる山脈の根とがバランスを保つ．ヒマラヤのいちじるしい高さは，その年齢が若いことによって説明できる．まだ浸食を受けるだけの時間がたっていないのである．世界の最高峰エベレストは約 8848 m で，今もインドがゆっくりとユーラシアに押しつけられているため，まだ成長を続けている．チベット高原ですら，海抜 5000 m の高さにある．このような高いところに，オフィオライト（ophiolite）と呼ばれる古代の海底の一部が見られる．これはヒマラヤで，島弧火山の遺物とともに見つかる．このような独特の地質学的特徴は，この長大な山脈の発達の歴史を知る手がかりとなる．オフィオライトや島弧は，6500 万年前に新生代が始まったすぐ後に，まだユーラシアから遠く離れていたインドクラトン（Indian craton）にくっついたものと思われる．すなわち，この小クラトンはまず島弧と衝突し，その後でユーラシアにぶつかったにちがいない．

最初に衝突したのはインドの北東部の一角で，この部分が東南アジアにぶつかって，前進速度が遅くなったのち，他の部分が回転してユーラシアの南縁にぶつかった．インドクラトンは現在ある位置に近づいた約 1500 万年前に，はじめてユーラシアと接触した．最も古いモラッセ堆積物はこの時代にできたものとされる．ヒマラヤ造山運動の多くは，最近の 1500 万年の

新第三紀

未来のオフィオライト　　前弧海盆堆積物

インド　　テーチス海　　ヒマラヤ山脈　　チベット高原

大陸地殻　　大陸地殻

プレートの動き　　岩石圏

海洋地殻
上昇するマグマ　　岩流圏

天山山脈　　アジア
崑崙山脈
チベット高原
ヒマラヤ山脈
インド
アラビア

インド洋

インド陸塊の
相対的位置
- 現在
- 1000 万年前
- 5000 万年前
- 7000 万年前

インドとアジアの衝突によって隆起した陸地

ガンジス平原

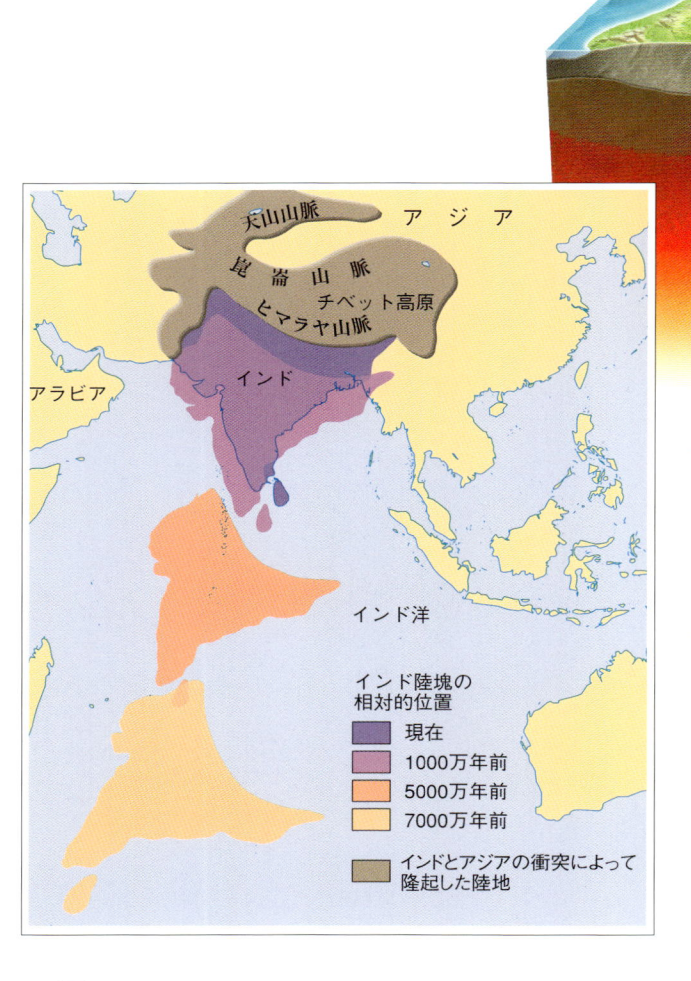

大陸地殻

インドの移動

インドクラトンはオーストラリアやニューギニアとともにオーストラリアプレートに乗っていた．もともとはゴンドワナ超大陸の一部だったこの部分が，中生代後期に移動し始め，約 1500 万年前にはユーラシアにくっついた．化石の証拠は新生代の哺乳類が約 4500 万年前にインドにやってきたことを示しており，インドの北東部の一角がこの時代にインドシナに接したためと考えられる．

テーチス海がヒマラヤ山脈に

漂移するインド島の北端がアジア南縁にぶつかると（上図），その両者の間で東西方向に伸びていた広大なテーチス海は，造山活動の中で完全に姿を消した．はるか昔に消滅したこの海の海底の残骸はいちじるしくねじ曲げられ，押しつぶされて，現在ヒマラヤ山脈やその周辺の高所に見られる．

第三紀

実際に接触するまで，インドに進出することができなかった．インド半島の化石の記録は，新生代のゴンドワナ大陸の哺乳類がここにはじめて姿を現したのは約4500万年前の始新世中期だったことを示している．この時代には，ここでは造山活動はまったく起こっておらず，インドクラトンのかなりの部分は浅い海に覆われていた．これらの石灰岩の上に堆積した陸上および浅海堆積物（モラッセ）は中新世後期のもので，これが衝上および褶曲が起こったのちに形成されたものにちがいないことを示している．

チベット高原には，中国全土にわたって東西方向に伸びる大アルティンタフ（Altyn tagh）断層をはじめとして，無数の断層が刻まれている．インドクラトンは今もなお，それよりも大きなアジア陸塊を東の太平洋の方向に押しつけているものと思われる．それにともなって地殻のブロックは，「走向移動断層」と呼ばれる高角度断層に沿って，互いに水平にこすれ合っている．アジア北部のバイカルおよび山西大地溝系（Shanxi rift system）は，これらの巨大な地殻の切片が，他の切片に引きずられて伸びているものかもしれない．大地溝の下では，底部が岩流圏に沈み込んでいるため，岩石圏は通常よりも薄い．バイカル大地溝系（Baikal rift system）はインドクラトンの一角がインドシナに衝突したすぐ後に現れたものと思われる．この場所から，やがて北東アジアが大陸中心部から切り離されることになるかもしれない．

このような構造的活動域では一般に地震が多い．ごく最近の1976年にも，唐山（Tangshan）近郊の大地震では25万人もの死者を出した．中国の歴史には，16世紀中ごろに死者80万人というさらに恐るべき地震も記録されている．

大地溝帯，断層や火山は，地殻が引き延ばされ，チベット高原が引き裂かれるときの巨大な張力を示す証拠である．

チベット高原

地質学の学説が示すところによると，ヒマラヤ山脈やチベット高原（上写真）の隆起は，インドプレートがユーラシアプレートの下に押し込まれるときの地殻の厚層化からくる均衡隆起によるものである．しかし，チベットの下にある岩石圏のマントルは比較的薄く，これはその一部が岩流圏に落ち込んでしまったためかもしれない．

間に起こったものにすぎない．ヒマラヤ山脈列が巨大なものであるため，このモラッセ堆積物は広大な陸地を覆っている．広大なガンジス川およびインダス川デルタは大部分がモラッセ堆積物の上にあり，新第三紀にこれらの大河を形成したのは新しい山脈——大陸全体にわたって伸びる山脈にしては——の雪をかぶった峰々からの雪解け水だった．

アジア南縁にインドクラトンが接触した時期は，これらの地域から発見される化石によって推定できる．6500万年前に「哺乳類の時代」が始まったとき，インドはまだ南の海洋のまっただ中に浮かぶ島大陸だった．アジアで進化してきた新しいグループの哺乳類は，2つの大陸が互いに接近するか，または

ヒマラヤ山脈の形成

インドがユーラシアクラトンに達すると，インドクラトンがユーラシア外縁の下にくさび状に押し込まれて，プレートの沈み込みが止んだ．接合部の南の地域は，インドクラトンの本体が主中央衝上断層に沿って割れる前に，ユーラシアクラトンにくっついているように見えたインド地殻の一部で，これが北に向かって滑り始めた．帯状のオフィオライト（隆起した海洋地殻）が，接合線に沿って見られる．沈み込むインドプレートとユーラシアプレートの下面との間の摩擦によって生じる引離し力の結果，ヒマラヤ山脈の北の走向移動断層ができた．現在の運動は，新しい断層である主境界断層に移っている．

PART 5

開けた海路

現在の地中海は中生代のパンゲアの分裂によって生じた裂け目の部分にある．2000万年前の中新世前期には（左），テーチス海は開けた海路で，大西洋に通じる狭い海峡があり，東にはアジアに2本の長い腕が伸びて，インド・太平洋とつながっていた．

テーチス海の閉鎖

アフリカとユーラシアがぶつかると，テーチス海は開けた大洋から切り離された．中新世中期までには造山活動によって東の腕が切り離されて，パラテーチス海ができた．この海はユーラシアの河川の水が流れ込み，汽水の内陸海となった．中新世の終わり近くには，大西洋とのつながりが絶たれて，地中海は干上がった（下）．

新第三紀

地中海は新第三紀に形成され，世界の海面低下の結果，砂漠に近い状態まで干上がり，また再び水で満たされた．

巨大なアフリカ岩石圏プレートの北方への動きによって，東西方向に伸びていた古代テーチス海の残りの部分もふさがった．今も残っているその名残が，地中海，黒海，カスピ海，アラル海などで，これらはすべてヨーロッパからユーラシアを横切る線上に並ぶ．中新世の1800万〜1400万年前にアフリカとユーラシアの間に陸の回廊ができ，スペイン南部とアフリカ北部のあたりの陸地を通って陸生動物――主として哺乳類――の移住が可能になった．この出来事によって，テーチス海と東方のインド・太平洋地域との海水のつながりが絶たれた．

中新世前期には，テーチス海は北部と南部の2つの枝に分かれた．大陸衝突の間に，ユーゴスラビアとギリシャのディナル山地（Dinaride）およびギリシャ山地（Hellenide mountain range），トルコ南部のトロス（Taurus）山脈が隆起して障壁となり，テーチス海の2つの枝は完全に分かれて別々の海となった．地中海は，切り離されたパラテーチス海と呼ばれる水域から生まれた．この海はユーラシアからの淡水を受け入れ，中新世の終わりまで半塩水湖として生き残った．

約600万年前の中新世の終わりには，地中海でメッシナ危機（Messinian crisis）と呼ばれることになる大きな出来事が起こった．この出来事を引き起こした地質学的な仕組みは，きわめて規模の大きなものだった．これよりも数百万年前，南極大陸の氷冠が急速に拡大し始めた．メッシナ危機における氷の役割は，現代の実例によってかなり正確に説明できる．今日，海氷が拡大すると，世界の海に入る液体の形の水が減るといわれることが多いが，実際にはその反対のことが起こる．氷は液体の水よりも密度が小さく，したがってそれが占める体積は大きくなり，減るのではない．そのため海氷が融けると――できるのではなく――（水の体積が減って）海面が低下することになる．

しかし，大陸（陸）氷の役割はこれとは異なる．大面積の陸地を氷床が覆うためには，温度がある境界値よりもかなり下がらなければならない．その温度まで下がると，海の水は氷の形で陸地に移り，海水量は減る．その結果，大量の氷が陸地に蓄積され，海面は低下する．南極大陸は広大な陸塊であり，それを覆う氷の量はきわめて大きい．放散虫の珪酸質堆積物という形での地質学的および古生物学的証拠や，有孔虫のタイプの変化が示すところによると，南極大陸やその周辺の海水の寒冷化は中新世の早い時期に始まり，メッシナ危機の時期には十分な世界的な海面降下が起こっていたと考えられる．

- 陸地
- 海
- 乾燥地帯
- 浸食された水路

塩類皮殻

地中海はかつて，米国カリフォルニアのデスバレー（Death Valley）に見られるこのデビルズ・ゴルフコース（Devil's Golf Course：下）に似た風景だったのかもしれない．地表を覆う皮殻は最後の氷河時代の後，気候が温暖化するのにともなって湖が干上がった後に残った．地中海中心部の近くで岩塩が発見され，ここがかつて蒸発岩の盆地だったことを裏づけている．

南極大陸の極氷の拡大は海面をいちじるしく——50mにも及んだ——低下させた。その詳細も化石や地質学的な証拠に示されている。海面が低下すると、大西洋と地中海のつながりは、現在ジブラルタル海峡となっているところで断ち切られた。それまでこの2つの海はつながってはいたが、その部分はアフリカ・ヨーロッパ陸橋が海底よりも高く盛り上がっていたのにちがいない。海面がその障壁よりも低くなると、地中海は重要な水の供給源（大西洋から流れ込む水）を失った。ローヌ川やナイル川などの水は依然として地中海に流れ込んでいたが、この時以降、地中海の水は蒸発速度のほうが、補充速度を上回るようになった。その海底の浅い盆地状の構造が、蒸発速度をさらに大きくした。今から約500万年前には、地中海は完全に干上がった。これがメッシナ危機である。

かつて地中海が干上がっていた時期があることを示す最初の地質学的な手がかりとなったのは、1961年に、海底下に柱状の岩塩ドームが発見されたことだった。それは地震探査法を用いて発見された。岩塩のドームはきわめて珍しい構造物であり、メキシコ湾で発見され

アラル海

現代のアラル海は大洋の沿岸部から遠く離れたアジアの中心部にあるが、それでもこれは新生代にふさがった、東西に伸びる巨大なテーチス海の小さな名残なのである。アラル海自体、近年急速に干上がりつつある。

地中海湖

パラテーチス海の水はゆっくりと干上がった地中海に排出されていき、後に一連の小さな湖が残った。そのうち、黒海、カスピ海、アラル海の3つが今日まで残った（下）。地中海が干上がったことを示す証拠としては、海底の地震探査によって岩塩ドームの存在が認められ、また深い峡谷の存在は古代の川があったことを知る手がかりとなる。

ていたジュラ紀の岩塩ドームによく似ていた。なぜ地中海にそのようなものが存在するのかは大きな謎だった。この柱状の構造物が本当に塩であれば、それは海がほとんど、もしくは完全に蒸発したときにしかできないものだからである。今日、大勢のヨーロッパ人が楽しむ海岸は、明らかにかつて塩の砂漠だったと考えられる。

1970年、地中海の海底下に蒸発岩が存在することが、ボーリングによって確認された。その蒸発岩は硬石膏（硫酸カルシウムの造岩化合物）で、中新世後期のものだった。さらに、浅い海や海ではないところに特徴的な砂利が、ボーリングによるコアサンプル中に発見された。最後に、地中海中心部で岩塩が発見されたことは、新第三紀に地中海が干上がったことを示すだめ押しの証拠となった。岩塩はきわめて水に溶けやすく、溶液中の他の塩類がすべて沈殿した後でしか沈殿しない。したがって、必ず蒸発していく水たまりの中心部に見られる。

化石も裏づけとなるデータを与えた。淡水の貝形虫類（ostracodes、砂粒大の節足動物）が、ボーリング調査で採取したコアサンプルの堆積物中に発見された。海底の中新世末期の岩石中に見られるこれらの動物は、今日、砂漠の水たまりをはじめ、多くの生息環境で観察される。さらにローヌ川やポー川など、ヨーロッパの川の新しい河床の下に、鮮新世の堆積物で満たされた深い渓谷が発見された。貝形虫類と深い川の渓谷を合わせて考えると、何本かの川が干上がった地中海盆地の最低部に向かって流れ下り、そこに汽水の水たまりをつくって、貝形虫類が季節的に繁殖していたものと推測される。

メッシナ危機は短時間のうちに終わった。今、地中海が大西洋から切り離されたとすれば、現在の蒸発速度で1000年のうちに干上がってしまうだろう。同じようにジブラルタル海峡のところから再び大西洋の水が流れ込んでくるとすれば、それはちょろちょろした流れではなく、ナイアガラ瀑布以上のすばらしい大滝となるだろう。

PART 5

セイウチ

（右ページ）大きな牙を除けば、セイウチはアシカと外見が似ており、両者はクマに似た共通の祖先をもつ．

ヒゲクジラ

（上左）中新世に生まれたこれらのクジラは、これまでに現れたもののうちで最も特殊化した動物といえる．それは濾過採食法に適応した巨大な顎と、櫛のような歯板（ひげ板）による．繊細だが固いこの繊維状のひげ板によって、わずか2～3時間の採食時間のうちに何トンもの海生無脊椎動物を濾し取ることができる．

新第三紀

> クジラ類は5000万年以上前、ムカシクジラ類などから進化を始めたが、新第三紀にはいちじるしく多様になった．

クジラ類は5000万年以上前、テーチス海で進化を始めた．新第三紀にテーチス海がふさがると、クジラ類は新しい生息環境に住まざるをえなくなり、温暖な気候から寒冷な気候への変化によって、この時代にいちじるしい放散を示した．熱帯の海のイルカと淡水（川）イルカの分離も起こった．前にも述べたように、最も生産力の高い海は、極に近い冷たい海である．そこでは植物プランクトンが大繁殖し、それを食べる魚類も繁殖する．ハクジラもヒゲクジラも、冷たい水中で見つかる豊富な食物をできるだけ多く得られるようにするため、歯を進化させてきたのだろう．毛をもたないクジラは、冷たい水から体を守るため厚い脂肪層を発達させ、筋肉中心部の体温を36～37℃の哺乳類らしいレベルに保った．大型のクジラでは、体の大きさも体を温かく保つのに有利となる．体が大きくなれば、体積あたりの体表面積が小さくなるためで、一般的な観察結果によれば、体の大きさは気候の寒さと対応している．イルカが水の冷たいところに住まないのも、このためだろう．

中新世のクジラやイルカ類は、海生哺乳類の進化の系統における分岐点に位置している．米国メリーランド州カルヴァート層（Calvert Formation）の岩石中には、さまざまな中新世の海生哺乳類が保存されており、そこにはハクジラ類、イルカ類、ヒゲクジラ類、さらには初期のアザラシやアシカのグループまで含まれる．カルヴァート層から見つかるケントリオドン（*Kentriodon*）は、体長2m足らずの小型のイルカの祖先だった．反響定位を助けるため頭骨の底部が非対称になっている現代のイルカと異なり、ケントリオドンの頭骨は完全な対称を示す．この小さなイルカは、現代のイルカのように鋭敏な反響定位能力をもっていなかったのかもしれない．

中新世のイルカにはかなりの多様性が認められる．極端に長い鼻先をもつエウリノデルフィス（*Eurhinodelphis*）の存在はそれを裏づけるもので、その上顎は長さがケントリオドンの2倍以上あった．ケントリオドンが属する原始的なクジラのグループは、その名を取ってケントリオドン科と呼ばれる．この主として中新世のグループからさまざまな系統が生まれ、そこから最終的に現代のイルカ類、シャチ類、ネズミイルカ類、シロイルカ、イッカクなどが生まれた．これらはすべてハクジラ類（odontocetes）で、5つの科にまとめることができる．それぞれの科は、微妙に異なるタイプから大きく放散していったものである．76種のクジラ類のうち、66種はこのハクジラ亜目に属する．ハクジラ類のもう1つのグループである肉食のマッコウクジラ類は、中新世にオリクテロケトゥス（*Orycterocetus*）という立派な祖先がいた．これは現代のマッコウクジラほど巨大ではなかったが、特徴的な幅の狭い下顎と頑丈な円錐形の歯をもっていた．

現在生きているすべての脊椎動物のうちで最も大きいのは、セミクジラや巨大なシロナガスクジラを含むヒゲクジラ類（mysticetes）で、シロナガスクジラは体長24～27m、体重150トンに達する．中新世に最初に姿を現したヒゲクジラは、ペロケトゥス（*Pelocetus*）などの動物たちだった．ヒゲクジラはひげ板の毛のようなマットでプランクトンを濾し取る．このひげ板を商業的には「鯨骨」とも呼ぶが、実際には高度に

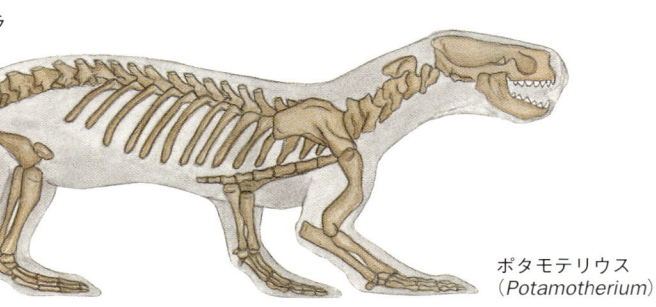

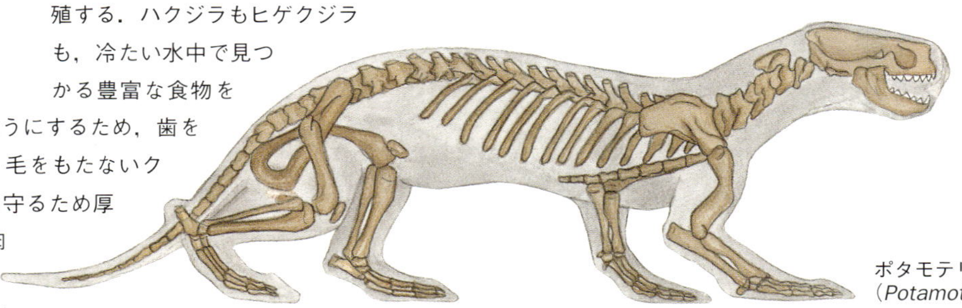

新第三紀の鰭脚類

ポタモテリウムは漸新世のカワウソの一種で、ヨーロッパで見つかるよく保存された多数の骨格によって知られている．これはアザラシ類と近縁と思われ、アザラシ類は水生のイタチ類にすぎないと考える古生物学者もいる．アロデスムスは2mほどの初期のアシカの仲間で、極度にがっしりとした強力な下顎と前腕をもっていた．陸上では、現代のアシカ以上に前のひれ脚を主力として、ぎこちない動きをしていたかもしれない．エナリアルクトスもアシカの祖先に当たるもので、まだ完全な水生動物とはなっていなかっただろう．

ポタモテリウス（*Potamotherium*）

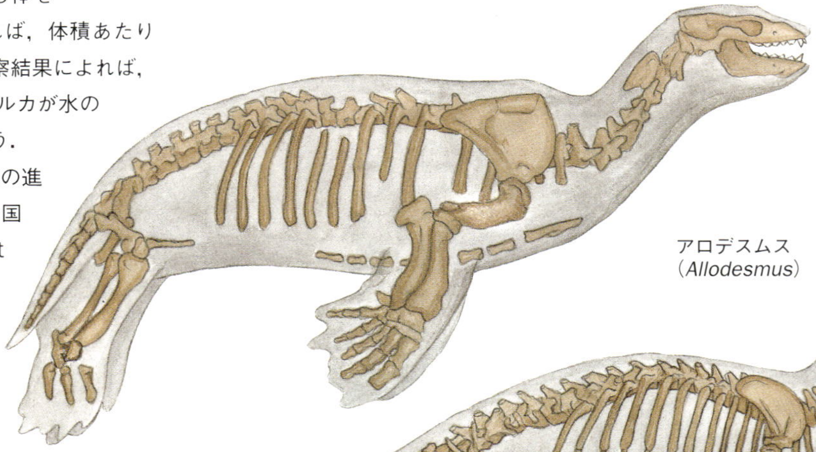

アロデスムス（*Allodesmus*）

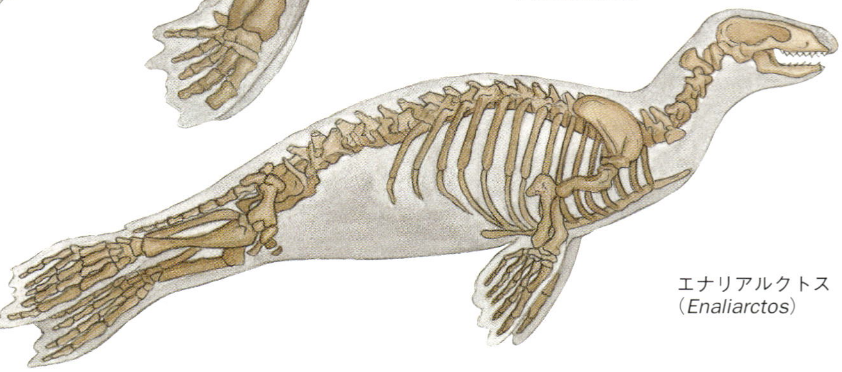

エナリアルクトス（*Enaliarctos*）

変化した歯である．ひげ板の厚さや数は種によって異なる．しかし，ひげは化石にならない．コククジラのような現代のヒゲクジラ類で，ひげがじゅうぶんに働くためにはかなりの体力を必要とする．したがって，現存するヒゲクジラ類の頭骨には溝がつくる独特の模様が見られ，そこには巨大な血管が分布して，ヒゲに十分な栄養を供給している．ペロケトゥスの頭骨にも同じ血管の模様が見られ，これがヒゲクジラであることを裏づけている．

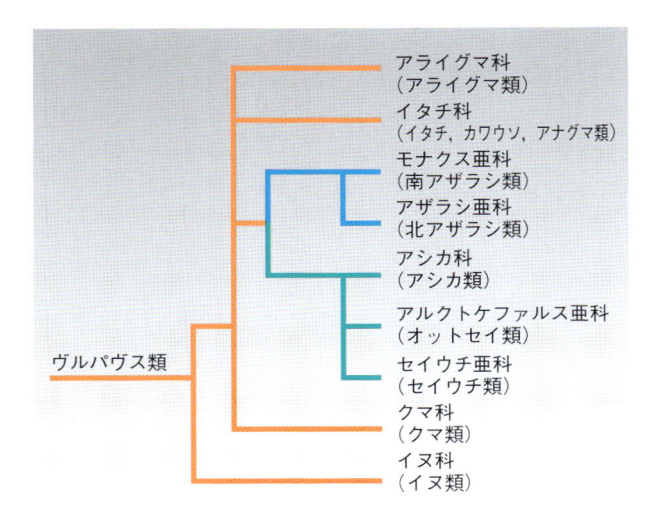

鰭脚類の祖先たち

アザラシ，アシカ，セイウチの類の祖先については多くの議論が行われてきた．古生物学者は最初，鰭脚類は二系統由来性，すなわち別々の祖先に由来する2つのグループからなるものと考えていた．しかし動物学者はふつう，鰭脚類は単一の共通の祖先から生じた単一系統のものと考えている．分子生物学的なデータはこの後者の説を支持する．古生物学者が用いる解剖学的な証拠は，アシカ類はクマ・イヌのような祖先からエナリアルクトスを経て生じ，アザラシ類はカワウソに似たイタチ類の動物から生じたことを示すように思われる．最近の化石研究の結果は鰭脚類が単一系統に由来し，ヴルパヴス類（イヌの系統）からクマ類（クマやその近縁動物）を経て生じたという考え方を支持している．

アザラシ，アシカ，セイウチなどのグループは，古くから動物学者が鰭脚類（ききゃくるい）（pinnipeds）と呼んでいたもので，新第三紀の海で起こった多様化のもう1つの見事な産物である．その起源は現在，かなり大きな論争の的となっている．化石が示すところによれば，その起源はクマ・イヌのような哺乳類や，それに続く中間的な形のものと思われる．古生物学者は，アザラシとアシカが異なる系統から出て，同じような環境に適応するのにともなって，きわめてよく似た体つきに収斂してきたことを暗示する化石を確認している．

> アザラシ類とアシカ類は別々に進化してきたと思われるが，同じ適応を示すようになった．

知られている最も古い鰭脚類は，北アメリカの中新世前期の岩石中に見られる．エナリアルクトス（*Enaliarctos*）はクマ類の祖先と解剖学的な類似性を示す．例えば，肉を切る輪郭のくっきりした裂肉歯は，魚を食べる現代のアシカの円錐形の歯とはいちじるしく異なる．そのひれ脚は十分に発達しているが，現代の鰭脚類ほど平べったくはなかった．初期のアシカ，タラソレオン（*Thalassoleon*）は北アメリカの中新世後期の岩石中に見られ，解剖学的に多くの点で現代のアシカにもっと似ている．例えば，現代の鰭脚類に特徴的な，分化していない，咬頭が1つしかない円錐形の歯をもつ．

セイウチも中新世に，イマゴタリア（*Imagotaria*）という最も初期の類縁動物がいた．これはまだ現代のセイウチに見られ

新第三紀

ヴルパヴス類
- アライグマ科（アライグマ類）
- イタチ科（イタチ，カワウソ，アナグマ類）
- モナクス亜科（南アザラシ類）
- アザラシ亜科（北アザラシ類）
- アシカ科（アシカ類）
- アルクトケファルス亜科（オットセイ類）
- セイウチ亜科（セイウチ類）
- クマ科（クマ類）
- イヌ科（イヌ類）

― 類縁の食肉類
― アザラシ亜目
― アシカ亜目

る巨大な牙や奥行きの短い頭骨は発達していないが，きわめて単純な頬歯など，両者の関連性を示す特徴は多数見られる．アシカとセイウチは太平洋に起源をもつのに対して，アザラシ類は大西洋・地中海地域で生まれたものと考えられる．エナリアルクトス類は中新世に限られ，もっと特殊化したアザラシやアシカ類との競争のため，長期にわたっては繁栄できなかったのだろう．

エナリアルクトス類とともに，これも中新世のみに限られる海生のデスモスチルス類（desmostylians）も見られた．デスモスチルス類は最初，一連の鎖のようにつながった円柱状の歯によって知られた．やがて骨格化石によって，この動物が独自の動物学的グループに属し，子孫は残さなかったことが明らかになった．（デスモスチルス類の）パレオパラドキシア（*Palaeoparadoxia*）はシャベルのような形の頭をもち，下顎の先端から長い歯が外側に突き出していた．その体はアザラシとゾウの合いの子のような姿で，指の開いた巨大な足と，はいつくばった姿勢の四肢をもっていた．流線型の体をもつアザラシ，アシカ，セイウチの類のほうが，明らかに有利だった．

オーストラリアの草食動物

中新世中期のオーストラリアの1シーン．どっしりした体をもつ草食の有袋類ネオヘロスやパロルケステスが見られる．どちらもディプロトドン類で，よく発達した臼歯と大きな切歯をもつ．ネオヘロスは木の葉を食べるウシほどの大きさの動物で，アフリカの大型草食動物に相当する．多数見られる化石は，これが群れをなして生活していたことを示す．パロルケステスの頭骨は，高さは高いが鼻先はきわめて短く，これがバクに似た長い鼻をもっていたことを暗示している．

1 ワケレオ
2 ネオヘロス
3 パロルケステス
4 ベトン（ベトンギア・モイェシ）

> 有袋類哺乳類や陸生のトカゲが支配的な位置を占めるオーストラリアの特徴的な動物相は，地理的孤立の結果だった．

新第三紀のオーストラリアの動物相は，主として有袋類で構成されていた．オーストラリアの有袋類は，南アメリカの有袋類よりも変化があり，多様だが，これはこの大陸では有袋類がいつの時代にも哺乳類の主要なグループであり続けたためであるにすぎない．その進化と動物誌の歴史は，プレートテクトニクス，生物の移住，地理的隔離の歴史と密接に関連している．オーストラリアと南極大陸との分離は，新生代に入って間もない約6000万年前の古第三紀に始まった．オーストラリアが北に移動するのとともに，同じ岩石圏プレートの一部であるニュージーランドとニューギニアも北に移動した．始新世の間にオーストラリアは南極大陸と完全に離れ，この陸塊の上にいた有袋類は完全に他から隔離された．この隔離はその進化の方向を決める決定的な要因となり，そこに住む動物たちは移住してくる侵入者から影響を受けることなく，他の世界とはいちじるしく異なる進化の道をたどった．こうして島大陸オーストラリアは，伝説のノアの箱船のようなものとなったのである．

新第三紀

図説 科学の百科事典（全7巻）

A4変型判
176頁前後

○鮮やかな写真とイラストで，科学の身近さを解説

- 定評ある The New Encyclopedia of Science 2nd ed. (Andromeda Oxford Limited, 2003) の翻訳。
- 基本的な科学の概念や知識を，身近な現象から説き起こし，豊富で鮮やかなイラストと写真によりわかりやすく解説。
- さまざまな興味深いトピックを，見開き読み切りでとりあげる。(本文約110頁，用語解説約30頁)
- より深い理解を助けるために，各巻のテーマと関わりのある学問分野の用語解説や諸資料を付し，「科学事典」として知識を得ることができる。

1. 動物と植物
太田次郎 監訳/藪 忠綱 訳　定価6,825円(本体6,500円) ISBN 4-254-10621-1
〔内容〕壮大な多様性/生命の過程/動物の摂餌方法/動物の運動/成長と生殖/動物の連絡方法/用語解説・資料

2. 環境と生態
太田次郎 監訳/藪 忠綱 訳　ISBN 4-254-10622-X　〔近刊〕
〔内容〕生物が住む惑星/鎖と網/循環とエネルギー/自然環境/個体群の研究/農業とその代償/人為的な影響/用語解説・資料

3. 進化と遺伝
太田次郎 監訳/長神風二・谷村優太・溝部 鈴 訳　ISBN 4-254-10623-8　〔近刊〕
〔内容〕生命の構造/生命の暗号/遺伝のパターン/進化と変異/地球生命の歴史/新しい生命への遺伝子工学/ヒトの遺伝学/用語解説・資料

4. 化学の世界
山崎 昶 監訳/宮本惠子 訳　定価6,825円(本体6,500円) ISBN 4-254-10624-6
〔内容〕原子と分子/化学反応/有機化学/ポリマーとプラスチック/生命の化学/化学と色/化学分析/用語解説・資料

5. 物質とエネルギー
有馬朗人 監訳/広井 禎・村尾美明 訳　ISBN 4-254-10625-4　〔近刊〕
〔内容〕物質の特性/力とエネルギー/電気と磁気/音のエネルギー/光とスペクトル/原子の中/用語解説・資料

6. 星と原子
桜井邦朋 監訳/永井智哉・市来淨與・花山秀和 訳　ISBN 4-254-10626-2　〔近刊〕
〔内容〕宇宙の規則/ビッグバン/銀河とクエーサー/星の種類/星の誕生と死/宇宙の運命/用語解説・資料

7. 地球と惑星探査
佐々木晶 監訳/米澤千夏 訳　ISBN 4-254-10627-0　〔近刊〕
〔内容〕宇宙へ/太陽の家族/熱のエンジン/躍動する惑星/地学的ジグソーパズル/変わりゆく地球/はじまりとおわり/用語解説・資料

恐竜野外博物館

小畠郁生 監訳
池田比佐子 訳
A4変型判　144頁
定価3,990円
(本体3,800円)
ISBN 4-254-16252-9

- 第8回 学校図書館出版賞 特別賞 受賞
- もし生きている恐竜を，ライオンやペンギンのように観察できたら…。代表的な恐竜57種を時代順・地域別にとりあげた，仮想フィールドガイドブック。カラーイラストとスケッチを交えながら，それぞれの恐竜の分類・大きさ・特徴習性と生息地を収録。
〔内容〕三畳紀（コエロフィシス他）/ジュラ紀（マメンチサウルス他）/白亜紀前・中期（ミクロラプトル他）/白亜紀後期（トリケラトプス，ヴェロキラプトル他）

恐竜大百科事典

J.O.ファーロウ・M.K.ブレット-サーマン 編
小畠郁生 監訳
B5判　648頁
定価25,200円
(本体24,000円)
ISBN 4-254-16238-3

- 恐竜は，あらゆる時代のあらゆる動物の中で最も人気の高い動物となっている。本書は「一般の読者が読むことのできる，一巻本で最も権威のある恐竜学の本をつくること」を目的として，専門の恐竜研究者47名の手によって執筆。
- 最先端の恐竜研究の紹介から，テレビや映画などで描かれる恐竜に至るまで，恐竜に関するあらゆるテーマを，多数の図版をまじえて網羅した百科事典。
〔内容〕恐竜の発見/恐竜の研究/恐竜の分類/恐竜の生態/恐竜の進化/恐竜とマスメディア

朝倉書店

〒162-8707　東京都新宿区新小川町6-29／振替00160-9-8673
電話 03-3260-7631／FAX 03-3260-0180
http://www.asakura.co.jp　eigyo@asakura.co.jp

図説大百科 世界の地理（全24巻）

田辺　裕　監修　A4変型判　148頁
各定価7,980円（本体7,600円）

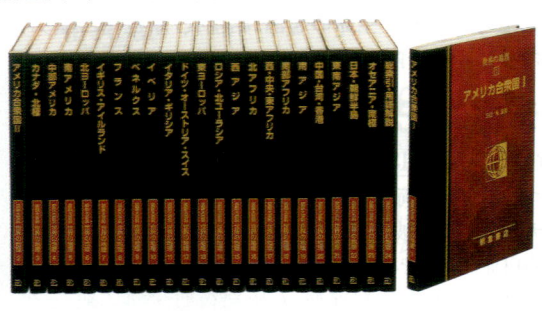

- オールカラーで見る世界の自然・環境・文化・政治・経済・社会の最新情報。
- 英国アンドロメダ社の好評シリーズの翻訳。

各巻の目次

■ 国々の姿（環境，社会，経済）
■ 地域の姿（自然地理，自然環境とその保全，動物の生態，植物の生態，農業，鉱工業，経済，民族と文化，都市，政治，環境問題）
■ 用語解説，索引，参考文献

1.	アメリカ合衆国I	田辺　裕・阿部　一訳
2.	アメリカ合衆国II	矢ケ﨑典隆訳
3.	カナダ・北極	廣松　悟訳
4.	中部アメリカ	栗原尚子・渡邊眞紀子訳
5.	南アメリカ	細野昭雄訳
6.	北ヨーロッパ	中俣　均訳
7.	イギリス・アイルランド	松原宏・杉谷隆・和田真理子訳
8.	フランス	田辺　裕・松原彰子訳
9.	ベネルクス	山本健兒訳
10.	イベリア	田辺　裕・滝沢由美子・竹内克行訳
11.	イタリア・ギリシア	高木彰彦訳
12.	ドイツ・オーストリア・スイス	東　廉訳
13.	東ヨーロッパ	山本　茂訳
14.	ロシア・北ユーラシア	木村英亮訳
15.	西アジア	向後紀代美・須貝俊彦訳
16.	北アフリカ	柴田匡平訳
17.	西・中央・東アフリカ	千葉立也訳
18.	南部アフリカ	生井澤進・遠藤幸子訳
19.	南アジア	米田　巌・浅野敏久訳
20.	中国・台湾・香港	諏訪哲郎訳
21.	東南アジア	佐藤哲夫・永田淳嗣訳
22.	日本・朝鮮半島	荒井良雄訳
23.	オセアニア・南極	谷内　達訳
24.	総索引・用語解説	田辺　裕・田原裕子訳

図説世界文化地理大百科（全21巻）

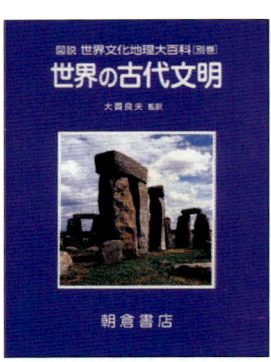

B4変型判
250頁前後
各定価29,400円（本体28,000円）

○ カラフルな図版・写真・地図と詳細な解説による世界文明への案内

図説世界文化地理大百科［別巻］
世界の古代文明

P.G.バーン 著／大貫良夫 監訳　212頁
ISBN4-254-16659-1

人類の誕生から説き起こし，世界各地に栄えた古代文明の数々を貴重な写真と詳細な地図で紹介。オールカラー，地図80，図版200，用語解説付き。〔内容〕最古の原人／道具の発明／氷河期の芸術／農耕の発生／古代都市と国家社会／文字の発達

古代のエジプト	平田　寛 監修／吉村作治 訳
古代のギリシア	平田　寛 監修／小林雅夫 訳
アフリカ	日野舜也 監修
古代のローマ	平田　寛 監修／小林雅夫 訳
イスラム世界	板垣雄三 監修
中世のヨーロッパ	橋口倫介 監修／梅津尚志 訳
中　国	戴國輝・小島晋治・阪谷芳直 編訳
新聖書地図	三笠宮崇仁 監修／小野寺幸也 訳
古代のアメリカ	寺田和夫 監修
キリスト教史	橋口倫介 監修／渡辺愛子 訳
ロシア・ソ連史	外川継男 監修／吉田俊則 訳
日　本	熊倉功夫 著・編訳／立川健治 訳
古代のメソポタミア	松谷敏雄 監修
ジューイッシュ・ワールド	板垣雄三 監修／長沼宗昭 訳
ルネサンス	樺山紘一 監修
ヴァイキングの世界	熊野　聰 監修
スペイン・ポルトガル	小林一宏 監修／瀧本佳容子 訳
オセアニア	渡邊昭夫 監修・訳／小林　泉・福嶋輝彦・東　裕 訳
インド	小谷汪之 監修
フランス	渡邊守章 監修／瀧浪幸次郎 訳

（表示価格は2006年11月現在）

ワラス線

オーストラリアプレートの北への漂移は，もともと別個のものだったオーストラリアとアジアの2つの生物相を1つに合体させた．両者の接触地帯はマレー諸島にあり，これにはじめて気づいたのはチャールズ・ダーウィンとは別個に自然選択説を共同提唱した博物学者アルフレッド・ラッセル・ワラス（Alfred Russel Wallace）だった．ワラスがこの生物地理学的境界線——のちにワラス線と呼ばれるようになった——に関する論文を発表したのは，ダーウィンの『種の起源』が刊行されたのと同じ1859年だった．ワラスの研究では最初この線をスラウェシ島の北に引いていたが，のちに彼はスラウェシの生物相ではアジアの動物が主体をなしていることを知り，境界線を島の南に移した．事実，オーストラリアからスラウェシまでやってきた有袋類はただ1種しかない．北側の多様なアジアの動物群では，トガリネズミが数種，サルが2種，シカ，ブタ，ヤマアラシが各1種，スラウェシにやってきているにすぎない．海が動物の移動の大きな障壁となっている．植物はこれよりも移動しやすく，その結果オーストラリアとアジアの植物群ははるかに広い範囲で互いに入り交じっている．

プレートテクトニクス説も，スラウェシの生物重複帯が狭いことの説明を与えている．ニューギニアがアジアプレートと衝突したのは約1500万年前のことにすぎず，インドネシアの島々が一連の飛び石として現れ，生物が入り交じることができるようになったのはその後のことだった．独特のアジアの哺乳類には，口の小さなパームシベット（palm civet）やビントロング（binturong）と呼ばれる毛のふさふさした大型のシベット類がいる．オーストラリアの哺乳類は主として有袋類である

過去200万年の間に，プレートが北方へ移動してオーストラリアは温度の高い赤道地帯へ運ばれて，内陸部はすっかり乾燥した．砂丘が広がるのと時期を同じくして，30万年前ころにいちじるしい乾燥期が始まり，ジョージ湖（Lake George）の堆積物のコアサンプルは，このようなゆるやかな気候の変化をある程度詳しく示している．はるか南のタスマニアの高地では，氷河作用が見られたことも明かにされている．タスマニア地域についてはこれまで詳しい探査は行われていない．激しい氷河作用を受けた地域に住んでいた動物の遺骸は一般によく保存され，したがってタスマニアではあまりたくさん化石は得られない．

オーストラリア（本土）については話は別で，ここでは気候は乾燥していたが，独特の新第三紀の草原があって，新しい草食動物の進化を可能にした．オーストラリアの動物たちは高度に特徴的な形態が発達し，それは機能的，生態的に他の場所の有胎盤類哺乳類と類似して——すなわち進化上の収斂を示して——いた．その動物相はほとんどすべて有袋類だけからなることを除けば，現代アフリカの大型哺乳類社会と似ていた．唯一の大きな違いは，ゾウほどの大きさをもつ真に巨大な有袋類がいなかったことだけだろう．その他の生態的地位は，低い木の葉などを食べる大型草食動物の役割など，ほとんどが存在していた．今日のアフリカでは，この生態的地位はスイギュウ，サイ，カバなどが占めている．新第三紀のオーストラリアでは，ネオヘロス（Neohelos），パロルケステス（Palorchestes），ディプロトドン（Diprotodon），エウリジゴマ（Euryzygoma），ジゴマタウルス（Zygomataurus）など，ウシくらいの大きさの有袋類が同じ役割を果たしていた．

これらの動物の化石は最初，1830年代にウェリントン（Wellington）洞穴で発見された．イギリスの偉大な比較解剖学者リチャード・オーウェン（Richard Owen）卿はそれらの化石の断片を見て，ディプロトドン（Diprotodon，「2つの最初の歯」）と名づけた．これとほぼ同じころ，動物学者のジェラード・クレフト（Gerard Krefft）もこれを調べたが，いくつかの理由からそれを英国のオーウェンに送り返さなければならなかった．研究費がなかったことも理由の1つだった．

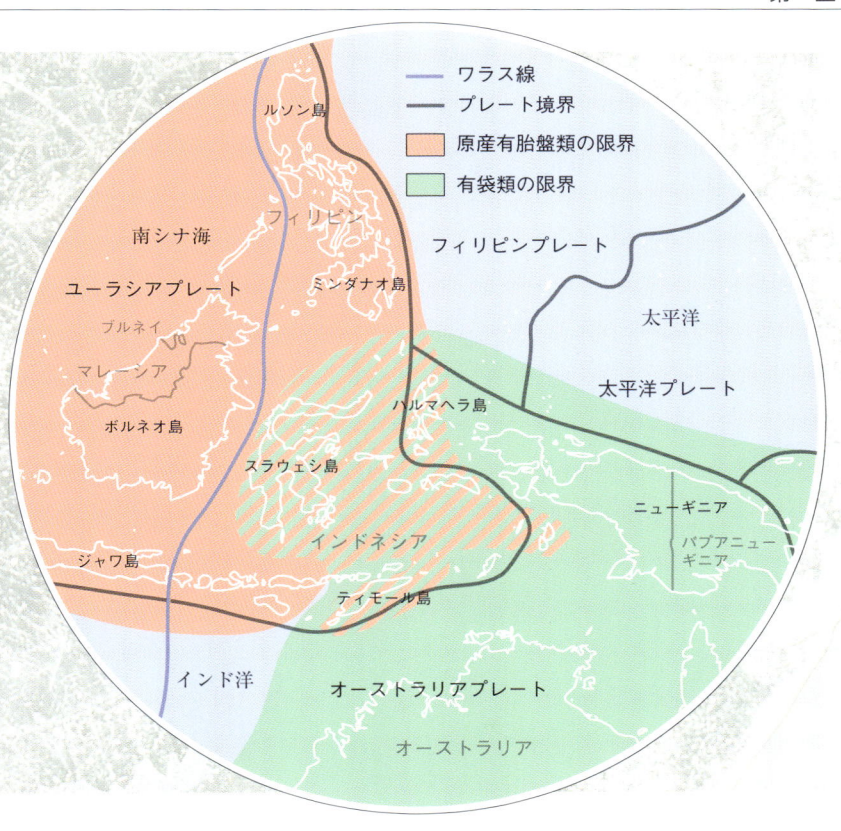

きわめて多数のディプロトドンの化石が発掘されてその類縁関係に新たな光が投じられたのは，1892年になってからのことだった．ディプロトドンの頭骨の特徴や，大きな肉質の鼻についての解釈の間違いから，オーウェンは最初，ディプロトドンは現存する厚皮動物（pachyderms，ゾウ類）の一種だと考えた．有袋類は乾燥に適応しているのに対して，ゾウは大量の水を必要とするところから，オーウェンは古代のオーストラリアは実際以上にはるかに湿潤だったにちがいないと考えた．ディプロトドンが巨大な草食有袋類——ウォンバットに似ているが，大きさはサイほどもあり，これまで知られている最大の有袋類——であることがしっかり確認されると，新第三紀のオーストラリアが実際にどのような気候だったかもわかった．

殺しの専門家

きれいに保存されたこの有袋類の捕食動物ティラコレオ（Thylacoleo）の骨は，頑丈な箱形の頭骨といちじるしく強力な前腕の骨を示す．ティラコレオは大きさはジャガーくらいだったが，もっと頑丈な体つきをしていた．親指の湾曲した大きなかぎ爪は，獲物のディプロトドン類をしっかりつかめるようにつくられたかのようだ．真の食肉類とは異なり，獲物を噛み殺す歯は犬歯ではなく，短剣のような切歯だった．ティラコレオの歯には食物を噛み砕く働きをもったものはなく，歯の摩耗状態を顕微鏡で調べた結果でも，これが殺しの専門家であったことが確認されている．

PART 5

オーストラリアへの経路

有袋類哺乳類は進化学的には白亜紀前期の北アメリカで生じ，その後世界中へ広がっていった．このことは，オポッサムに似た有袋類の臼歯が多くの場所で発見されることによって裏づけられる（1〜4）．現在は2つの集団が存在し，1つは南アメリカに，もう1つはオーストラリアに見られる．このように離れて分布していることは，長い間多くの論議を呼び，北回りの経路によって広がっていったとする説が一般的だった．しかし大陸漂移が知られると，南回りの分散経路が受け入れられるようになった．白亜紀前期から古第三紀前期まで，北アメリカと南アメリカ，南アメリカと南極大陸，北アメリカとヨーロッパの間に陸地のつながり（列島も経由して）があった．南極大陸の始新世の岩石から，アメリカの有袋類と類縁性を示す有袋類の化石が得られている．アジアの漸新世の岩石中からも有袋類の化石が見つかっているが，これがヨーロッパの有袋類と類縁性を示すことと，その時代が遅いこと——この時期には有袋類はすでにオーストラリアに定着していた——は，有袋類が白亜紀・新生代境界期に南回りの経路をたどって分散していったことを推測させる．

1 アルファドン
2 アンフィペラテリウム
3 ガラテリウム
4 ペラテリウム

→ 有袋類の移動
→ 南回り経路
→ 北回り経路
→ 古第三紀のオーストラリア

新第三紀

かつて完全に分離した大陸だった北アメリカと南アメリカは，古代超大陸パンゲアが分裂して以来，ゆっくりと互いに近づいてきていた．パンゲアでは，北アメリカの端にアフリカが——南アメリカではなく——接していた．新第三紀の初めには，南北アメリカ大陸の間はきわめて近くなり，少数の哺乳類が泳いだり，流木に乗ったりして海を渡ることができるようになった．さらに300万年とちょっと前ころ，メキシコ南部のあたりから現代のニカラグアに当たる陸片が割れて離れ，ユカタン半島の東岸に向かって移動していった．パナマの部分の陸片がニカラグアと南アメリカの端との間に入り込むと，陸橋が完成し，2つの大陸は再びつながった．この時代の南アメリカの動物相はオーストラリアに似ていて，有袋類が多数見られた．それは白亜紀前期の北アメリカのココペリア（*Kokopellia*）に起源を発するもので，これらは白亜紀から新生代前期に，北アメリカと南アメリカの間にある島や列島を伝って群れをなして南アメリカに渡ってきた．

> パナマが北アメリカと南アメリカの間の陸橋をつくると，双方向の動物の交換が起こった．

北からの波

北アメリカから移住してくる哺乳類は南アメリカの哺乳類グループの多様性を多少抑える働きはしたが，全体としては競合するもののいない生態的位置に入り込むという形で徐々に浸透することによって，南アメリカの哺乳類相を多様化させた．多くのグループで多様性は以前のレベルに戻ったが，南蹄類と滑距類は絶滅した．南北アメリカのいずれでも，侵入してきた属の絶滅レベルはだいたい同じである．

その後のプレートの動きによってこの2つの大陸を結んでいたつながりが切れると，南アメリカの有袋類は他とは隔離された状態でいちじるしく多様化したが，南アメリカにはかなり大きな有胎盤類の社会も存在したため，その有袋類はオーストラリアほど多様なものとはならなかった．有胎盤類も北アメリカのものとは別の道筋をたどって多様化し，新生代前期には南アメリカの動物相は北アメリカとは根本的に異なるものとなっていた．このような状況が再び変わろうとしていたのである．

約300万年前にパナマ陸橋ができると，2つの大陸間で動物相の相互交換が再び可能となった．この動物の移動を「アメリカ動物大交流」（Great American Interchange）と呼んでいる．それ以前には北アメリカにはいなかったサル，アルマジロ，アリクイ，ナマケモノ，ヤマアラシ，オポッサムなどが南アメリカからやってきた．その中には，現代の子孫たちの何倍という大きさをもつ巨大な種もいた．巨大な地上生のナマケモノ，例えばメガテリウム（*Megatherium*）の化石は多数発見され，特にこれが繁栄した北アメリカ西部では特に多い．

南アメリカに移住してきた動物はさらに多く，さまざまなタイプのウマ，ブタ，シカ，クマ，バク，サイ，ラクダ，リス，ネズミ，スカンク，ネコ，イヌなどの類が含まれた．100万年前から200万年前までの間に，南アメリカの動物相は複雑になり，種類がいちじるしく増して，体形が広くさまざまに異なる動物たちが，多くの異なる生態的地位を占めるようになった．

南アメリカ固有のものだった多くのグループの動物たちが,鮮新世後期から更新世に完全に姿を消した.その中には,外見的にラクダに似た滑距類（litopterns）などの有蹄哺乳類,サイほどの大きさの齧歯類に似た奇怪な南蹄類（notoungulates）,グリプトドン類（glyptodonts）や地上生ナマケモノのような異節類（xenarthrans）,ボルヒエナ類（borhyaenids）のような多数の肉食有袋類などが含まれる.このような絶滅は,パナマ陸橋の形成と時期がきわめて一致しているが,その理由は複雑で,まだ十分にはわかっていない.

> アメリカ動物大交流ののち,多数の南アメリカの哺乳類が永久に姿を消した.

この哺乳類の大規模な絶滅は一般に,"優れた"北からの移住動物との激しい競争によって,何らかの点で適応能力の低い"劣った"南の哺乳類が圧倒されたためと説明されていた.しかし近年,古生物学のこの分野でかなりの研究が行われ,上記のような考え方はおおむね覆された.実際に起こったことは,これよりもはるかに複雑なものだったのだろう.生物学的には,古典的な説が確認されているように見える.現在南アメリカで見られる哺乳類の50％は北アメリカから移住してきた科の子孫であるのに対して,南アメリカの科の子孫は21％にすぎないからである.

実は,南アメリカで見られる哺乳類の属の総数は陸橋の形成後に増えており,この増加は絶滅を起こさせることなく動物社会に浸透した北アメリカからの移住動物によるものだった.すなわち,それらの動物は南アメリカの哺乳類が占拠していない新しい生態的地位を見つけるか,または自らつくり出したものたちだった.これは重要なポイントである.前にも述べたように,南アメリカの哺乳類は北アメリカの同類といちじるしく異なる解剖学的構造をもち,当然生活様式も異なっていたはずだからだ.北アメリカからの侵入者たちは南アメリカの動物の多様性を少しは圧迫したが,多くは南アメリカの動物相の全体的な多様性を増す働きをした.北アメリカからの侵入者にはジャガー,剣歯ネコ,ゾウ,リス,シカ,オオカミ,ウサギ,クマ,ウマなどがいた.これらのうちに,湾曲したかぎ爪を使って木の葉を引き寄せるメガテリウムのような地上生ナマケモノや,草原で草を食べるグリプトドン類と同じ生態的地位を占めるものはほとんどいなかっただろう.

滑距類や南蹄類は侵入者がやってくる前からすでに衰退し始めており,輝獣類（astrapotheres）や火獣類（pyrotheres）はすでにある程度消滅しつつあったが,生き残った系統が死滅したのはずっとのちの1万1000年前ころであり,そのときにはそれと競合したとされる侵入者のマストドン（mastodon）やウマ類も絶滅している.さらに,奇妙なグリプトドン類——よろいを着けた小型自動車ほどもある,どっしりした動物——や,巨大な地上生ナマケモノ,弓歯類（toxodonts,サイに似た草食動物）,テンジクネズミ類齧歯類,アルマジロ,ヤマアラシ,オポッサム,アリクイ,"ふつうの"ナマケモノなども,逆に南から北に移住してきた.南アメリカの動物たちがしだいに北アメリカの動物に取って代わられたということはなく,この間に南アメリカの属は26から21に減少したが,その後26属にまで増加している.更新世の絶滅は,北からの侵入の結果ということで簡単に説明することはできない.

気候も変化しつつあった.隆起するアンデス山脈は雨陰をつ

木の葉を食べる大型動物

貧歯目と呼ばれる南アメリカ特有のグループのうちに,絶滅した草食の異節類という動物たちがいた.グリプトドン類や木の葉を食べる地上生のナマケモノであるメガロニクス類——ハパロプス（*Hapalops*：下）はその1種——がこれに含まれる.地上生のナマケモノのうちにはきわめて大きなものもいた.最も大きなメガテリウムは,頭から尾の先なでの長さが6mにも達した.これらの動物は強力な腕と湾曲した大きなかぎ爪を使って,高いところにある木の枝を引き寄せた.北アメリカにも移住して繁栄したが,今から1万年ほど前に絶滅した.

PART 5

新第三紀

人類の故郷

東アフリカの大地溝帯には内陸水が豊富で，これは何百万年にもわたってこの地域の動物たちに水や食物の供給源となってきた．このような場所は，近隣に住む多くの動物たちを引き寄せ，100万年以上前からこれらの湖のそばに生きていた人類もその例外ではない．このあたりの地質条件がヒト科動物たちの化石の保存を可能にし，それが今も議論の続く人類の歴史を裏づけるものとして用いられている．最も有名な発見は，ハダール（Hadar），オモ（Omo），クービフォラ（Koobi Fora），オルドヴァイ（Olduvai），ラエトリ（Laetoli）などで行われた．

オルドヴァイ渓谷

オルドヴァイ渓谷（下）はタンザニア北部のセレンゲティ平原（Serengeti Plain）にある浅い盆地に刻まれた深さ100 m，長さ50 kmに及ぶ渓谷である．1959年にメアリー・リーキー（Mary Leakey）はここで，180万年前のものとされるヒト科動物アウストラロピテクス（現在はパラントロプス）・ボイセイの化石を発見した．

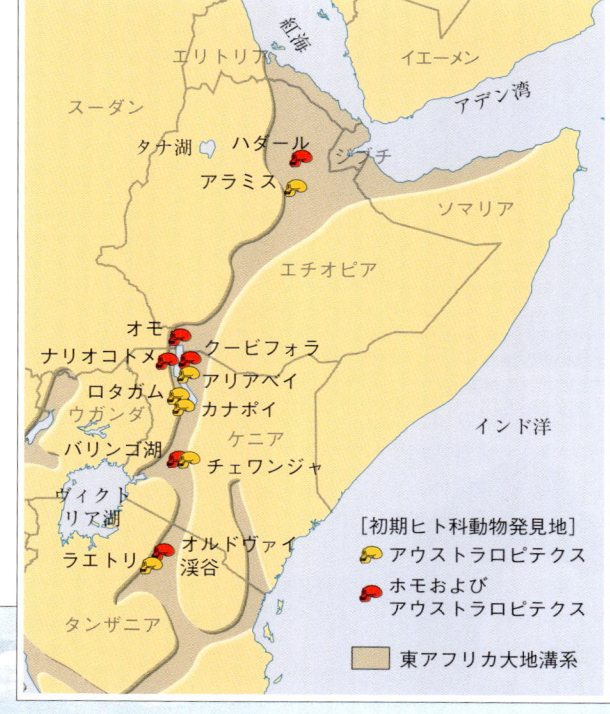

> 東アフリカで大人のアウストラロピテクス類の化石が発見され，初期人類の祖先としてのその位置が確定された．

ヒトの最初の化石標本は1848年にジブラルタルで発見されたが，そのときにはこれは正しく認識されなかった．ある程度完全な最初の骨格は1856年，ちょうどチャールズ・ダーウィンの『種の起源』が書き上げられようとしていたころ，ドイツのネアンデル渓谷で発見された．それは前屈みに歩く，やや変形した標本で，その後ネアンデルタール人と名づけられた．もっと原始的な化石がアフリカで発見されるまで，この骨格は誤って解釈され，類人猿と現代人との中間に位置する古代の野蛮な洞穴人という根強い不正確なイメージが生まれた．

1924年，南アフリカの解剖学者レイモンド・ダート（Raymond Dart）は約200万年前の鮮新世末期の頭骨を発見して発表し，これをアウストラロピテクス・アフリカヌス（*Australopithecus africanus*，「アフリカの南の類人猿」）と名づけた．これは「タウング・チャイルド」（Taung child）と呼ばれる子どもの頭骨で，やや類人猿に似た特徴と小さな脳函をもっていた．この頭骨は類人猿とヒトとの中間段階にあるというダートの主張は激しい論争を引き起こし，数年後にやっと一般に受け入れられた．これは類人猿の子どものものだという人もいたが，その後，成体も含めて多数のアウストラロピテクスの骨が発見され，その多くは東アフリカの大地溝で見つかっている．

［初期ヒト科動物発見地］
- アウストラロピテクス
- ホモおよびアウストラロピテクス
- 東アフリカ大地溝系

頑丈な頭骨

アウストラロピテクス類のうちに、2つの進化の流れが認められる。一部の個体は「きゃしゃなものたち」と呼ばれ、骨は細く、歯や顎もそれほど大きくはない。もう一部の化石は「頑丈なものたち」と呼ばれる。そのどっしりとした頭蓋骨は、例の見られないほどの強力な顎が特徴である。強い支持構造をもつ顔は、ほおが平たく、頬骨が強力で、頭骨のてっぺんに骨の隆起（矢状隆起）がある。きゃしゃな系統からはヒト（ホモ）属が生じたが、頑丈な系統は子孫を残すことなく姿を消した。

最初の道具

オルドヴァイ渓谷から発見されたこれらの道具（下右の写真）は、オルドワン・インダストリー・コンプレクス（Oldowan Industrial Complex）というグループに分類される。これらは約240万年前のものとされ、人類の技術の黎明期を示す。小石や岩塊を打ち欠いてつくっただけの石核で、ものをたたき切ったり、削ったりするのに用いられた。

現代人に至る道筋には、12種ものアウストラロピテクスが含まれる。1990年まで、アウストラロピテクス類はアウストラロピテクスという1つの属に分類されていたが、その後新たな発見によって、次の3つの属が提唱されている。アルディピテクス（*Ardipithecus*）は知られているうちで最古の440万年前の人類、アウストラロピテクスは体つきのきゃしゃなアウストラロピテクス類、パラントロプス（*Paranthropus*）は体つきのがっしりしたものとされる。ホモ属については、現在の考え方では6つ（ネアンデルタール人を進化の系統樹から出た独自の枝の1つと考えれば7つ）の種があるとされ、最古の人類探しは多くの点で化石研究における聖杯探しのようなものとなっている。それでも現在知られている最古の人類化石はアルディピテクスである。これは比較的大きな犬歯、幅の細い臼歯、薄いエナメル質をもち、木の葉や果実を食べていたことを示している。これらの歯は、現代のどの大型類人猿よりも人類に近い。アウストラロピテクス類については、ホモ属の兄弟グループではないかと考えられ、分岐論的分析はこれを裏づけている。アウストラロピテクス・アナメンシス（*Australopithecus anamensis*）と呼ばれるもう1つの古代ヒト科動物は、アルディピテクスとその後の種との中間的なもののように思われ、その下腿骨はこれが二足歩行していたことを示す。

しかし最も重要な化石ヒト科動物の化石は、アウストラロピテクス・アファレンシス（*Australopithecus afarensis*,「アファル盆地で発見された南の類人猿」）と呼ばれる種の多数の骨格で、そのうちの1つはドナルド・ヨハンソン（Donald Johanson）が1974年にエチオピアのハダール（Hadar）で発見した。これは「ルーシー」（Lucy）というニックネームを与えられ、最も有名な人類の祖先といえるかもしれない。ルーシーの骨格は40％まで保存されており、このような化石としては例のないほど完全に近いものだった。彼女は約318万年前に生きていて、死んだときには20歳くらいだった。二本の足で歩いたが、足は少し曲がっていた。花粉や動物の骨の化石の分析結果は、あたりの環境は開けた草原か疎林だったことを示している。A・アファレンシスの個体は身長約1〜1.2 m──大きくても1.2 m足らず──で、脳の容積は415 cm^{3}しかなく、類人猿に似た身体的特徴をもっていた。しかしA・アファレンシスは、歯列弓（dental arcade）が完全に丸くなり、類人猿のように側面がまっすぐではないという点では十分に人類らしい。A・アファレンシスとともにアウストラロピテクス・アナメンシスと呼ばれる別のアウストラロピテクス類はごく最近、人類のもつ特徴のうちで最も独特のものの1つである二足歩行の起源について、新たな光を投げかけた。ごく最近の研究結果が示すところによると、A・アファレンシスとA・アナメンシスの手首の骨には、手首を後ろに曲げ、3列に並ぶ指の骨の2番目の背中で体重を支える指背歩行をするための解剖学的特殊化が見られる。これは人間の歩行の進化を知るための重要な証拠であり、初期の人類が指背歩行の段階を経たこと、その段階でわれわれの祖先はすでに部分的な地上生活をしていたことを暗示する。また、指背歩行はゴリラやチンパンジーのみの特殊な適応ではなく、人間にも、ゴリラやチンパンジーにも共通のものだったことも示す。

ルーシーなどのアウストラロピテクス類は、現代人出現までにたどった可能性のある進化の系統を示している。しかし鮮新世・更新世の南アフリカには、これとはまったく異なるアウストラロピテクス類も住んでおり、これらも当時の地上生"類人猿"の生態系における別個の構成員であったにちがいない。パラントロプス・ボイセイ（*Paranthropus boisei*）は頬骨が高く平べったい、大きな顔をもち、身長1.6 m、体重は50 kgくらいだったと思われる。アウストラロピテクス・ロブストゥス（*Australopithecus robustus*）もよく似た体つきをしていたが、P・ボイセイのような"ヘルメット状"の顔はもっていなかった。これらの動物はどちらも、人類に至る系統からは外れたものたちだった。その顎や歯には固い草を食べていたことを示す、大きな小臼歯や臼歯のような特殊化が見られ、彼らが人類の祖先である可能性を排除している。

> A・アファレンシスのひとりである「ルーシー」の骨格は、人類進化の最も初期の段階に光を投じた。

新第三紀

PART 5

地球の気候の寒冷化によって開けた草原が拡大したことは、サバンナに適応した陸上の動物相、特に偶蹄類の発達の根本的な原因となった。北アメリカでは、鮮新世に十分に確立されたこの動物相の構成員の 1 つにシカに似たさまざまな草食動物がいた。その中には"真の"シカ類や、ラクダの兄弟に当たるグループ、プロトケラス類（protoceratids）——例えばシンテトケラス（*Synthetoceras*）——や、ウシ類（ウシ、ヒツジ、ヤギなど）と近縁のプロングホーン類（antilocaprids）——例えば、現代のミズマメジカ（water chevrotain）よりわずかに大きいだけの小さなメリコドゥス（*Merycodus*）——などがいた。これらの動物の枝角は現代のシカ類やレイヨウ類と形はいちじるしく違っていたが、同じような働きをしていたのだろう。新第三紀の草原の環境は現代の生態系と似てはいたが、まだはっきりとわかる違いがあり、奇怪な動物たちも生きていた。例えば、2 本の角をもつエピガウルス（*Epigaulus*）は巣穴を掘って暮らす齧歯類で、現代のマーモットと似た生活をしていた。その小さな角は現代の齧歯類には見られず、どのような働きをしていたかはわかっていない。肉食動物も開けた草原に広がった。北アメリカには、現代のアフリカにいるような骨を噛み砕くハイエナ類はおらず、その生態的地位を占めていたのは大きな顎をもち、死骸を食べていた「ハイエナドッグ」のボロファグス類（borophagines）で、例えばオステオボルス（*Osteoborus*）はその一例だった。

鮮新世の北アメリカのサバンナ環境には、多様な有蹄類が多数住んでいた。

1 クラニオケラス（シカ類）
2 ネオヒッパリオン（ウマ類）
3 シンテトケラス（プロトケラス類）
4 メガティロプス（ラクダ類）
5 オステオボルス（ボロファグス類）
6 メリコドゥス（プロングホーン類）
7 エピガウルス（齧歯類）
8 プセウダエルルス（ネコ類）

新第三紀

新第三紀

61

PART 5

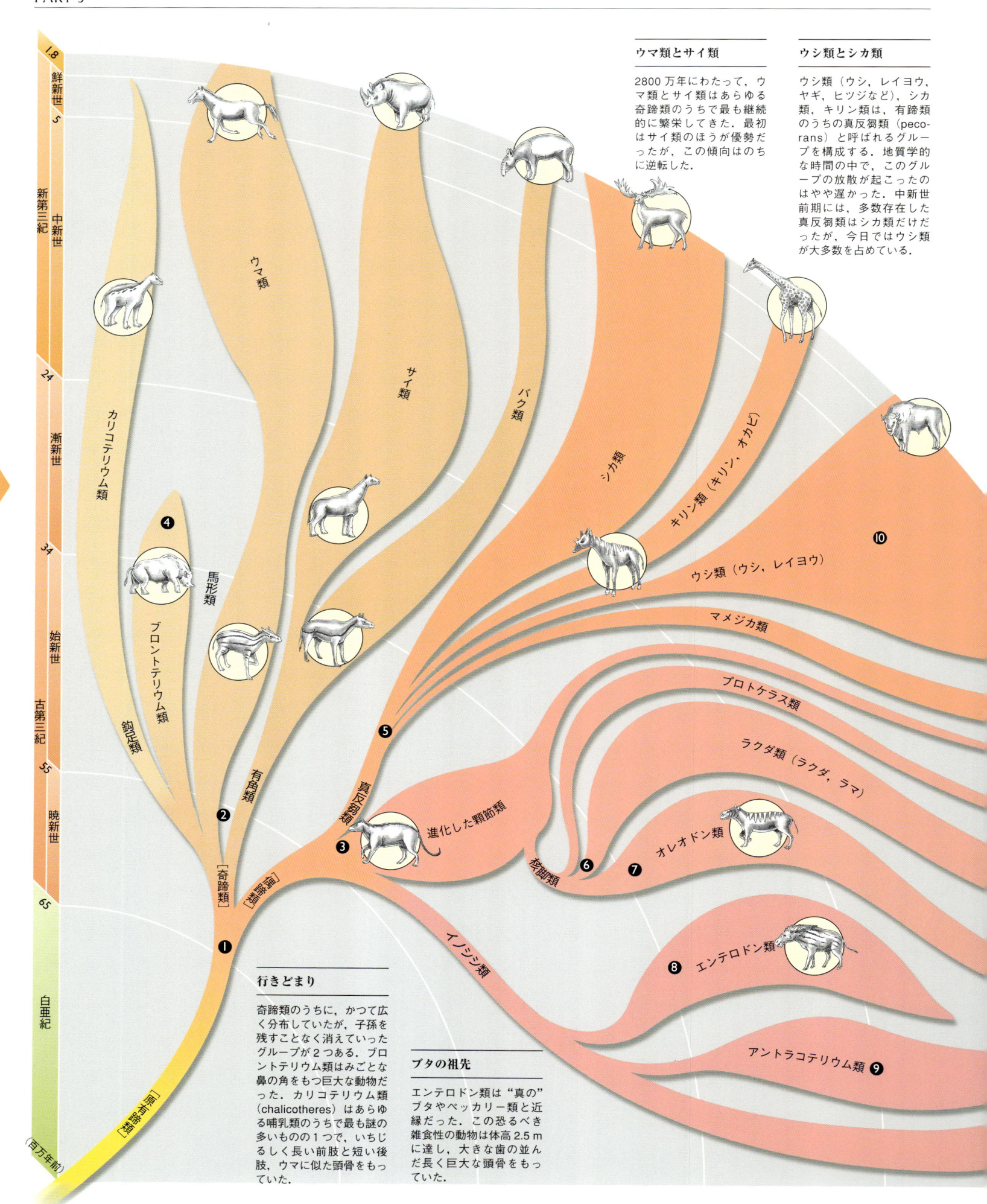

ウマ類とサイ類

2800万年にわたって，ウマ類とサイ類はあらゆる奇蹄類のうちで最も継続的に繁栄してきた．最初はサイ類のほうが優勢だったが，この傾向はのちに逆転した．

ウシ類とシカ類

ウシ類（ウシ，レイヨウ，ヤギ，ヒツジなど），シカ類，キリン類は，有蹄類のうちの真反芻類（pecorans）と呼ばれるグループを構成する．地質学的な時間の中で，このグループの放散が起こったのはやや遅かった．中新世前期には，多数存在した真反芻類はシカ類だけだったが，今日ではウシ類が大多数を占めている．

新第三紀

1.8 / 鮮新世 / 5 / 新第三紀 / 中新世 / 24 / 漸新世 / 34 / 始新世 / 55 / 暁新世 / 古第三紀 / 65 / 白亜紀 / (百万年前)

カリコテリウム類
鈎爪類
ウマ類
馬形類
ブロントテリウム類
有角類
サイ類
バク類
［奇蹄類］
［雄蹄類］
［原有蹄類］

① ② ③ ④ ⑤

真反芻類
進化した顆節類
シカ類
キリン類（キリン，オカピ）
ウシ類（ウシ，レイヨウ）
マメジカ類
プロトケラス類
ラクダ類（ラクダ，ラマ）
核脚類
オレオドン類
エンテロドン類
アントラコテリウム類
イノシシ類

⑥ ⑦ ⑧ ⑨ ⑩

行きどまり

奇蹄類のうちに，かつて広く分布していたが，子孫を残すことなく消えていったグループが2つある．ブロントテリウム類はみごとな鼻の角をもつ巨大な動物だった．カリコテリウム類（chalicotheres）はあらゆる哺乳類のうちで最も謎の多いものの1つで，いちじるしく長い前肢と短い後肢，ウマに似た頭骨をもっていた．

ブタの祖先

エンテロドン類は"真の"ブタやペッカリー類と近縁だった．この恐るべき雑食性の動物は体高2.5mに達し，大きな歯の並んだ長く巨大な頭骨をもっていた．

62

有蹄類の進化

有蹄類（ungulates）というのはひづめをもつ草食動物で，ウシ，ブタ，バク，ラクダ，サイ，ウマなどの類を含み，これらはすべて何世紀にもわたって人類にとって経済的な重要性をもってきた．その多様性と，化石や現存する種の多さは，新生代における有蹄類の繁栄ぶりを立証している．哺乳類の系統樹の中で，有蹄類はさらにクジラ類，ツチブタ類，ハイラックス類，カイギュウ類（ジュゴンやマナティなど），ゾウ類とともに，大きな有蹄類（Ungulata）というグループに含まれる．有蹄類には奇蹄類と偶蹄類の2つの目（もく）があり，それぞれ奇数の指と偶数の指を意味している．

他の多くの哺乳類と同じく，有蹄類も白亜紀後期に見られた顆節類の多くのグループの1つとして生まれた．知られている最も初期の顆節類の属である原有蹄類（Protungulatum）は，白亜紀後期の他の有胎盤類哺乳類と食物の取り方が変わっていった．その歯の咬頭は尖らず，球状で（丘状歯），これは食物をすりつぶし，噛み砕く能力を高める．初期の有蹄類はこの丘状歯を示すが，のちのものは咬頭が半月形をした半月歯が発達した．特にウマ類は固い植物を食べるために，複雑な，歯冠の高い（高歯性の）歯が発達した．偶蹄類は，これとは異なる反芻（はんすう）という方法で食物を処理した．"真の"反芻動物には，シカ類，ジャコウジカ類，マメジカ類，キリン類，プロングホーン類，ウシ類などいくつかの科がある．ブタ類，ペッカリー類，カバ類は反芻動物ではなく，ラクダ類は「疑似的反芻動物（pseudo-ruminants）」である．反芻動物はすべてルーメン（第一胃）をもち，そこである程度消化して分解した食物を口の中に吐き戻して，再びよく噛み砕く．これを反芻という．反芻した食物は再び飲み込んでさらに先の胃に送られ，栄養分を最大限に抽出する．

最古の偶蹄類である始新世前期のディアコデクシス（Diacodexis）は，現存するホエジカのような小型のシカ類を思い出させる，ウサギくらいの大きさの動物で，その化石は北アメリカ，ヨーロッパ，アジアなどで発見される．四肢はきゃしゃ（長く細い）で，明らかに走るために特殊化していた．その体のつくりは，その後のすべての偶蹄類に反映している

新第三紀の偶蹄類動物相は，古第三紀の偶蹄類社会がさまざまな方向に変化して生まれた．エンテロドン類（entelodonts），オレオドン類（oreodonts），アントラコテリウム類（anthracotheres），バク類（tapirs）は，すべて多様性も数も減り，巨大な石弓形の角をもつブロントテリウム類は姿を消した．かつてこれらの古第三紀の動物たちが占めていた生態的地位には，サイ類，シカ類，ラクダ類，アントラコテリウム類などが進出した．偶蹄類は奇蹄類よりも数は多く，分布は広く，多様になった．今日，偶蹄類は79属にのぼるのに対して，奇蹄類は6属しかない．シカ類，ウシ類，レイヨウ類などの現代のグループは，新第三紀後期にさらに放散したが，これらのグループに見られる基本形態の進化上の主な起源は，おおむね古第三紀にあった．新第三紀に起源が認められるのは，属レベルのものに限られる．

以前は，漸新世の北アメリカやアジアの平原や森林では，初期のウマ類やサイ類が支配的な地位を占めていたのに対して，中新世中期以降はラクダ類，ブタ類，ウシ類などが優勢になったというのが科学者の一般的な考え方だったが，最近の20年ほどはこの考え方に疑問が提起されている．両グループの進化放散と絶滅は対立的に進んでいるのではなく，ある程度並行して進んでいるのであり，それぞれのグループは環境の刺激に反応して，他とは関係なく独立に進化しているもののように思われる．

水の子ども

バク類はブタの親戚のように思われることが多いが，実はそれよりもはるかにウマ類に近い．バク類は南アメリカやアジアの森林に住み，水中で多くの時間を過ごす．

進化の一般的傾向

現在，草を食べ，歯冠の高い歯をもつ草食動物の数は，過去のきわめてはるかに多くなった．本当に巨大な草食動物の数は減少している．ブロントテリウム類，恐角類，エンテロドン類，巨大なインドリコテリウム類のサイなどの巨大な動物たちは姿を消した．

1. 有蹄類の祖先は2つのグループに別れた．
2. 奇蹄類の最初の適応放散
3. 偶蹄類の最初の適応放散
4. 巨大なブロントテリウム類は重要な草食動物だった．
5. 真反芻類の放散
6. 核脚類の多様化
7. オレオドン類は北アメリカで最も多数見られた草食動物だった．
8. エンテロドン類（細長い足をもつブタ）は北アメリカに多数いた．
9. 水陸両生のアントラコテリウムは世界中にたくさんいた．
10. ウシ類きわめて大規模な適応放散

ラクダ類とその近縁動物

ラクダ類は，核脚類（tylopods，「パッドのついた足」）を構成するグループの1つで，中新世まではもっぱら北アメリカで進化し，多様化して，今日よりもはるかに種類も数も多かった．比較的後期のものであるアルティカメルス（Alticamelus）はいちじるしく長い頸をもち，キリンのような生態的地位を占めていた．足の速いタイプのラクダ類は南アメリカにとどまり，その子孫であるラマ，アルパカ，グアナコ，ヴィクーニャなどは今もそこに見られる．

偶蹄類と奇蹄類

有蹄類では哺乳類の一般的な足の形がつくり変えられて，足首の関節が変化し，指が1本ないし数本なくなった（茶色）．奇蹄類は指を1本または3本もち，体重は主として中指で支えられる．偶蹄類（指が2本または4本）は，中央の2本の指で体重を支える．サイ類やカバ類の足は体重を支えるため指が広がっているのに対して，走る動物では中手足骨（青）が長くなり，癒合している．有蹄類はすべて指の爪（ひづめ）先端を地面について歩く．

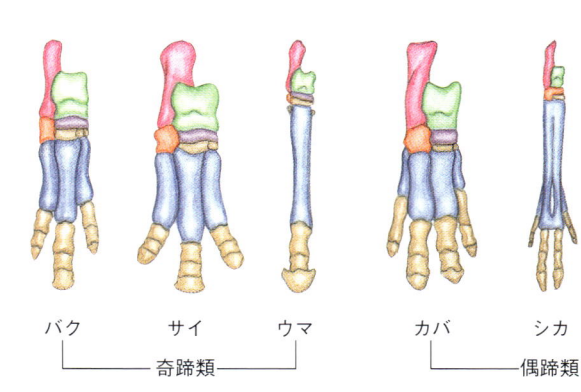

バク　サイ　ウマ　カバ　シカ　ラクダ
　　奇蹄類　　　　　　偶蹄類

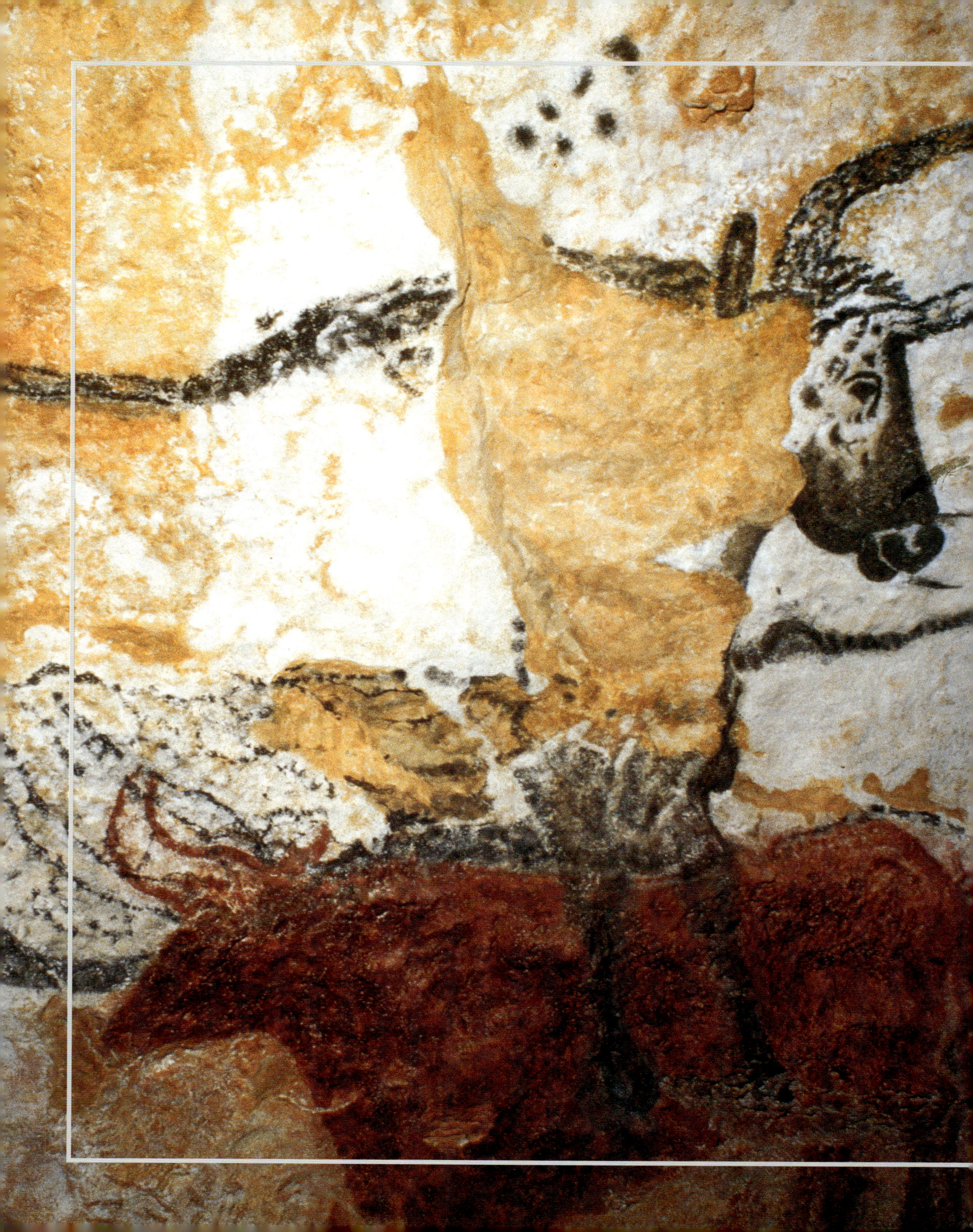

第四紀

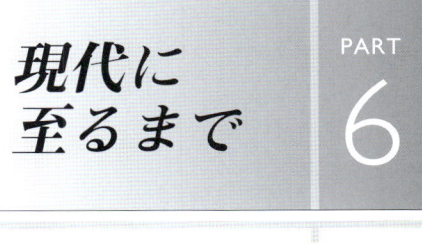

180万年前から現代まで

現代に至るまで PART 6

更新世
完新世

PART 6 第四紀

　第四紀（Quaternary）は，最近180万年の地球の歴史から成り立っている．この時代は古生物学（化石研究）から考古学（人類やその文明の遺跡の研究を含めたより新しい時代）への移り変わりも含んでいる．この紀に人類によって行われた適応放散と地球の植民地化は，間違いなく我々やその仲間にとって重要な意味を持つものである．人類の拡散が地球に与えた影響もおそらく地質学的に言えば短期間だが，控え目にみても重要である．だが，第四紀の特徴的なテーマは気候の変化であった．

　地球の気温はその歴史において絶えず変動してきたが，その変化の範囲は比較的小さい．現在我々は，200万年続いた例外的な寒い時代，すなわち氷河期を中断している数ある温暖な期間の1つを経験している．氷河期は地質時代を通して起こってきた．先カンブリア時代には少くとも4回，オルドビス紀に1回，石炭紀後期とペルム紀に1回起こっている．だが全体的に言えば過去における大氷河時代とは，古代の大陸が南極や北極を越える際に凍結し，大陸が動いて配置が再び変化した時に氷河から離れるという大陸漂移の結果であった．

　地球の現在の姿では，よく知られている大陸の分布と極の氷冠も見られるが，実際のところ古地理学的意味においては異常なものである．第三紀においては南極の分離は冷温な潮流の循環によって，南極に温かい空気と大洋の潮流の遮断をもたらした．パナマ地峡が南北アメリカ大陸を接続してメキシコ湾流が形成され，それが北へ湿った空気と高い降水量を運んでいるのだが，陸塊に囲まれていた北極海も，南極と同様に温かい海流から切り離されることとなった．結果的に両半球では氷床が急速に成長し，地球の歴史の中でも独特な方法で，北半球では周期的に氷床が発達したり後退したりした．古代の地球の歴史における従来の氷河のエピソードは，繰り返されたものではなく1回の孤立したものだったが，しばしば長く持続する重要な出来事であった．地質学的な証拠は，第四紀を特徴づける氷河のサイクルがこの時代よりも前に一度も起こっていないことを示している．

　現代の地球科学では氷河作用を明白な出来事とみなしているが，前世紀の多くの学者はそれを疑い，地球の地形は聖書にある大洪水のような天災によって形作られたものだと信じていた．同様に，動物の絶滅が一度だけでなく何度も繰り返されたということが認識されるまで，化石遺物は溺れた動物のものだと考えられていた．自然現象を説明するために神の御業を引き合いに出すのは，哲学的傾向があり科学技術の限られていた時代である19世紀社会においてよくある考え方であった．氷河理論は1830年代にやっと受け入れられた．その当時，スイス系アメリカ人の博物学者ルイ・アガシー（Louis Aggasiz）が，氷堆石と呼ばれる岩屑の丘，凹凸した触感の羊群岩（羊背岩）や，出口がさらに大きな谷へ落ちるような懸谷など地質学的特徴について，すべての証拠物が大洪水ではなく氷河の力が永久的に地形を変化させたものであるという確固たる解釈を打ち立てたのである．

　第四紀の氷河作用は海洋にも影響している．氷床が大きくなったり小さくなったりすると，結果として海水面にも最大で100 mほどの劇的な上昇と下降が見られた．地球の海洋が周期的に深さを増すことは，深海の黒い頁岩や，冷たい水の中の放散虫——珪質の殻を持ったプランクトンの増加によって起きる珪質の堆積物の形成に表れている．海水面の継続的な変化は，カリブ諸島の浅瀬における階段状のサンゴ礁にも現れている．異なる時期に形成された礁や浜は，海水面が下がれば露出し，海水面が上がれば覆われる．そうなると浅い場所で成長したサンゴも水面から深いところに見つかるのである．

> 第四紀の主な出来事は，特に北半球における氷河作用の広がりと，地球を横断する人間の広がりである．

地質学的意味において，第四紀の世界は地理的特性が今日とほとんど同じ位置にあるものであった．しかし，大陸氷河がさらにヨーロッパではイタリア北部まで，北アメリカ大陸ではニューヨークまで広がると海水面が低下し，陸橋の出現を引き起こした．シベリアとアラスカを結び，アジアと北アメリカ間の動物の移動を可能にしたベーリング陸橋（Bering land-bridge）はもはや存在しないが，第四紀の堆積物からの化石はアジアと北アメリカ間の移住方法がかつて2通り存在したことを立証している．同じように，ヨーロッパの氷床は動物たちのイギリス諸島への移動を可能にした．そこでは第四紀の間，動物相がヨーロッパ本土と似ていた．

　氷床の周期的な後退期，すなわち間氷期にはこうした大陸の連結はなくなり，生物相は異なった発展を遂げた．だが，間氷期の気候状態は（我々が今日楽しんでいるように）温暖な気候に適応した動物に一時的に北方への移動を可能にした．イギリスにあるライオンやハイエナ，カバの化石は，いかにこの間氷期が温かったかを示している．イギリス諸島の地質は，北極のステップツンドラから寒帯カンバや針葉樹林を経て，温帯の広葉樹林への変化やその逆の変化を繰り返していたことを記録している．1万年以内に我々は再び何百メートルの氷の覆いの下になるかもしれないのである．

　陸橋もまた，東アフリカに起源を持つ現代の人間の急速な拡散を可能にした．完新世の初めは永久的定住と農業の発達が起こった時期であるが，他のすべてのヒト科の種は絶滅し，世界人口は400万～500万人になった．ちなみに現在の人口は約100億人である．人々は地球に対し，大きな力を持つようになってきた．我々は地球の過去や働きについて，多くの知識を得てきた．しかし，これまで我々はその知識を賢明に使ってきたとはいえないだろう．この150年のうちに我々がしたことといえば，動物の絶滅率を史上最高にしたことだけであり，現在では地球の気候に影響を与えているのである．我々は，人間自身を含め多くの生物の破滅を証明するつもりでないのならば，自らをこの惑星の管理人と考えるべきなのである．

更新世

180万年前から1万年前

更新世（Pleistocene）は現在の完新世のすぐ前の時代で，約180万年前から1万年前まで続いた．科学研究においてこの時代は，原始の人類がさらに発達した生物へと進化したように，古生物学（paleontology，化石のような非常に古い時代の生物の研究）から，考古学（archaeology，人類や文明の遺跡の研究）への移り変わりの時期である．これらの人類は文明社会を作り上げて複雑な社会構造を発展させ，その文明社会は実在する考古学的な遺物を残してきたのである．

古生物学者や地質学者にとって，更新世で最も際立った特徴とは，巨大な氷床が成長し北方大陸の3分の1を覆ったり，また後退していくといった氷河作用（glaciation）と退氷（deglaciation）が繰り返されるサイクルであった．他の世にも氷河作用の期間はあったが，更新世に独特なのは氷河期と間氷期状態への転換が速いことである．その直接的な結果として，陸海両方の植物や動物の絶滅が何度も繰り返された．これらの氷河作用も生物の再分布を引き起こしたのである．

今日の地球では，およそ14％の陸地が氷床（ice sheet）に覆われているか，もしくは氷で結合された岩石の下にある．そして全海洋表面の4％が季節的に変動する薄い氷の層で覆われている．過去200万年間において，陸地の最大25％および海洋表面の6％までが氷に覆われるか，もしくはその下にあった．この広範な氷塊は氷結圏（cryosphere）と呼ばれ，海洋の氷や永久凍土や氷河で構成されていた．更新世の氷河の出来事は，地球の歴史上長く存在してきたものとまったく異なった気候の支配を受けるプロセスを表している．更新世の氷河サイクルは過去200万年の間でのみ起こってきたため，その影響はずっと古い岩石上に層をなしてきた．氷河の地質学的特徴は，地層の特質とは関係なく，氷河の影響を受けてきたすべての地域で見つけられる．氷床が形成され，解け，大量の氷河水の凍結と流出が交互に行われると，陸地の水の供給の変化が多くの独特の氷河地形の形成を起こした．様々な陸地や湖の再配置のエピソードが繰り返された．今日その遺産の1つが，例えば北アメリカの五大湖などに見られる．これらの地形の特徴の多くは地質学的には新しいものである．

チャールズ・ライエル（Charles Lyell）卿はイギリスの偉大な地質学者であり，歴史を扱った「地質学原理（*Principles of Geology*）」という4巻本の著書の中で更新世の定義を明らかにし，またその名前をつけた．この本は1833年に初めて出版された．更新世はかつて新鮮新世（Newer Pliocene）という名がつけられており，この名は1837年まで使われていた．ライエルは海生化石の動物相に基づいて鮮新世（Pliocene）を定

> 氷は陸地の25％を覆い，海洋の6％を覆った．氷は今日の3倍存在した．

キーワード
- ベーリング陸橋
- メキシコ湾流
- ホモ・サピエンス
- 間氷期
- ミトコンドリア・イブ
- 氷堆石
- 出アフリカ仮説
- 歳差運動
- ツンドラ

*［訳注］氷河期は，ネブラスカをギュンツかドナウに，カンザをギュンツに，イリノイをミンデル-リス氷期に対比する考えもある．

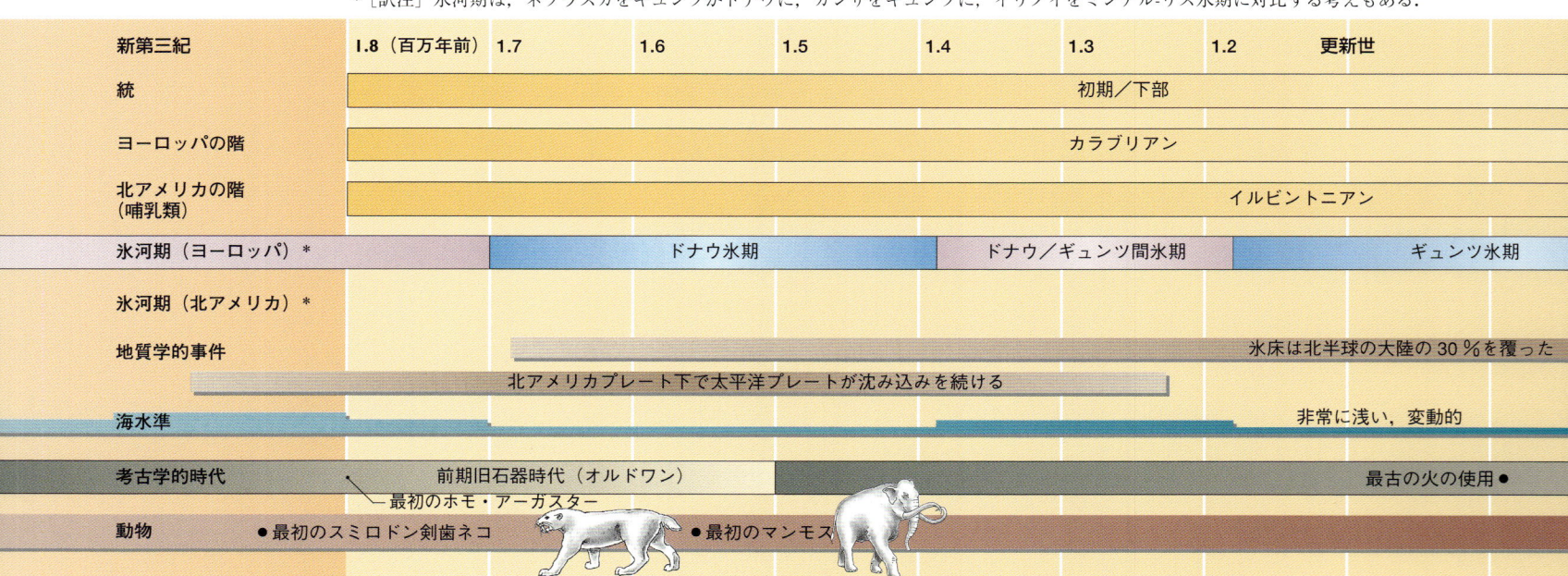

新第三紀	1.8（百万年前）	1.7	1.6	1.5	1.4	1.3	1.2	更新世
統							初期／下部	
ヨーロッパの階							カラブリアン	
北アメリカの階（哺乳類）							イルビントニアン	
氷河期（ヨーロッパ）*		ドナウ氷期			ドナウ／ギュンツ間氷期			ギュンツ氷期
氷河期（北アメリカ）*								
地質学的事件								氷床は北半球の大陸の30％を覆った
		北アメリカプレート下で太平洋プレートが沈み込みを続ける						
海水準								非常に浅い，変動的
考古学的時代		前期旧石器時代（オルドワン）						最古の火の使用●
	最初のホモ・アーガスター							
動物	●最初のスミロドン剣歯ネコ		●最初のマンモス					

義づけた．鮮新世の地層には，より新しい更新世よりも，今日生きているような種が含まれていることは少ない．一方スイス系アメリカ人の古生物学者ルイ・アガシー（Louis Agassiz）は，ヨーロッパの最も特徴的な地形はその地域での氷河によるものだと認識した最初の人物である．彼はライエルと異なり特定の世を定義することはなかった．このためアガシーは古生物学者，地形学者として，ライエルは一般地質学者，理論家として見なされている．

19世紀の多くの自然史学者は氷河作用について懐疑的であった．元来あった場所から遠く離れたところの「漂移性の」巨礫など普通でない地質学的特徴を説明するために，聖書に出てくる大洪水や神に由来する現象を持ち出すことが通常であった．その時代の地質学者によってかなりの量の明白な証拠が集められた時のみ，氷河地質の自然な説明が宗教的解釈に取って代わったのである．1830年代には，アガシーが多くの反論に遭いながらも，氷河は彼の故郷のスイスにある険しい峡谷や北アメリカの五大湖まで，現代世界の多くの地形の形成に関係してきたと主張した．

鮮新–更新世の北半球の氷河作用も同様に，モクレンなどいくつかの種の離れた場所への分布を説明することができ，自然論者を困惑させた．氷床より先にヨーロッパを通り南へ移動したこの植物は，アルプス山脈やピレネー山脈で大きくなりやがて消えていった氷河によって道を阻まれ，個体群をアメリカやアジアに残すことになった．氷河作用が個体群を再分配すると認識されたことにより，これらの地理学的な珍しい特徴の意味がついに評価されたのである．

陸地の劇的な変化は，更新世の最後の氷河時代と関係がある．この氷河時代は，北半球の中ほどの緯度にある巨大な氷床の成長と後退をもたらした．こうした出来事は北アメリカやカナディアンロッキー山脈，ヨーロッパ北西部，イギリス諸島，カナダ北部海岸沖にある北極諸島，シベリア北部の大部分を覆う氷床を含んでいた．約1万8000年前の最も新しい氷河時代の間，ヨーロッパ北西部と北アメリカにあった巨大な氷床はとうとう最大の大きさに達した．氷床の後退が非常に緩やかだった初期を過ぎると，約1万4000年前には非常に速く後退し始めた．1万1000年前と1万年前の間でこの後退は何度か中断したがそれでも全体的な傾向としては継続した．氷は約8500年前までにヨーロッパでは多かれ少なかれ消滅し，約6500年前までに北アメリカで消滅した．

北半球での大きな氷床の成長と拡大に伴い，地球の主要な環境帯もしくは生物群系は，赤道に向かって移動した．北半球の氷床の南に接する部分はツンドラとなった．植物が乏しいこの地域は冬の気温が−57℃まで下がり，南はヨーロッパのフランス北部，そして北アメリカ中央部の氷床縁の南で少くとも150 kmまで広がっていた．今日，ツンドラは特にシベリアステップ（Siberian steppes）やカナダ北極地方で見られる．ツンドラでは植物は10数cm以上成長することは稀であり，栄養も少ない．土壌表面の10数cm下は永久凍土であり，永久的に凍った氷の層が夏の間も残っている．氷河時代のツンドラはおそらくもっと荒涼としており，永久凍土は地表の何百メートルも下まで広がっていた．ここでは，表面の水は浸透できないために，流れ出る際に深い水路を刻んで流れた．

> 氷の動きは地球上で多様であるから，氷河周期の年代は概算のものだ．

参照
古第三紀：サイクロスフェア，草原地帯，肉食獣
新第三紀：ヒマラヤ山脈，パナマ陸橋，ヒト科
完新世：カリブ海，アンデス，東アフリカ大地溝，氷河遺存種

時間の一断面

更新世は，地球の歴史の0.039 ％をにあたる．地球の存在全体が1年に圧縮されたとしたら，更新世は12月31日の最後の12分にしかならない！ だが地質学的に短いこの期間には，地球の特に生物圏と気候には大きな変化がもたらされた．地質学者が言えることは，更新世全体にわたり起こった周期的な氷河作用はこの時代に独特のものであり，このように繰り返される形ではそれ以前には起こらなかった，ということである．

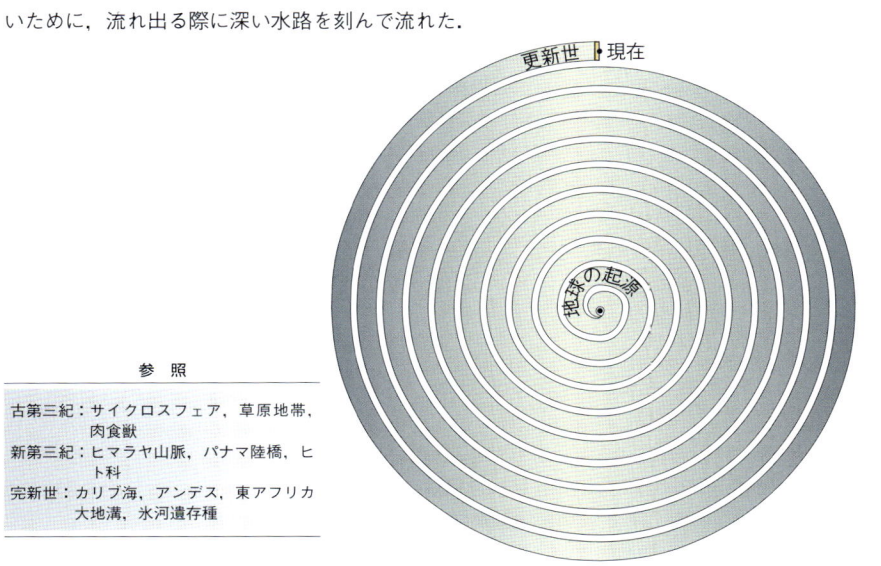

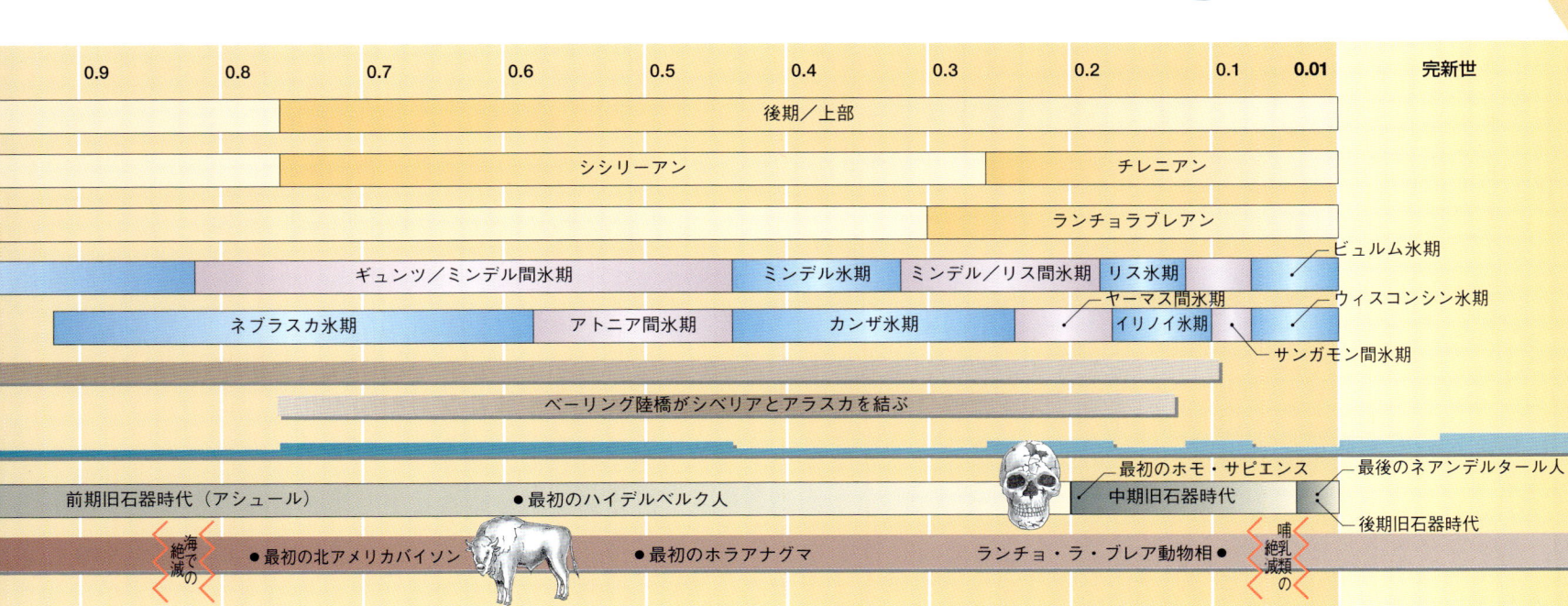

更新世

PART 6

氷河作用とアイソスタシー（地殻均衡）の調和

氷床が氷河現象の期間に広がる時，大陸上に氷の塊が増えるため水量が減少して海水面が低下するとともに，氷床の下の陸地が，アイソスタシー（地殻均衡）上，沈下する．地殻均衡は，地球の地殻がその下のもっと密で柔軟なマントルの上に浮くように，重力の平衡の中にあることのメカニズムである．氷山が海水に支えられているのと同じ仕組み，つまり水面下の氷が氷を運んでいる海水よりも重量が軽いために支えられているというのと同じ仕組みで，大陸地殻の密度が比較的小さい大量の岩石がそれに浮力を与えている．わりと厚さのある山岳地域が深い根によってバランスを保っている仕組みも同じである．山が浸食されると根の部分はそれを補うために隆起する．これと同様に，氷床が後退する際，押し下げられた地殻は荷重が減るにつれて徐々に隆起する．この隆起は相当なもので，例えばカナダのハドソン湾地域では，この1万年あまりで330 mほども隆起したのである．しかしこのような隆起は遅い反応であり，多くは氷床が全面的に退いた後に隆起が完成する．温かい間氷期に氷が解けると，海水面は上昇し地殻均衡的に押し下げられた地域へと流れ込む．バルト海はこの結果できたものである．海水面や大陸の上昇と下降の間の関係は複雑だが，結果的に汀線が上がるという特徴的な地質学上の地形を生む．

このような上昇した海浜の「階段」は，現在の海面よりも高い場所で発見される．上昇した汀線は特にカナダ北部やスカンジナビア，またスピッツベルゲン，ノルウェーで見られる．これらはすべて更新世の氷床が重く載ったところであり，今でもなお跳ね返り（リバウンド）が起きている．

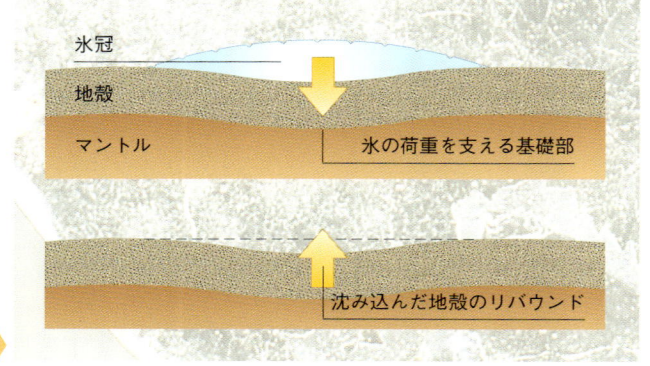

氷冠
地殻
マントル　　氷の荷重を支える基礎部

沈み込んだ地殻のリバウンド

更新世

巨大な氷床が北極地方から南方へ広がると，氷が北方を覆う際に緯度による気候の変化が赤道に向かって押しつめられて起こった．このように気候は南北方向に以前よりも短い距離内で多くの変化があった．生物学的な地帯はお互いがより近くに位置しており，異なる動物相の間の距離はあまり離れてはいなかった．気候帯は南へ移動し，アフリカ東部などのかつての乾燥地域（再び乾燥地域になったが）に雨をもたらした．

約30万年前，最初のヒト（旧人の意）が現れた．この出来事は，地球の歴史の中で最も重要な出来事の1つであると証明できるだろう．だがその当時，旧人は進化の場面にびくびくしながら入っていっただけである．大きくて恐ろしく，素早く動く肉食動物がその時代を支配していたのだ．「すべての生物学的法則によって，誤った武装をしてぶざまに動くこれらの獣（旧人）は絶滅すべきだった」というのは生物学者ローレン・アイスレイ（Loren Eiseley）の言葉である．しかし彼らは繁栄したのである．

更新世における世界地図は，いくつかの明らかな相違があるが本質的には今日のものと同じである．例えばシベリアとアラスカの間にあるベーリング陸橋がその当時は存在した．そして重要なのは，それがアジアと北アメリカの通り道となった点である．更新世の堆積物から出た化石の多くは，2大陸間における動物の移動を伝えるものである．この陸橋は7万5000年から1万1000年前に現れては消え，ツンドラ植物に覆われてきた．ジャコウウシやトナカイなどの生草を食む動物の多くの群れが陸橋を渡ってアラスカやカナダへ移動した．大陸の氷床は広がっていたが，時として西へと続く氷のない通路ができ，最初の人間たちはそこを通って大きな群れを追いかけてアメリカへ渡ったのである．

> 氷床が北半球の大半を覆ったが，その下では陸塊の分布は今日とほとんど同様であった．

拡大する氷床が北大西洋のメキシコ湾流の進路を南へと変え，スペインの方角へ，そしてジブラルタル海峡の間にある地中海の「水門」へと流れを変え，これによってヨーロッパ北部はいっそう寒冷化した．もっと離れた場所では，水が氷床として固まったために海水面が下がったことが，いくつかの島がそれぞれに最も近い大陸に再びつながるといった地理的な影響をもたらしていた．例えばカリブ諸島は，海水面の低下によってかつての陸域が水中に没した沖の部分が姿を現したので島の数が増えたのである．最後の氷河作用の最中には，バルバドスの海水面は今日よりも120 mほど低かったのである．

地球の東側では，山岳氷河（mountain glacier）が新しく隆起したヒマラヤ山脈や広大なユーラシアツンドラにある氷解水の大きな湖を覆っていた．最も劇的な氷河作用は北方にあったが，南極の氷床は海氷の量を大幅に増大させながら現在の地域の約2倍の大きさに広がっていた．古第三紀後期に形成された周極潮流（circumpolar current）はパックアイスを東方へ運んだ．アンデス山脈およびオーストラリアやニュージーランドの山では小さな氷床が成長した．このように海水面が低くなった頃，オーストラリアがニューギニアに連結した．東インドも一続きの陸であり，広大な河川水系があった．これらの現代の島の形は山脈として現れた．

西海岸のテクトニクス

北アメリカ西部では地域的な隆起がロッキー山脈をつくった．沿岸では，沈み込みや火山活動がサンアンドレアス断層沿いに続いた．

ボネビル湖
カリフォルニア湾

太平洋

東太平洋海膨

アフリカと中東
南極大陸
オーストラリアとニューギニア
中央アジア
ヨーロッパ
インド
北アメリカ
南アメリカ
東南アジア
その他の陸地

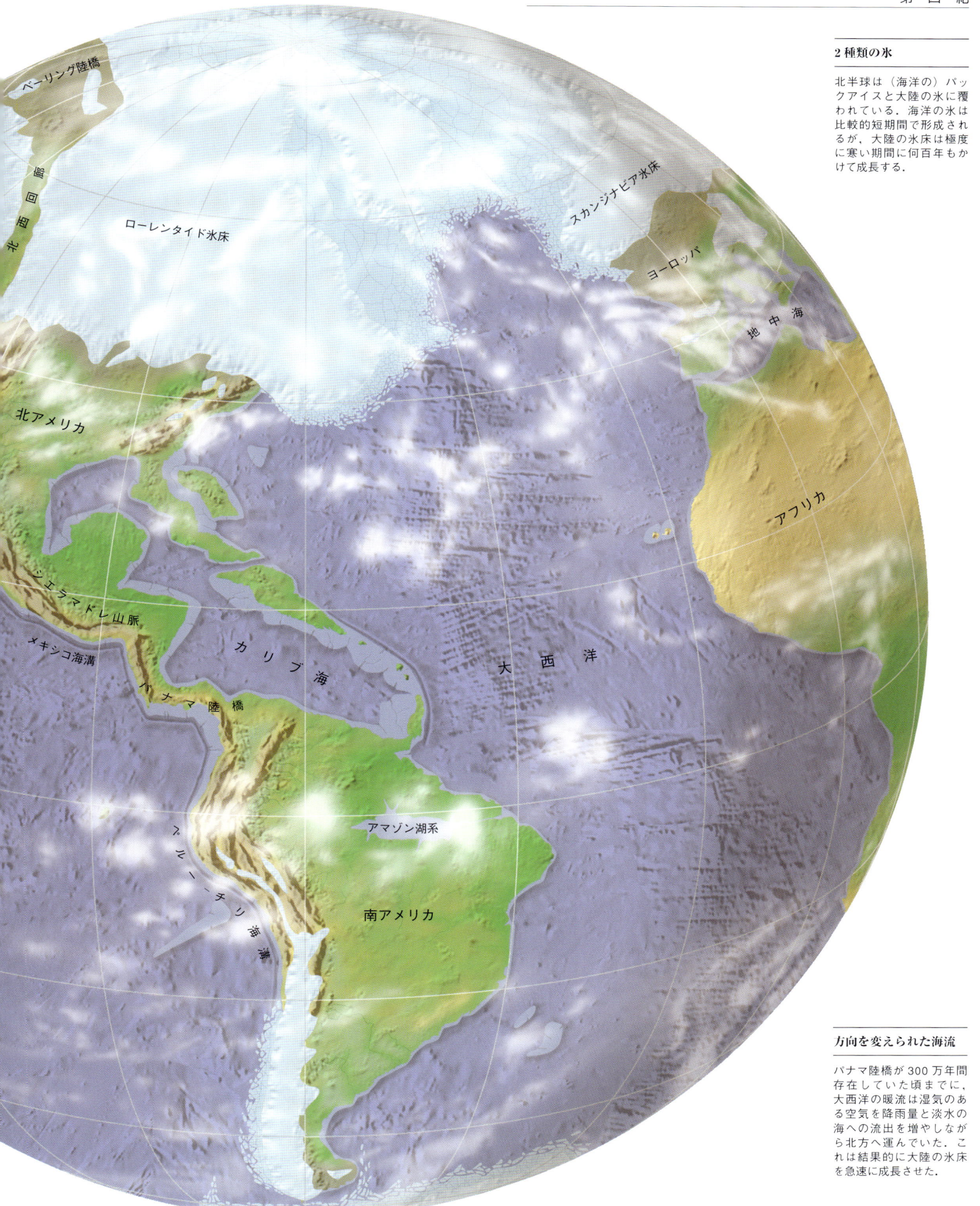

第 四 紀

2 種類の氷
北半球は（海洋の）パックアイスと大陸の氷に覆われている．海洋の氷は比較的短期間で形成されるが，大陸の氷床は極度に寒い期間に何百年もかけて成長する．

更新世

方向を変えられた海流
パナマ陸橋が 300 万年間存在していた頃までに，大西洋の暖流は湿気のある空気を降雨量と淡水の海への流出を増やしながら北方へ運んでいた．これは結果的に大陸の氷床を急速に成長させた．

ベーリング陸橋
北西回廊
ローレンタイド氷床
スカンジナビア氷床
ヨーロッパ
地中海
北アメリカ
アフリカ
シエラマドレ山脈
メキシコ海溝
カリブ海
パナマ陸橋
大西洋
ペルー－チリ海溝
アマゾン湖系
南アメリカ

大陸氷河

今日みられる唯一の大陸氷河は南極とグリーンランドにある．氷河（左写真）はグリーンランド西部のヤコブシャブン（Jakobshavn）では氷床から海へと流れている．

更新世

> 現代の氷河時代は，部分的な後退（最小氷期）により区切られた氷河の拡大（最氷期）という律動を伴う複雑な出来事である．

周期的に巨大な氷床が成長したり縮小したりすることは他の紀にも発生した（主にオルドビス紀やペルム-石炭紀）．これは別としても，地球の大気，水圏，生物系についてのたいていの自然界の特質は，今日続いているパターンで長い時間をかけて確立されてきた．更新世には何度も急な気温の低下が起こった．「大洪水」に取って代わった「氷河時代」の概念は1度だけの単純な出来事ではなく，1回以上の氷河期があったことが19世紀の終わりまでに明らかになった．最終的には4つの主な氷河作用と3つの間氷期の年代配列が広く受け入れられた．これらの時期の証拠は地質学や地球化学（グリーンランドの氷の核における酸素同位体），化石，年輪による年代決定技術からも来ている．1950年代以降，放射性年代決定がかなり正確な年代測定を可能にした．

最後の最大氷期（LGM）は氷の覆いが大きく広がった時期であり，およそ2万年前の更新世に起きたが，その後の数千年間で地球は温暖化し，北半球の氷床は古代の北極圏へと北方に退いた．我々の惑星は現在間氷期のまっただ中にある．このような時期は，短期間しか続かないが，生物や自然の変化が極めて急速に行われたことを示してきた――事実，かつてないほどの速さであった．

気候の不安定さは氷河期の終わりの段階や間氷期の始まりに決まって見られ，特定の環境でいかに速く気候が変化するかを示す．この不安定さは最初デンマークの湖の周期的な堆積物から認められた．氷河期と現在の間氷期の間の変移から年代を決定する堆積物は，かなり変わった特徴を見せていた．植生が古代湖の岸を安定させ水中で生産力が増えた時，ツンドラは取って代わられた．だが，気候の温暖化を反映しているこのプロセスは明らかに中断された．重い粘土が堆積物コアで再び明らかになると，寒い気候へ戻っていることを示している．これらの特徴は，ヨーロッパ大陸全土での同時代の堆積物コアの中で見られた．

寒冷な期間は北方の氷河を再び成長させるのに十分な厳しいものであった．この氷河はスカンジナビアやスコットランドに跡を残した．この寒冷な期間は，ドリュアス・オクトペタラ（*Dryas octopetala*）――つまりチョウノスケソウという北極の高山植物の葉の化石が粘土層で豊富に見つかったために「新ドリュアス期」（Younger Dryas）と呼ばれた．放射性炭素年代測定は「新ドリュアス期」は約1万1000年前から1万年前に起きたことを示している．ヨーロッパ大陸の多くの場所では，短期間での寒冷な時期が約1万2000年前から1万1800年前に再び起きた．これは「古ドリュアス期」（Older Dryas）と呼ばれている．

- アフリカと中東
- 南極大陸
- オーストラリアとニューギニア
- 中央アジア
- ヨーロッパ
- インド
- 北アメリカ
- 南アメリカ
- 東南アジア
- その他の陸地

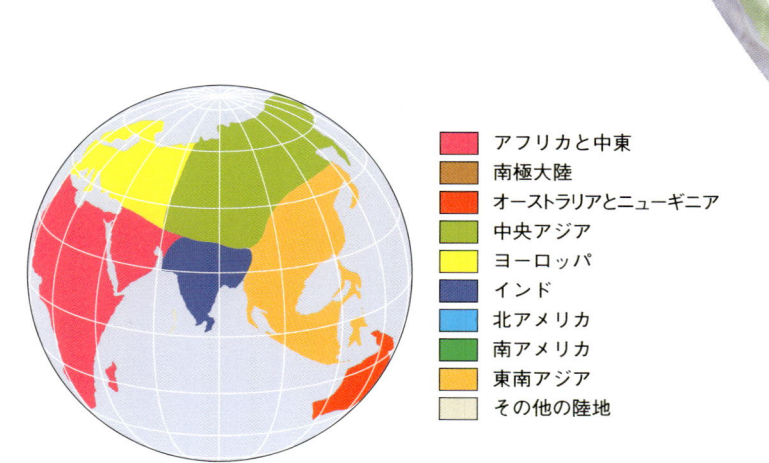

第 四 紀

更新世のツンドラ

アジアでは，ツンドラステップは氷床の南端にあった．これらの巨大で平らな広がりは氷の解けた水を受け，それはその後地理的なくぼみを満たし，大きな湖を形成した．

更新世

オーストラジア（Austrasia）

オーストラリアは更新世の初期はニュージーランドやニューギニアとつながっていた．オーストラリアプレートの北方への漂移は，最終的にインドネシア諸島を形成した海山の隆起を引き起こした．だがこの時，多くの陸地は海面より上にあった．

75

PART 6

軌道のバリエーション

地球の軌道は離心率（円からの離脱）や、傾斜（軌道面に対する自転軸の傾き）、また歳差運動（コマの首振り運動）が変化する.

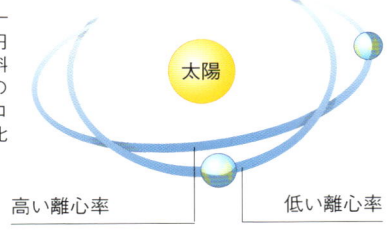

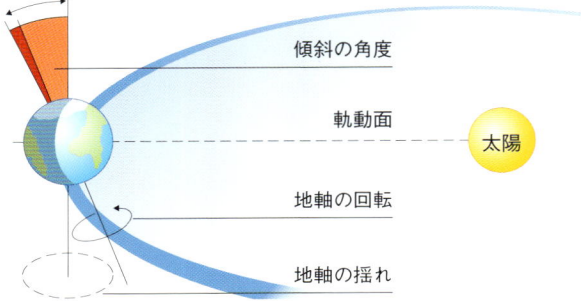

> 氷河時代は，
> 数千年もかけて
> 地球の変化に反応する．
> 動きの遅い現象である．

地球の大気，海洋，生物圏，氷床は，1つの大きな地球規模のシステムの中の構成要素として強く結びついた部分である．1つの部分で起きた変化は他の部分への変化をもたらす．地球規模の気候システムの異なる構成要素の1つ1つが全く異なる時間範囲で動いている．大気は他のどの構成要素よりも早く変化に順応する．海洋や生物圏が数百年，数千年もの時間がかかり，氷床がすべての中で最も変化に対する順応に時間がかかる一方で，大気は数週間で順応するのである．氷床の変化には数万年から数十万年の歳月がかかる．

オルドビス紀後期やペルム-石炭紀に起きた地球規模での氷の覆いが大きく広がったことは，南極に対するゴンドワナ超大陸の位置の変化に関係している．氷河は，オルドビス紀には北アフリカから移動し，石炭紀には南アフリカへ，そしてペルム紀にはオーストラリアへと移った．プレートの移動による気候の変化が何百万年もの時をかけて少しずつ起きるために，プレートテクトニクス理論は更新世特有の性質とされた氷河作用の反復サイクルを説明する際に使うことができなくなっている．

この現象は初期の地質学者を困惑させた．1876年にはイギリスの地質学者ジェームス・クロル（James Croll）が，地球に届く太陽放射熱量の長期間における変化は，地球が太陽の周りを回る軌道の周期的な変化に影響を受け，これらはヨーロッパの地質学者が発見し始めたばかりの周期的な気候の変化と関係があると主張した．だがユーゴスラビアの天文学者ミルティン・ミランコビッチ（Milutin Milankovitch）が軌道の変化の結果として地球が受けた太陽放射熱の変化の規模や頻度を計算した1941年までは，クロルの主張を説明するメカニズムは見あたらなかったのである．

ミランコビッチはこうした変化を支配する3つの軌道過程を認識した．地軸（自転軸）の傾斜，地球の公転軌道の離心率，春・秋分点の歳差運動である．地軸は太陽に対する地球の軌道面に直角ではなく，約23.5度に傾いている．この角度は4万年のサイクルの中で24.5度から21.5度の間で変化しており，一番角度が大きい時はどの緯度においても季節ごとの暑さに最も大きな変化が出る．

地球の軌道は円ではなく，時には他の時期と比べてかなり楕円形になる．この離心率サイクルの長さは約10万年である．地球も軸の上でわずかに揺れており，この現象は歳差運動として知られ，地球の赤道上の膨らみに対する月や太陽の重力の影響によるものである．また，これは夏・冬至点の時期を変える．これらは地球が太陽の周りを回る楕円形の通り道で地球が占める場所に関係している．約1万1000年前，北半球が太陽の方に傾いた時（北半球は夏），今日において北半球の冬に起きるよりも地球は太陽に最も近づいた．歳差運動サイクルの長さは約2万3000年である．

海上の氷原（浮氷）

パックアイス（訳注：浮氷が風に吹き寄せられて集まり凍りついた氷塊）は普通数mの厚さしかない．海洋の流れが，浮氷（上の写真参照，スピッツベルゲンの沿岸）のように自由に浮くパックアイスの端を氷で割るのである．浮氷は風の影響を受けながら漂流し，氷山とは異なり海流に乗って動く．

更新世

「氷河時代を測る」

有孔虫類は球状で細胞壁の周りに石灰質の骨格を持った単細胞の微生物動物である．海洋プランクトンの一種であり，死ぬと海底に沈んで他の底生（海底に住む）生物と一緒に堆積する．これら有孔虫は，海底でしばしば有孔虫のみを含んでいるように見える石灰石の中で数百万年にわたり保たれる．酸素は一定の同位体酸素16（^{16}O）や酸素18（^{18}O）と同様に海水中に存在し，周りを囲む海水で起こるのと同じ割合で有孔虫の骨格に取り込まれる．深海掘削のコア中に見つけられた化石の有孔虫において，この2つの酸素同位体の比率は絶えず大きく変化し，最氷期には重い（酸素18の）方へと動く．

初めは，科学者達はこれらの変化は水温の変化を反映していると考えていた．しかし，似たような変化はプランクトン有孔虫によってのみではなく深海の底生有孔虫によっても示されることが分かった．これは3500万年前にサイクロスフェアが形成されて以来存在してきた海洋における氷点の水の層域である．水温は有孔虫の骨格における酸素同位体の比率に少ししか影響をもたらさず，むしろこの変化は有孔虫が生息した海水における酸素同位体の比率を反映していることが知られている．またこの比率は大陸の氷床の大きさによって大きく異なる．

氷河期の間は，軽い酸素16の多くが雪のように降る．これが氷河の中に堆積し，海洋においては高い割合で入っている重い同位体をそのまま残す．有孔虫の骨格にある酸素18の高い比率が氷河の増大量と一致するという事実が認識されたことは，古気候の指標として有孔虫（浮遊性の*Globorotalia*種など，右図参照）の使用が確立される決定的瞬間であった．地球磁場の逆転する期間との対比は，岩石のコアの地磁気分析で分かるように，有孔虫の同位体分析が示す気候サイクルの年代論を正しく調整するものである．このように更新世の氷床の成長と後退は正確に年代が決定されている．

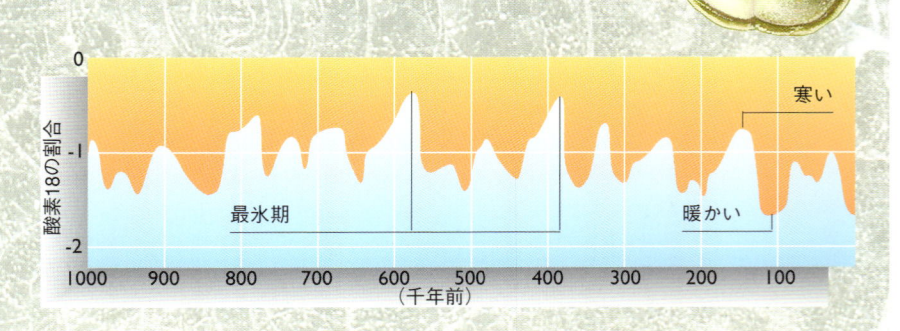

地球の気候における非常に長い期間の変化の分析は，80万年前から今日までの変化のパターンは主に3つの周期から成り立っていることを示している．1つは10万年の期間，1つは4万年，そしてもう1つは2万年である．これにより，地球の軌道における変化は気候の長期的パターンの主な決定因子であることが結論づけられる．

　だがミランコビッチサイクル（Milankovitch cycle）はいくつかの地質学的データとは一致しなかった．氷河期の最も寒い時期と間氷期の最も温かい時に起きる気温の変化は約4〜5度だが，軌道の変化による地球に届く太陽放射熱の強さの違いは，地球規模での平均気温を0.4〜0.5度以上変えるのに十分ではない．気候の周期は時とともに変化する．80万年前より以前は4万年の周期が優勢であり，それ以降は10万年の周期が主だった．つまり過去200万〜300万年続いた氷河時代が漸進的に強められたことを説明する「軌道のペースメーカー」に基本的な変化というものはないのである．結論として，更新世の氷河作用サイクルがなぜ始まったかについて完全に満足できるような説明は今でもないのである．

　気候システムにおけるフィードバックの構造には重大な効果がある．氷床の成長は反射能（アルベド）すなわち地球表面の反射性を増し，それはミランコビッチサイクルによって説明されるよりも大きな寒冷効果をもつ．冷たくなった水は温水よりも多くの二酸化炭素を吸収し，温室効果を減少させ地球の寒冷化にかなり役立つ．他の効果としては，北半球にある部分的に孤立した北極海が北アメリカから分裂したグリーンランドなどのある北大西洋へと，その冷たい水を流し始めたことである．南半球では，南極の周極海流が冷たい水を4000万年間以上にわたりサイクロスフェアの形で供給している．これらが起きる正確なメカニズムはまだ十分に解明されていないが，すべての効果が組み合わさり，過去200万年の並外れた氷河サイクル（glaciation cycle）を作り出したのである．

大西洋の循環

第四紀の氷河作用を起こしたものとして可能性のある1つは，大西洋の循環パターンの変化であった．鮮新世初期は（1）パナマ地峡が形成される前，北を流れる大西洋の温かい水が太平洋の水にたくさん混じった．これによって大西洋の水は塩分が減り，今日よりももっと浮きやすかっただろう．海水は，寒冷化によって潮流が沈むほど濃度を増す前に，極地方を温めながら北極海へと流れた．地峡の形成によって太平洋への通り道が遮断され，サハラを吹く貿易風による乾燥化は大西洋の塩分を増大させた．（2）こうした濃度の濃い水は大洋のコンベヤーベルトとして知られる輪を形成しながら（右図参照），また深海の潮流の中で北極から南へと冷たい水を運ぶ際に北極地方を孤立，寒冷化させながらアイスランドの北に沈む．

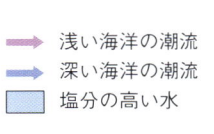

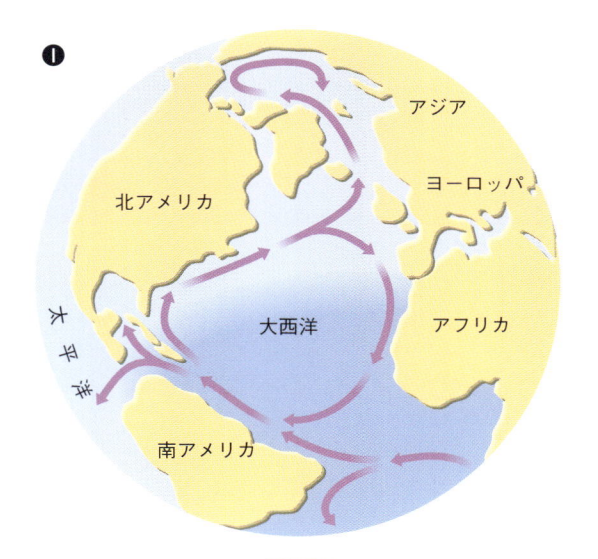

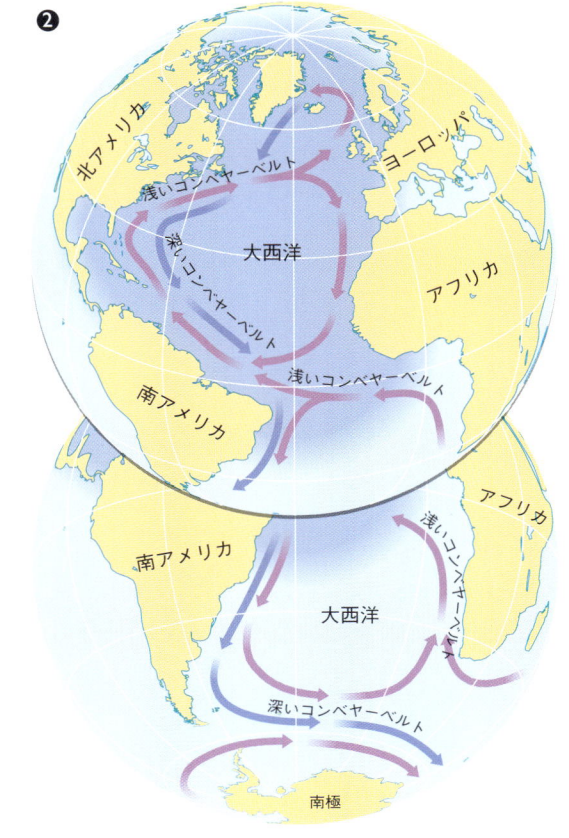

➡ 浅い海洋の潮流
➡ 深い海洋の潮流
■ 塩分の高い水

更新世

PART 6

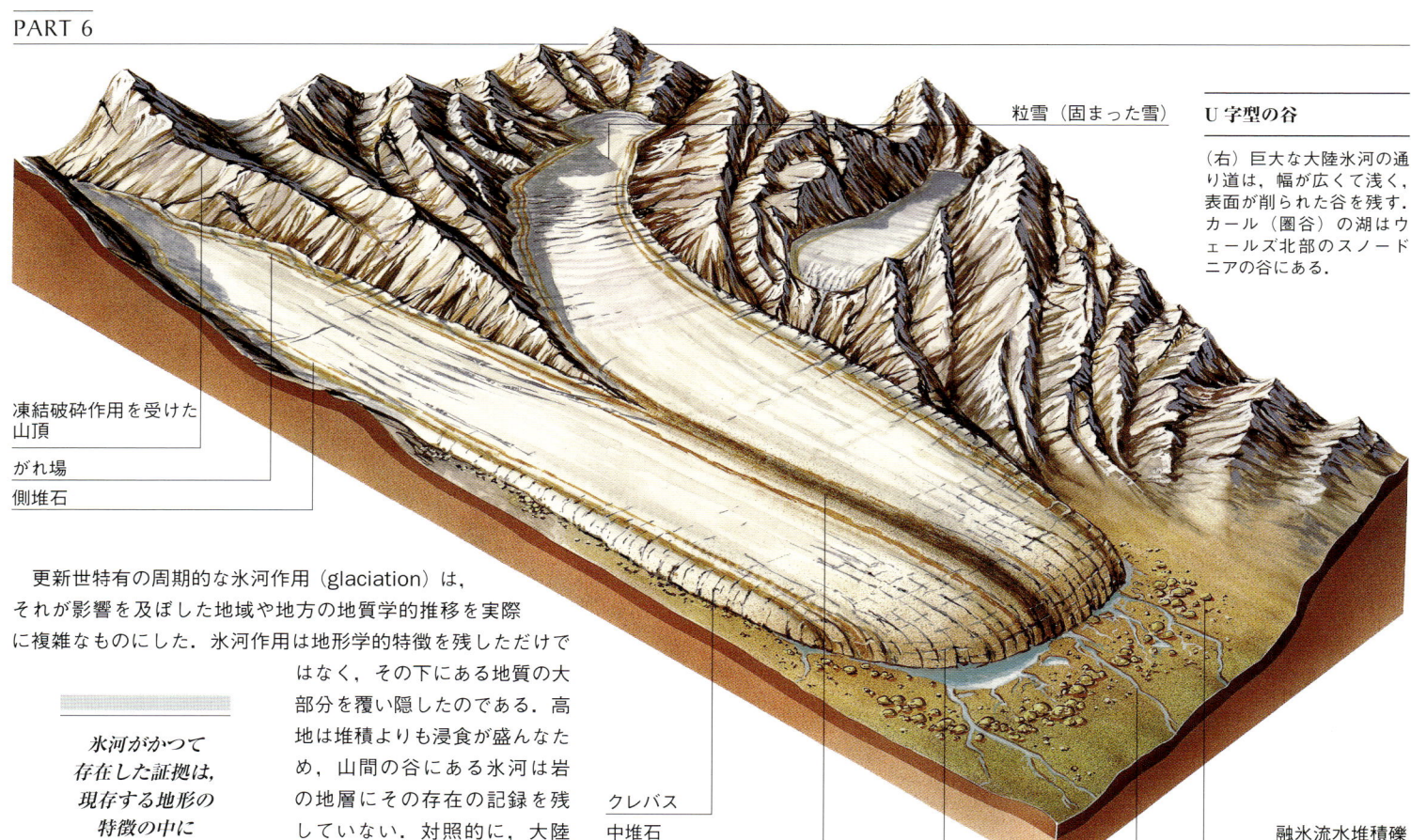

更新世

粒雪（固まった雪）

U字型の谷

（右）巨大な大陸氷河の通り道は、幅が広くて浅く、表面が削られた谷を残す。カール（圏谷）の湖はウェールズ北部のスノードニアの谷にある。

凍結破砕作用を受けた山頂
がれ場
側堆石

クレバス
中堆石
氷河の突端

融氷流水堆積礫
氷解水の網状河川

> 氷河がかつて存在した証拠は、現存する地形の特徴の中に見つけられる。

更新世特有の周期的な氷河作用（glaciation）は、それが影響を及ぼした地域や地方の地質学的推移を実際に複雑なものにした。氷河作用は地形学的特徴を残しただけではなく、その下にある地質の大部分を覆い隠したのである。高地は堆積よりも浸食が盛んなため、山間の谷にある氷河は岩の地層にその存在の記録を残していない。対照的に、大陸氷河（continental glacier）はその痕跡を残す。そうした例は現代のグリーンランドや南極に見られる。これらの地域は大きな氷床によってほとんど全体を覆われているのである。

グリーンランドと南極の氷河は中央部が最も厚みがある。これらの氷河は、例えばアルプスのようにあまり遠くない場所では、川のように流動する氷河がよく見られ、高いところから重力によって外へと流れていくのである。これらの氷河は地形上の川底を流動し、幅と比較し非常に長く、他の同様の氷河と合流することもある時、谷氷河（valley glacier）と呼ばれている。カール（ゲール語では"corries"、ウエールズ語では"cwms"）氷河は山の側面の高いところにあるくぼ地をふさぐ比較的小さな氷である。この氷は、気温が万年雪原（粒雪）を何とか保てるくらい低いところや、谷氷河を支える雪や氷が不十分なところにできる。

過去における氷河作用の地質学的な証拠は、氷河の特性によってもたらされた一連の特徴によって表される。氷河が岩を動かし、岩を浸食し、流れの方向へと堆積物を動かす。氷河の下で引きずられた岩は基盤を浸食し、さらに氷河の条線と呼ばれるかなり特徴的な傷を岩の表面につける。氷河が岩の「丘」の上を流れる時、圧力が岩のこの場所で解放されるために、氷河は丘の側面から岩塊をもぎ取る傾向がある。これらの浸食された岩塊は氷河の底部で移動し、岩盤に条線を刻み付ける研磨機としての役目を果たす。氷河の側面での削り取りと、基盤の丘の側面を氷河上部で滑らかにする作用が組み合わさることによって、羊群岩（roches moutnnées）として知られる広範にわたる滑らかで擦痕のついた小起伏群が生み出される。

隆起した地域は、岩を深く刻み込む非常に速い流れを生み出す。複雑な氷河システムにおいて比較的小さな支流の氷河は、本流の氷河の速い流れに流れ込んでいく。本流の氷河は支流の氷河よりもずっと早く岩盤を浸食する傾向がある。この結果、本流の谷は支流の谷よりも深くなり、現在では本流の側面の高いところにその先端がある懸谷を形成している。V字型の谷は、谷氷河に浸食されてU字型になる。その理由は、氷河の浸食は谷の横断面全体に起こり、谷の中心線上のみに川が集中するような浸食ではないからである。

氷河の浸食

（上）氷は通常固形だと考えられているが、ゆっくりと動く液体のようにふるまい、重力や傾斜の影響を受ける。山岳氷河では氷が徐々に下へと流れる。移動する氷河の浸食力は、それらが残す地形に現れている。支流の氷河がつくったU字型の谷や懸谷は、つり下がった端の鋭いアレート（やせ尾根）、カールが氷河の先端で成長する際につくられる孤立した角、氷成堆積物やモレーンのような岩屑を残す。

氷河の迷子石

（左）氷河は、しばしば500km離れた遠い場所から、地質学的に異なる地域の岩石を引きずったり、運んだり堆積させたりする。これらの「迷子石」は、通常周辺の谷の地層とは異なる岩質であることがわかり、ランダムに分散し少し条線のついた巨礫のように見える。ほとんどの迷子石の起源は知られていないが、中には起源が明らかなものもある。それらを研究することによって、地質学者は流氷の来た道をたどることができるのである。

第 四 紀

> 北アメリカ北東沿岸の
> ケープコッドは
> 桁外れに大きい
> 中堆石の一例である．

氷堆石（moraine）は，本来氷河によって運ばれてその後退によってとり残された岩屑である．氷堆石は現在またかつての氷の末端の位置を印している．氷堆石は終堆石（end moraine）あるいは末端堆石（terminal moraine）などの様々なタイプで入って来る．そしてそこで氷によって運ばれた物質が氷河の末端で降ろされる一方，氷の後退の際に後退堆石（recessional moraine）が形成される．そのそれぞれが一時的な活動の停止を示している．側堆石（lateral moraine）は，氷が谷の側面を浸食する際にできる．氷が解けると，角礫の堆積が谷の壁面の横に残り，2つの谷の氷河の側堆石が合わさる所で中堆石がつくられる．氷が氷堆石を横切って進むとしたら，堆積物はねじ曲げられ折りたたまれる．こうした特徴はプッシュ・モレーン（push moraine）と呼ばれる．

氷堆石は北アメリカやユーラシアの広い地域に分散している．これらの氷堆石のいくつかは驚くような大きさである．1つはケープコッドのように北大西洋に突き出している．末端堆石はしばしば地形の母岩のくぼみの側面にあり，氷河が後退する際に形成される．これらの巨大なくぼみのいくつかが北アメリカの五大湖となっている．カナダのハドソン湾は末端堆石で境界を縁取られたものではない．地殻が北アメリカにおける大陸氷河の最も厚い部分によって押しつぶされた地域に広がった入り江であり，まだ本来の高さに戻っていない．

氷河下底の岩層の浸食において，氷河の流動による粉砕と削摩のプロセスは沈泥から大きな巨礫まで幅広い堆積粒子サイズの岩屑をつくり出す．これは氷成堆積物と呼ばれる堆積物として氷河下に積もった．流水や風と異なり，氷はそれが運ぶ堆積物を分けることはできない．それゆえ氷成堆積物は様々な粒子サイズの混合されたもので構成されていることが特徴である．それに加え，氷成堆積物の多くの塊は氷河の動きによって細い溝がつけられたり磨かれたりする．埋没や圧密また化学的変化によって石化した氷成堆積物は氷礫岩（tillite）と呼ばれる．氷成堆積物も氷礫岩も，過去における氷河の影響の特徴を非常によく表している．氷河は普通の川の排水路をふさぐことが多い．更新世の氷床の後退期には，氷が水をせき止めてできた湖が一時的に存在した．しかし永久的な湖にも，氷の解けた水や氷河が運んだ堆積物が見られる．氷河はしばしば季節的な気候の変化に影響される．冬が近づくと，氷解水は氷となりとまってしまい，湖へ流れる水量は減少するが，春になって温かくなるとすぐに再び氷解水は流れ出し湖を満たす．この毎年のサイクルが層を重ねさせ，堆積岩の中の層は氷縞粘土（varve）と呼ばれる．さらに，岩屑を含む氷山は「分離」して多くの氷河湖になり，氷山の中にあって一緒に運ばれる岩屑は，氷山が解ける時に放出される．放出されたこれらの岩はドロップストーン（drop stone）と呼ばれ，湖の底の細かい堆積物の中へと落ちる．これはかつて氷で覆われた地域の確かな指標であり，実際に野外で容易に認識できる．

更新世

PART 6

後氷期の湖

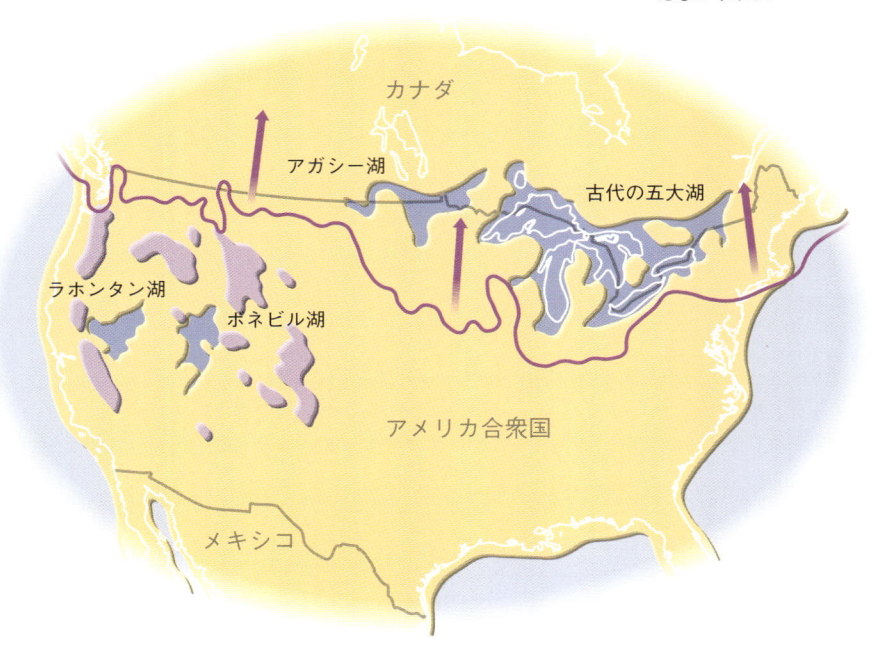

広いカナダ楯状地を覆った氷床は排水のパターンを乱した．今日，後氷期の湖（右写真）は，氷によって浸食されたり，氷床が後退する際に残された氷堆石によって遮られたくぼみを満たしている．（下図）ボネビル湖のような他の湖は氷河の南にある盆地で発達した．これらの多雨湖は，雪解け水と雨が増加した結果できたものである．

更新世

五大湖の進化

（右図）五大湖は，更新世の氷床の端から南に広がった巨大な氷の突出部の遺物である．氷床は約1万4000年前の氷床の後退間に氷の解けた水ですぐに満たされたくぼみを形成した（1）．1万年前までに（2），スペリオル湖を除き現在のすべての五大湖が水で満たされ，スペリオル湖の盆地はまだ氷の下にあった．五大湖は，北アメリカの楯状地域において大陸の氷河作用によって形成された多大な数の湖のほんのいくつかにすぎない．この地域では他のすべての地質学的プロセスが総合されたものよりも氷河のプロセスによって形成された湖が多い．しかし五大湖の大きさは他のすべての湖の大きさを遥かにしのぐ．

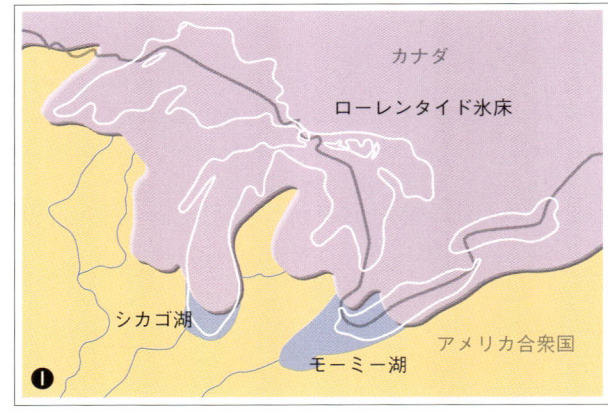

五大湖の地域に関する更新世と完新世の地質学の科学的調査や可能性のある起源の調査は19世紀半ばに始まった．ハーバード大学のスイス系アメリカ人の古生物学者ルイ・アガシーは1850年にスペリオル湖へ行き，そのいくつかの地質学的側面を詳細に記載した．アガシーは氷河作用のメカニズムや陸地に対するその影響についての考えを普及した先駆者であった．こうした影響が独特の地形学を残してきた．またアガシーは決定的な氷河痕跡を認識した最初の人物であった．彼の調査は後にローソン（Lawson, 1893）やテイラー（F. B. Taylor, 1895, 1897）に受け継がれ，この2人は五大湖地域の氷河地質学を研究した．アガシーは自分の名を古代の一番大きな氷河湖（氷河のすぐ隣で形成された湖）につけている．アガシー湖はカナダ中央部の南の広い地域を覆っており，先端は南のノースダコタまで伸びている．

> 北アメリカの五大湖（そして世界中にあるそれに類似した湖）は，更新世の氷河作用の結果形成されたものである．

五大湖の年代は前世紀には分からなかった．地質学が発達したにもかかわらず，今でも多くは知られていない．これは五大湖が氷床によって連続的に掘り進められ，掘られるたびに地層の年代を表すそれ以前の証拠をすべて拭い去ってしまったからである．だが，五大湖を囲む岩からの証拠は，内陸の水塊が更新世以前に存在しなかったことを示している．これは水塊が約170万年から200万年以上たっていないことを意味している．現在の五大湖の底は以前は低地であった．北方にあった元の場所から南へ広がった氷河が，低地を深く擦りアイソスタシーで地殻を押し下げながら（ハドソン湾地域では330mほど）この低地へゆっくりと流れこんだ．間氷期に1万年以上も氷河が後退すると，これらの低地に氷の解けた水の氷結したものが集まり，現在の五大湖のシステムを形成し始めたのであった．

第 四 紀

更新世

　氷河作用や氷が解ける期間は，氷河の砕屑物に含まれていた巨大な塊状の氷が湖水盆地の南に集まり，徐々に解け出した．氷が解けるこのモザイクパターンの結果，現在の中央‒北ミシガン地域に特徴的なハンモッキー地形（hummocky topography）が形成された．この変わった地形は不ぞろいな丘や釜状地として知られる小さな湖から構成されている．更新世の後の段階になると，ミシガン湖の南岸に沿って存在した氷が解けたことにより，堆積した砂が北アメリカの気候システムによって後に東方に運ばれた．これらの砂は湖の南の湾曲部に砂丘として堆積し，今でもそのいくつかは見ることができる．結果として生じた五大湖はとても大きいため，湖岸線を測ると傾斜を示しており，地殻均衡的な隆起率までも決定できる．重力の影響で氷河が優先的に流れ込んだ，周囲の地方よりも低いところに多くの水路を作り出すことによって，湖は氷の動きをも支配した．ウィスコンシン氷期ののち，五大湖の地質学的歴史は，氷解水の流出地点が変化し，氷の壁が現れたり消えたりする複雑なものである．更新世におけるウィスコンシン氷期（Wisconsinian glacial stage）の氷河作用は北アメリカでのみ起きた．ヨーロッパでの氷河作用が衰えた，約8万年前のことである．五大湖系の中および周辺の変化する地形の発達で，更新世の異なる時期に異なる湖が形成された．これらの現在は消えてしまった古代の湖は，ミルウォーキー湖，レヴェレット（Leverett）湖，モーミー湖，サギノー（Saginaw）湖である．

　それぞれの湖を囲む地形的特徴は異なり，それぞれ特有の形がある．こうした湖の個々の特性はヨーロッパの氷河湖にも広がった．ヨーロッパでは，オランダのザーリン（Saalin）盆地やドイツのエルステリアン（Elsterian）盆地を含め，ずっと小さい盆地が形成された．しかし，アメリカの大陸プレートの全体の大きさは，ヨーロッパの限定された地域よりも，アメリカにはもっと広範な氷河湖系が形成される可能性が大きいことを意味していた．この地域は，ナイアガラの滝として有名になった構造をも特色としている．ナイアガラにおけるこの非常に印

ミズーラ湖の氾濫

（右）アメリカ合衆国ワシントン州にある，水路のあるごつごつした地形は深い枯れ谷と呼ばれる交錯した深い水路の複合体である．それらは大きな氷の突出部が南方に進み，大きなコロンビア川のおもな支流であるクラーク・フォーク川をせき止める際に形成された（1）．氷のダムは水を止め，堤で囲み，モンタナ西部にミズーラ湖を形成したのである．氷河が後退すると，氷のダムは崩れ，前例のない大きな氾濫を起こしたのだった．水はコロンビア台地の上を流れ，土を剥ぎ取り，深い溝を刻んだ（2）．

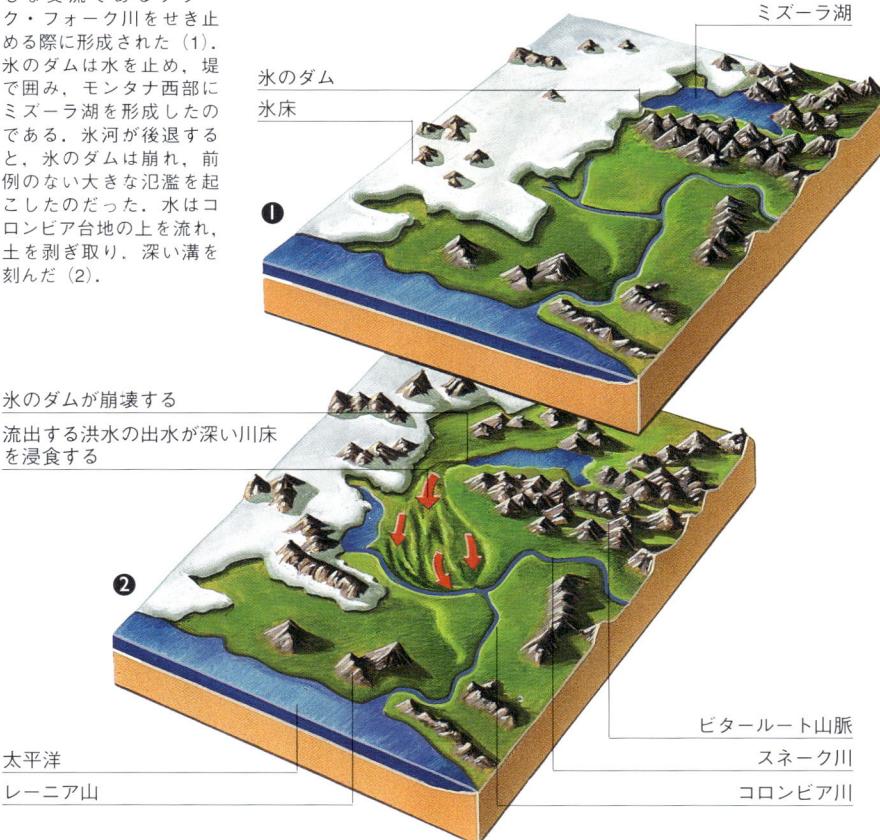

象的な滝はエリー湖とオンタリオ湖の間にあり、最後の氷河期に後退する氷が、南に傾いた硬い抵抗層（苦灰岩，硬い石灰岩）による断崖を露出させた時にできた．ナイアガラ川からの水は硬いロックポート石灰岩統で下を支えられている断崖の上を流れ、南方，そして上流の滝の浸食による後退を起こしながら下にある軟らかい頁岩を浸食する．北アメリカに広がる更新世の氷河作用は、この地域に五大湖、ナイアガラ瀑布などの多くの顕著な地形的特徴を与えた．さらに、これらの自然の不思議は、地質学的な意味ではまだまったく新しいものである．

更新世の氷河サイクルは、氷床の増減に際し寒くなったり温かくなったりする段階において、哺乳類の地理的な分布に大きな違いをもたらした．特に齧歯（げっし）類やイタチ類肉食動物（イタチ、フェレット、ストート）など小型の哺乳類がよく立証されている．更新世の後半は、かつて同時期に発生した多くの哺乳類が生息地のつぎはぎの増加や分裂のせいで分離した．これらのツンドラの動物相は、もはや共存しない動物

> ツンドラには，寒冷地に適応した広い範囲の動物が生息していた．

を含んでいるため「不調和な」動物相だと考えられている．ツンドラステップはおそらく今日よりもずっと広い範囲に及び、大・中・小動物の動物相に支えられていた．これらの動物はすべて厳しい気候、寒い環境に適応し、冬のツンドラから簡単に移動していった．更新世の氷床の広がりは北半球の動物の生活に著しく影響を及ぼした．その影響の1つが、拡大したツンドラ生物圏の形成であり、この遺産はまだ今日も残っている．

今日の地球におけるツンドラは北極圏、北の高木限界を囲む地域や、南半球における亜南極諸島の小さな地域に見られる．アルペンツンドラも高山の高木限界の上にあり、それには熱帯の高木も含まれる．ツンドラの植物にとって、そうした地は成長する季節が極度に短く、寒さに耐えられる植物だけが生き残れる．典型的なツンドラ植物はコケ類、地衣類、スゲ類、低木類である．ツンドラに住む主な大型動物はトナカイ（カリブー）やジャコウウシである．小さな草食動物はカンジキウサギ、ハタネズミ、レミングを含んでいる．さらに、多くの鳥が温かい時期の大量の昆虫を捕食するため、夏の間に南方からツンドラへと移動してくるのである．

これらを捕食するのは肉食動物であり、現代のツンドラの生態系はホッキョクギツネ、オオカミ、ハヤブサ、タカ、フクロウに代表される．更新世のツンドラステップ環境に起源を持つ動物の化石は、この生態系にまだ住んでいる多くの動物、例えばトナカイ、エルク、野ウサギ、オオカミ、ハタネズミ、オコジョなどを含んでいる．後の2つの哺乳類は、鉄のように固くなった土に深く穴を掘ろうとはせず、むしろ周期的に薄く積もる雪の下に住む．

更新世のツンドラには、地球上にもういない動物が広い範囲に存在していた．これらの中で最も重要なもののいくつかは、土着のものではない．間氷期–氷河期の変動の影響で、哺乳類は移動するかもしくは、気候や（もしくは）植物の変化に対する生態学的な耐性が大きくなった．いくつかの哺乳類と特定の環境や植物との共存は、哺乳類の多くにし好性や耐性に変化が見られたことを示している．例えば、ハムスターは現在アジアステップに見られるが、間氷

期の森林環境に埋められていた堆積物から化石として発掘されてきたのである．現代の野生馬は、開けた環境と結びつけられる典型的なものである．だが野生馬の化石は、草原だけでなく森林の生息環境でも見つけられた．イヌ類の進化の起源は北アメリカにあり、ベーリング陸橋を渡ってアジアへ渡り、開けた生息環境の捕食者として成功し続けたのである．オオツノヒツジ、ジャコウウシ、ヘラジカ、ライオン、人間など、陸橋を渡って北アメリカへ移動した動物は寒さに適応した．特に様々な種類のウシが優勢であったが、マンモスはあまり一般的ではなかった．

哺乳類の範囲

（右）エルク、ケナガマンモス、ケサイなど伝統的に移動の多い草食動物は、最も現代的な更新世の肉食動物よりも生物地理学的に広く分布した．おそらく適応性が高かったためである．剣歯ネコは北アメリカで優勢であるが、ヨーロッパにはダーク型の犬歯（細長く細かい鋸歯が後縁にある）を持つネコと、シミッター型（短かく幅広で粗い鋸歯が前後両縁にある）の犬歯を持つネコが住んでいた．

マンモスの骨

（上）サウスダコタに見られるようにマンモスの遺物の範囲は広く、マンモスの出現について役立つ情報を提供している．シベリア型はアメリカ型よりも小さく、オスは肩の高さが約3mである．

第 四 紀

　ケナガマンモスは通常，植物がなく雪に覆われた荒野でどうにか生きているというイメージがある．これは誤解である．なぜなら，こうした動物の群れは多量の食料を必要とするため，おそらくこのような環境では養うことはできないからである．ツンドラでは1年のほんの少しの間しか食物がないが，その外側の北方の（森林のある）地域や，ステップの南のもっと温かくて穏やかな気候地域に生息していたと思われる．そこではたくさんの植物をもっと容易に得ることができたのである．非常に短いコケ類や地衣類を背の高いマンモスが食べることはなく，また丈の短い植物をマンモスが鼻でつかむこともなかった．一方でウシは，下方に向いた首や，草を食べるのに適した歯，伸縮性のある唇，大きな鼻口部などが，極度に短いツンドラの植物を食べるのに大変適していた．このような特徴のおかげで，こうした荒涼とした環境でも多く存在していたのである．生態学の同様な機能的考察はトナカイやヘラジカにも当てはまる．これらの大型動物は，かなりの数が狩りによって大型動物も仕留められるオオカミなどの熟練した肉食動物に食べられた．

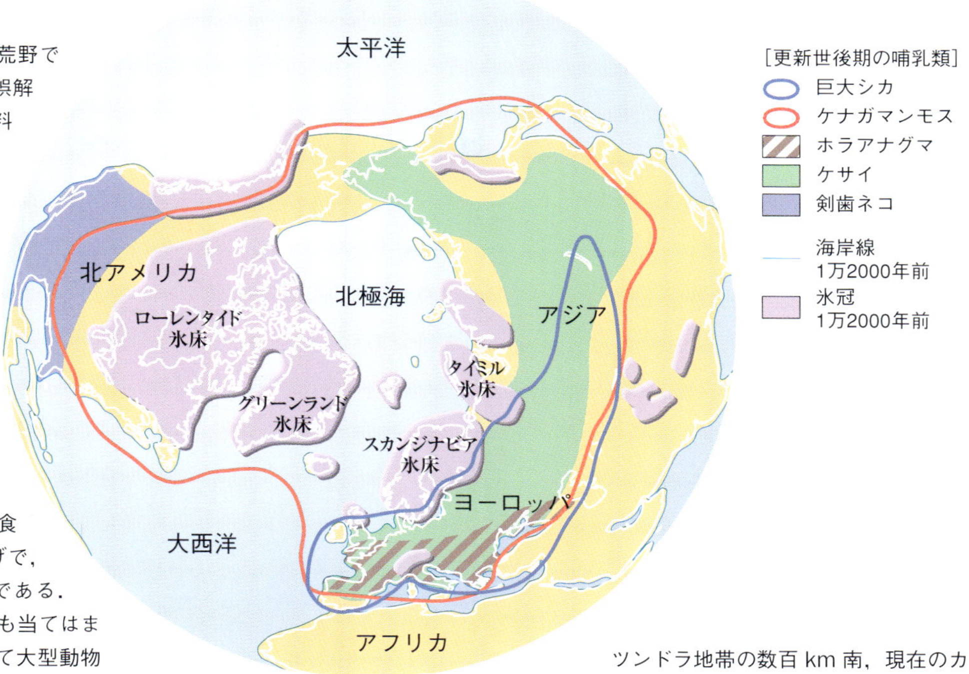

[更新世後期の哺乳類]
○ 巨大シカ
○ ケナガマンモス
▨ ホラアナグマ
■ ケサイ
■ 剣歯ネコ

　海岸線
　1万2000年前
■ 氷冠
　1万2000年前

太平洋／北アメリカ／ローレンタイド氷床／北極海／タイミル氷床／グリーンランド氷床／スカンジナビア氷床／アジア／ヨーロッパ／大西洋／アフリカ

毛のコート

（下）大型動物は小型の生物よりも熱を失うのが遅いので，寒い気候においては大型動物の方が一般に有利である．それにもかかわらずマンモスの大きさの動物は，更新世の氷河時代の極限状態に対し，余分な絶縁体を必要とした．小さな動物は穴を掘ったり冬眠したりしたが，大きな動物はそれができない．このような寒冷な状況にずっとさらされたため，マンモスやバイソンやサイは極度に厚い毛のコートをまとうことになったのである．

1　コエロドンタ・アンティクイタティス（ケサイ）
2　メガロケロス・ギガンテウス（オオツノジカ）
3　マムータス・プリミゲニウス（ケナガマンモス）

　ツンドラ地帯の数百km南，現在のカリフォルニアには，元来異なる生物群集があった．北方で氷河作用があるにも関わらず，カリフォルニアはまだ比較的暖かく，独特の動物相の生息地であった．これらの中には今日もよく知られているものもあるが，その他については謎であり，現代の動物グループの大量絶滅を代表するものである．北アメリカの西海岸における重要な地質学的特徴，サンアンドレアス断層（San Andreas fault）のおかげで，この豊かな生態系についての情報はかなりある．この断層は，アメリカ全土の西側沿いで南北方向に伸びる大きな断層系の一部である．1200 km以上も続くこの巨大な線は，太平洋岩石圏を構成するプレートとアメリカ大陸を構成するプレートの衝突による境界地帯である．この太平洋プレート（Pacific plate）は北から挙げると，クラプレ

> サンアンドレアス断層は北アメリカプレートと太平洋プレートの間における目に見える境界線である．

更新世

PART 6

ート，ファラロンプレート，ナスカプレート，フェニックスプレートであり，南アメリカの最南端には南極プレートがある．東太平洋海膨の広がった隆起部がプレートを東へ押すと，南アメリカプレートの下にあるナスカプレートが沈み込み，それが主にアンデス山脈の形成の要因となった．

　太平洋東部のカリフォルニア地域では，太平洋プレートの北東縁を形成しているファラロンプレートが北に向かっている間，北アメリカ岩石圏プレートは南に進んでいる．これらのプレート縁は，サンアンドレアストランスフォーム断層（San Andreas transform fault）として存在し，伸張する1200km以上にわたって互いに擦れる．これは走向移動断層（strike-slip fault）として知られ，または岩石圏の対向する2つの塊が互いの上や下ではなく横を過ぎる断層だとされている．時として，これらの2つの岩石圏プレートの岩石表面どうしの接触が引っかかって動かなくなり，プレートの運動が続いた結果，元来の場所に急速に回復する前にたわんで曲がる．この大きな圧力からの解放が地震として感じられるのである．プレートは1年に約5cmの速さで動いていることが測定により分かっている．過去の平均では1年に1cmであった．これらの数字から考えると，ロサンゼルスは2500万年ほどでサンフランシスコと平行になるはずである．

更新世

❶ メンドシノ三重会合点／ファラロンプレート／太平洋プレート／北アメリカプレート／東太平洋海膨／沈み込み帯／火山地帯／リベラ三重会合点／ココスプレート

❷ フアン・デ・フカプレート／メンドシノ断層／サンアンドレアス断層／ロサンゼルス／カルフォルニア湾／ココスプレート

地球の地殻の裂け目から，タールが表面に滲出する．これが集まってプールとなり，多くの動物がここで死を迎える．

　サンアンドレアス断層における大きな断層地帯は非常に狭い地域に限られており，比較的小さな，階段状のトランスフォーム断層が海底にたくさんあるカリフォルニア湾へと南に伸びているため，しばしば動くベルトのように描写されている．サンアンドレアス断層のような走向移動断層も，2つの岩石圏プレートの隔離部が引き離され互いの間に沈下を起こす際に浅い盆地を形成する．これらの陸地の盆地は周辺地域からの堆積物が集まり，堆積の中心的役割をしている．その結果，盆地にはそうした低い土地に住んだ動物の遺物が残っている可能性が高いのである．サンアンドレアス断層は岩石圏を通っている．その微小断層の多くは，部分的に海中に隠れたファラロンプレートや陸上にある北アメリカプレートの両方を囲んでいる岩へと伸びており，地下では油層と交差している．これらのプールは有機物質の腐敗物が堆積した結果できたものである．腐敗が進む中で多くの動物のコミュニティがその痕跡を残しており，一般に堆積物の層の下に埋没する前に河口やデルタなどの低地に集まる．

第四紀

地下の深いところでは、圧力や温度や閉塞されたことによって化学的変化が起こり、有機物質を油に変える。半液体状の有機物質は、地下の油の貯蔵庫が破裂することによって表面へ出てくる。貯蔵庫は主に透過性のある層にあり、中には浅くて地質学的に最近の鮮新世の堆積物の中にあるものもある。油は堆積物の中のこれらの断層を通って表面まで滲出し、空気に触れることで徐々に粘着性を増す。そして酸化と、揮発性の成分が失われていった結果、タールもしくはアスファルトができるのである。タールやアスファルトは表面に溜まり、（水をはじくので）雨水が溜まる。この水に覆われたタール堆積物は表面的には水たまりのように見えるが、それを飲みに来た動物は皆そこで罠にかかってしまうという危険性がある。毛皮や羽毛はタールで動きが悪くなりやすく、動物たちは水たまりへはあまりに遠く離れすぎてさまよい、捕食者から逃れたり、水を飲んだりできなかったかもしれない。

サンアンドレアス断層地方の地盤が絶え間なく移動することによって、更新世のタールの穴は現在ロサンゼルスの都会の真ん中にその姿をさらしている。ランチョ・ラ・ブレア (Rancho La Brea) にあるタールの穴は、地上ナマケモノ、マンモス、バイソン、頭の大きな「恐ろしい」オオカミなど驚くほどの哺乳類や、正式名称でテラトーンすなわち「恐怖の鳥」として知られている超大型コンドルのようなハゲワシが保存されているので、おそらく一番知られている。だが、ランチョ・ラ・ブレアに最も関係のあるのは剣歯ネコのスミロドン (Smilodon) である。これはライオンほどの大きさがあり異常なほど長い歯を持っているが、最近の分析でこの成功多き捕食者に予期せぬ特徴が見つかった。スミロドンは十分に成長したライオンよりも50％ほども重く、前肢の骨は大きく広がった前肢の筋肉構成のために歪んでいた。後肢は短いため、現在のライオンと同様に獲物を追いつめることを不可能にしている。その代わり、この動物は獲物であるマンモスや地上ナマケモノなど、現代のライオンが捕らえることができる動物よりもずっと大きな動物を仕留められるほどの凶暴性に頼っていたのである。スミロドンの前躯の驚くべき強さと優れた歯が共に作用すると、巨大で動きの遅い獲物が動けなくなるほどの力で捕らえ、剣歯が折れるほどのどんな動きも抑えてしまう。剣歯は獲物に刺さり、下あごとともに獲物の肉の巨大な塊を引くのに使われる。これは剣歯のせん断と呼ばれている。犠牲者は急速に死に至る。もしも首をかまれたとしたら即死である。

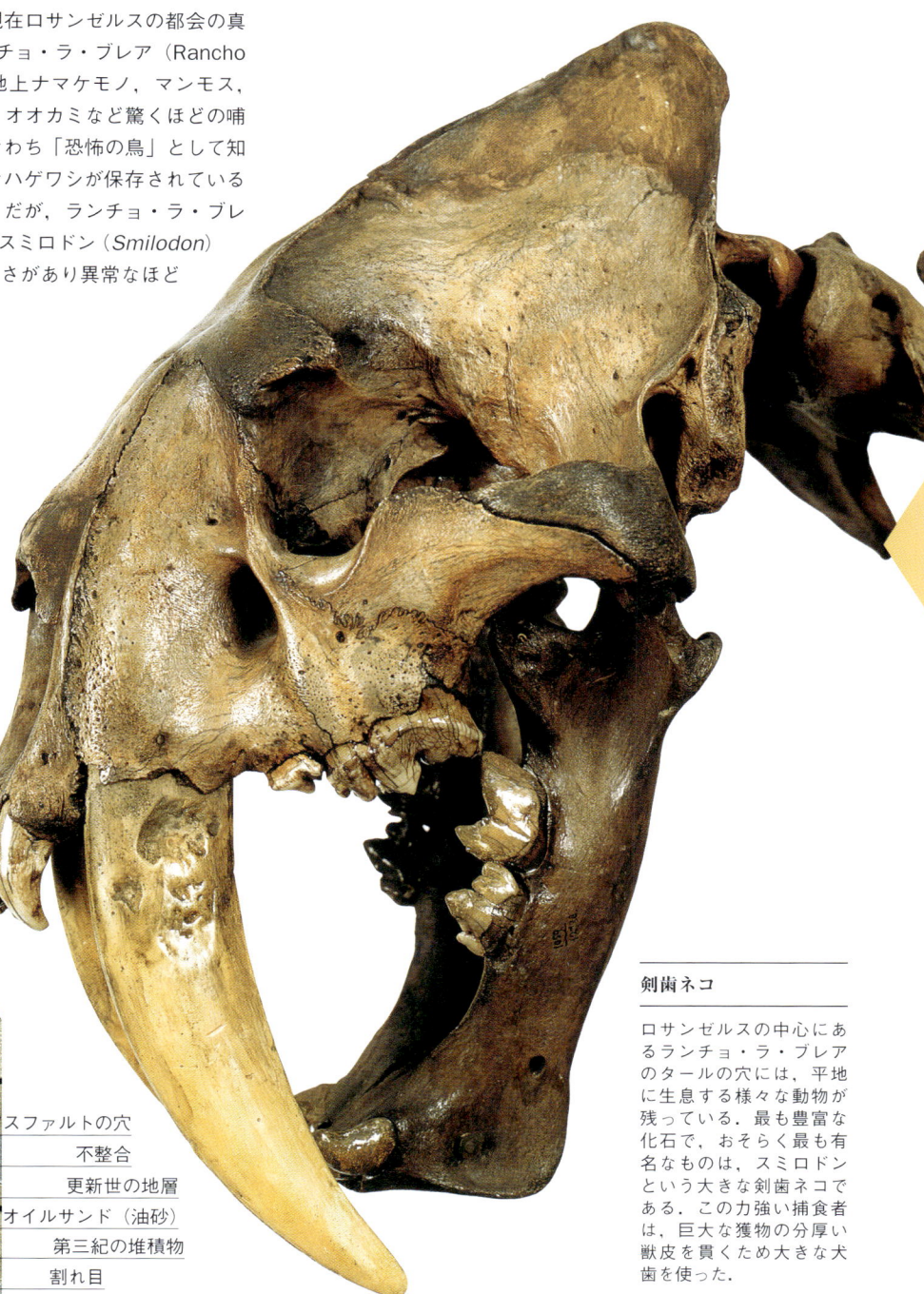

サンアンドレアス断層

（左）いくつかの場所では、サンアンドレアストランスフォーム断層の露出は特に明らかである。プレートの相対的な動きは慎重な地図作成や断層の離れた両側面の測定などで明らかになる。断層の2つの側面がかみ合い、固定し、激しく引き離れる際に地震が起こるのである。

サンアンドレアス断層の進化

（左下）約2500万年前、東太平洋海膨は北アメリカプレートの下に沈み込み始めた（1）。海膨がなくなると、ファラロンプレートは残部を2か所残すのみとなり、リベラ (Rivera) とメンドシノの三重点が南北に動くに従ってサンアンドレアス断層は成長し、長さを伸ばした。400～300万年前（2）、断層は内陸へ移動し、メキシコの部分――バハカリフォルニアを含む――は断片化し、太平洋プレートにつながった。サンアンドレアス断層とメンドシノ断層は両方ともトランスフォーム断層である。メンドシノはファン・デ・フカの拡大する海嶺を北アメリカプレートの下の沈み込み帯と連結させ、サンアンドレアスはフアン・デ・フカ海嶺とカリフォルニア湾の2つ目の分岐点とを連結させている。

油の堆積物

（下図）ランチョ・ラ・ブレアでは、断層作用を受けた第三紀堆積物という初期の地層が、更新世の堆積物によって不整合に覆われている。第三紀岩石中の不浸透性の層は油を集めさせた。油は無数の裂け目を通って表面へと滲み出た。

- アスファルトの穴
- 不整合
- 更新世の地層
- オイルサンド（油砂）
- 第三紀の堆積物
- 割れ目

更新世

剣歯ネコ

ロサンゼルスの中心にあるランチョ・ラ・ブレアのタールの穴には、平地に生息する様々な動物が残っている。最も豊富な化石で、おそらく最も有名なものは、スミロドンという大きな剣歯ネコである。この力強い捕食者は、巨大な獲物の分厚い獣皮を貫くため大きな犬歯を使った。

更新世

ナスカと南アメリカプレートの間の沈み込み帯における直接的な影響のもう1つは、パナマ地峡である。南北アメリカ間の陸地のつながりは——中央アメリカを形成しているが——本来、多かれ少なかれ南アメリカのアンデス山脈につながる山脈である。アンデスを隆起させた山脈形成はパナマ地峡も隆起させた。だが、南北アメリカの連結は完全ではなく、むしろ2大陸間に伸びる一連の諸島や岬などをつくった。

> メキシコ湾流の形成は、ヨーロッパ西部の気候、生態系、生息環境にとって大きな意味を持っていた。

パナマ陸橋の形成は約300万年前の鮮新世の間にようやく完了し、南北アメリカの陸生の脊椎動物の生物相に大きな影響を与えた。同様に、地球上の離れた地域に及ぶ重大な影響があった。この時までは、大西洋の大きな海流が（地球の自転と風の流れにより）東から西へ流れ、大西洋から太平洋へとほとんど妨げられもせずに中央アメリカ山系の島の間を通って移動した。しかし、パナマ地峡が完全に大西洋の水が太平洋に注ぐ道筋を塞ぐと、この温かい赤道の水は北東方向へと北アメリカの端に沿って逆流した。この進路変更は、ヨーロッパ西部とイギリス諸島を流れメキシコ湾流（Gulf Stream）として知られる温かい海流のもととなったのである。

地球の海流の循環の重要性は、大気の循環とともに、更新世に生じたいくつかの気候の変化の著しい速さを説明している。メキシコ湾流ができたことは、その一例にすぎない。北大西洋の温かさは、温かくて塩を含む水が中層水で約800mの深さで北に流れ、最終的にアイスランドの近くまで海面を流れるために生じるのである。そして海流はそこで冷たくなり、沈下する（冷水は密度が大きく、温水よりも重い）。パナマ地峡がで

水の境界線

（上写真）宇宙から見たこの大西洋の写真は、メキシコ湾流（下半分）の温かくて流れの速い水と、アメリカ東部の冷たくて流れの穏やかな沿岸の水の境界を示している。メキシコ湾流は北半球の生態系の発展に重要であった。これはヨーロッパをその高い緯度が示すよりも暖かくさせただけでなく、更新世の氷河時代に海の氷が南に広がるのを防いだ。そのため、北大西洋の氷床はヨーロッパ南部に広がらなかったのである。

島における生物：大きい動物，小さい動物

パナマ地峡（Panamanian Isthmus）は、南アメリカを巨大な島から北アメリカに連結した大陸へと変えた。かつて孤立していた動物を侵入者と接触させたのである。島における動物の孤立は、動物たちの進化に大きな影響を与えている。いくつかの生物学的特徴は明らかであり、化石記録で確認できる。小型化した動物の進化はこのような特徴の1つであり、進化がどのように作用するかをよく示している。地理的な孤立は、もとの大陸の個体群と接触があるにしても、島の動物種が由来した動物の「通常の系統」とは遺伝子プールを異なったものにする。しかし島での小型化を理解するカギは、生物に必要な多くのものが危険なレベルにまで減少した狭いエリアにおける影響について考えることにある。例えば、食料を探す場所や種を繁殖させる場所の減少、栄養や新鮮な水の減少、捕食者から逃れるための陸地面積の少ないことなどである。一般的に島の生物学的影響は、哺乳類や爬虫類などの陸生の動物に顕著に現れる。鳥は海のバリアによって地理的に孤立することは少ない。

進化という点において、孤立は不思議な作用をしている。大きな動物を小型化させたり、小さな動物を巨大にしたりしている。草食動物は限られた食料しか摂取しないため小さくなるが、齧歯（げっし）動物などの小型動物は、捕食者のいない島に残された時のみ大型化する。更新世はマダガスカル島の巨大キツネザル、メガラダピス（*Megaladapis*）の時代であった。これはクマと同等の大きさがあり、果物や葉を常食とし、大型の捕食者がいないために進化したものであった。巨大化したもので現在生きている例は、コモドドラゴンである。これはトカゲの最も大きな種である。インドネシアのコモド島において大きな哺乳類の捕食者が存在しなかったために、コモドドラゴンはこの地で最強の肉食動物となった。

島での巨大化の影響は、例えばマルタ島で化石が見つかった小型ゾウなど島での小型化の影響で補足される。ゾウは更新世の間に島に着き、捕食者もほとんどおらず、セントバーナード犬ほどの小型の種類を発展させた。他の例は、シベリア沖にあるランゲル島の小型マンモスや、もっとよく知られているものではシェットランド・ポニーなどがある。

オオツノジカ

（右）いわゆる「オオツノジカ」は、別種ではなくシカの一種である。だが3mにも及ぶ非常に大きな角を持つ巨獣であった。このような巨大な角によってかかる圧力に順応するため、頭骨は通常広い。首の骨も同様である。角だけでも、その維持と成長のために、かなりのエネルギーを取り入れる必要があったに違いない。

島の気候

イギリスの間氷期における更新世の堆積物（約12万年前）から出たカバの化石は、この地方におけるメキシコ湾流の温暖化の影響を立証している．しかし2万年前までに氷河はスコットランドやイギリス北部，ウェールズやアイルランドの大半にまで動物相の変化を伴いつつ広がった．バイソンやトナカイ，ヘラジカなど寒さに順応した哺乳類の化石遺物はある程度豊富に見つかった．これらは，今日よりもずっと寒い気候であった証拠である．低い海水面は，これらの哺乳類にヨーロッパ本土からの通り道を与え，時として現れる陸橋は，いくつかのイギリスの哺乳類にアイルランドへ渡る道を提供した．アイルランドの大きなシカ，メガロケロス（*Megaloceros*）もこの時代の終りまでに移動した（下図参照）とされる．

- カバの北限（最後の間氷期）
- 氷床の南限（最後の氷河の成長）
- 可能性の高い陸橋

[第四紀の哺乳類の産地]
- 洞窟堆積物を伴う石灰岩地帯
- 河岸段丘堆積物
- 沼沢地
- 浜堆積物

き上がる前は，太平洋からの水と混ざり，沈む前に北極海に届いたため水に塩分はあまりなかった．地峡が閉ると，貿易風の乾燥効果が大量の蒸発と極度の塩水化をもたらした．これによって水は早く沈み，北極は孤立し寒冷化した．この寒冷化が氷河期を開始させたのであろう．

更新世の氷河作用の間，北方における巨大な氷床の形成はメキシコ湾流に重要な影響をもたらした．当時この湾流は形成されてよりまだ150万年たっていなかった．初め，北大西洋の大半を占めている浮氷原はメキシコ湾流をヨーロッパ西部，イベリア半島に向かって押し流した．だが最氷期の間に，大陸や海洋の氷床の広範な成長によって起きた緯度方向の気温の強い勾配が，北半球の貿易風を強め，メキシコ湾流のもととなった温かい赤道海流を南半球に押し戻したのである．また，これらの海流は，十分に形を成した氷床が南方へ拡大することによって，ヨーロッパへの到達を阻まれた．有孔虫や放散虫など海の無脊椎動物，また大西洋の堆積物などからの化石証拠は，メキシコ湾流の形成を引き起こした海流の「コンベヤーベルト」が主な氷河期には本質的に機能せず，北への熱の移動量が減り，氷床の形成を引き起こしたことを示している．

メキシコ湾流が最も活動的なこうした間は，ヨーロッパやイギリス諸島はその北方の位置から見込まれるよりもずっと暖かった．このような影響は今日もまだ残っている．また，しばしばイギリス諸島の動物の生活にも大きな影響を及ぼした．寒い寒帯前線や暖かい大西洋の海流という相反する影響の下，これらの小さな諸島の気候やその哺乳類の動物相は急速かつ劇的に変化した．

動物相の多様化はアイルランドよりイギリス諸島のほうが著しかったが，ヨーロッパ大陸の方がさらに激しかった．最後の間氷期に先立つイギリスの穏やかな間氷期の動物相は，大陸の動物相に非常によく似ている．更新世中期の初めまで，ハイエナやクマなどの大型肉食動物の分布によって示されるように，アイルランドとイギリス本土の間には陸橋を媒介とした接触があった．イギリスの孤立が始まったのは最後の間氷期（12万年前）であり，この期間にヨーロッパで見つかったマツネズミや絶滅したサイ，ウマ，人類などの動物は，イギリスには存在していない．イギリスの最後の寒冷期（LCS）の動物相は大陸との間に支障のない移住があったことを示しており，ヨーロッパの動物相と似ていた．だがアイルランドの最後の寒冷期の動物相は乏しく（ケサイや人間もいない），イギリス本土とは全く関係がないことを示している．孤立化が続き，このように動物相が乏しくなったことは，今日のアイルランドにハタネズミやカエルやヘビといったイギリス本土にいる動物がアイルランドにはいないことからも分かる．

PART 6

　予想されていたように,「出アフリカ」モデルはその方法についてかなりの反対と批判を受けた. 主な代案――また反論の観点は, 多地域的な進化説である. それはホモ・サピエンスは, 存在する集団の移住も入れ替わりも伴わずに, 確立された古代の集団の進化的変化を徐々に経て, 旧世界 (アフリカ, ヨーロッパ, アジア) の全土で現れたというものである.

　多地域的なモデルにおいてのバリエーションはもっと極端である. 100万年前に地理的に孤立したグループは, 彼らの間での遺伝的な深い分裂を暗示しているというシナリオを提案する者もいる. それは,「人種」として知られている人間の多様性の範囲を説明していると思われる. 人間の個体群はしばしば孤立していたが, これは交配に対する遺伝子的バリアを作るほどの長い期間ではなかった. 人種によって人間をカテゴリーに分けようとする試みが続けられてきたにもかかわらず, この分類に生物学的な価値はない. 諸個体群の間よりも, 1集団の中に遺伝的変異が大きいというのが事実である.

　多地域的な進化モデルは, 少なくとも100万年前にアフリカを去った先祖のホモ・エレクトスに共通の起源を持ち, 現代の集団に広範囲なmtDNAの遺伝的変異を示すと考えるが, 事実としては認められない. それとは対照的に, また物議をかもすだろうが, 1つの起源を持つモデルが遺伝子データを裏付けるような新しい研究によって, 何度も認められてきた. 化石証拠も同様に強く支持している.

　オモ (Omo, エチオピア), ラエトリ (Laetoli, タンザニア), ボーダー洞窟 (Border cave), クラシーズ河口 (両方とも南アフリカ) から産出した頭骨は15万年前から10万年前のものであり, いくつか古代人の特色も見られるとはいえ, これらはすべて現代の人間 (ホモ・サピエンス) のものだと認識できる. 似たような遺物がイスラエルのカフゼ, スクール両洞窟で発見された. これらの標本は, 垂直に近い額があり, わずかな眉の隆起, しっかりとした顎などのある, 高く短い頭蓋を持っている. そして頭骨の容量は約1550 ccであった. これらはすべて現代の人間の特徴である. それらは10万年から9万年前のものとされており, アフリカの外における現代の人間の存在における最も古い証拠として知られている.

　ヨーロッパのヒト属化石として知られる最も古いものは, スペイン北部のアタプエルカ (Atapuerca) で見つかっており, 80万年前のものとされている. これらの化石はアフリカの同時期のものとは明らかな違いがあり, 古人類学者によって (ドイツのマウエルで標本が発見された後) ハイデルベルク人 (H.heidelbergensis) と名づけられた. 数千年以上にわたり, ヨーロッパの古代人ははっきりとした特徴を発達させ, (彼らが最初に同定されたドイツのネアンデル渓谷にちなんで) ネアンデルタール人 (Neandertal) と名づけられた. 彼らの多くは

初期の占有

メドウクロフトはペンシルヴェニア, ピッツバーグの約48 km南にある岩窟である. この堆積物は深く11の大きな層が含まれており, 放射性炭素年代測定によるとこの場所は少なくとも1万4000年前 (1万7000年前の可能性もある) から250年前まで断続的に居住されてきた. 新世界で最も長い居住の歴史を持っていると言える.

最初のアメリカ人

(下) 最初の人間がいつベーリング陸橋を渡り北アメリカに入ったかは議論の的である. 最も広く受け入れられている見方は, 約1万3000年前に東のコルディレラ氷床と西のローレンタイド氷床の間で通り道が見つかったということである. しかし, ペンシルヴェニアのメドウクロフトの岩窟のように氷の南方にある場所では, 早い時期に定着した形跡があり, ブラジルやチリなどでは3万3000年前に渡ったと言われている.

更新世

寒い気候への適応を反映していた．その典型は，力強く頑丈で短い四肢のある骨格と，大きくて張り出している顔，そして強い歯である．ホモ・サピエンスがその後，約4万年前にアフロ-アジア地域からヨーロッパに広がった際，その地のネアンデルタール人の個体群を追い出すことになった．ネアンデルタール人は3万年前までに消えた．現代の人間は4万年〜3万5000年前までにシベリア南部に到達し，3万2750年前までにオーストラリアに到達した．シベリアから，彼らはベーリング陸橋を渡ってアメリカに移住したのである．

最後の大きな氷河時代，人間は地球の大部分を支配した．初期の頃の人類とは異なり，まず彼らは環境の求めに対し文化的にも技術的にも適応した．これらの行動の適応の1つは，武器を使った複雑な大猛獣狩りの共同作業であった．人間の個体群の拡大やそのハンターとしての影響が，各大陸の多くの種，特に大型草食動物の1万2000年〜1万年前の消滅の原因だと考えられることが多い．この考えは「過剰殺戮仮説」（overkill hypothesis）として知られるようになった．

> 世界中に渡った現代の人間の拡散と大型草食動物の消滅は同時期に生じた．

北アメリカでは大型陸生哺乳類の33の属（約73％）が絶滅し，それにはすべての長鼻類動物（マンモス，ゾウ，マストドン）や，多くのウマ，すべてのラクダ，バク，巨大で重い甲羅のあるグリプトドン，そして巨大ナマケモノなどが含まれていた．多くのシカの種は絶滅し，この豊富な肉を食料として食べて生きていた捕食者もまた絶滅した．それには北アメリカライオン（アメリカンジャイアントジャガーと呼ばれることもある）や，剣歯ネコのスミロドン（*Smilodon*），ホモテリウム（*Homotherium*）のような月型歯ネコ（scimitar-toothed cat）などが含まれる．オーストラリアでは，5種の有袋類や巨大なオオトカゲが絶滅した．南アメリカでは46の属が死に絶え，その中にはこの大陸特有のもの，すなわち滑距類や南蹄類や貧歯類などが含まれていた．ヨーロッパにおいてはケサイ，巨大シカ，ケナガマンモスなどが絶滅したが，それほど深刻ではなかった．その他のカバやハイエナなどは単に地理的な生息範囲が狭められた．

大型動物は，特に集中的な狩りの的になる危険性があると言われている．なぜならそれらは妊娠期間が極端に長く，成長が遅いことなど，性的に成熟するまでに数年もかかるからである．絶滅は必然的に，小型で成長の速い多産系の動物よりも多くの影響を大型動物に与えることになる．人間によるこうした動物の過剰な狩りにより，殺される数が出生の数を越え，個体群が繁殖できる大きさではなくなるという結果になった．

過剰殺戮仮説の支持者は，人間の個体群の拡大と動物の絶滅との間の深い相関関係と，唯一の餌食が魅力的な食料源であった大型動物であることを指摘している．アフリカの狩猟対象と

雄牛の広間

ヨーロッパにたどりついた現代の人間は，しばしばクロマニョン人と呼ばれている人々である．彼らは発達した一連の道具をもたらし，フランスやスペイン北部の洞窟内に同じように特徴的な絵を描いた．フランス南部中央，ラスコーの洞窟内の雄牛の広間は，考古学的，人類学的，準古生物学的データの重要な源である．そこには，これらの環境を約1万6000〜1万7000年前の古代人と共有したいくつかの動物の記録を提供し，この地域に由来し，この時代にいたとされるオーロックス（野生のウシ）やバイソン，ウマ，アイベックス，トナカイなどの化石発見物を裏付けている．怪我をしたバイソンはこれらの古代の人間が大型動物を食料として狩ったことを示している．

なった大型動物が他の地域の個体群ほど影響を受けなかった理由は次の事実によって説明される．アフリカでは人類が獲物となる動物と一緒に進化したため，動物たちは直面した脅威に適応する時間があったのである．人間が新参者であった地域では，動物は人間を捕食者だと捉えておらず，人間によって簡単に捕獲されていた．さらに，人間は「切り換えの早い捕食者」，つまり食料源が1つ消えるとすぐに，他のものを探すのである．

また，少なくともヨーロッパにおいては，気候の変化が多くの動物にほとんど影響を与えず，初期の氷河の後退が必ずしも絶滅を引き起こしたのではないという状況的な証拠もある．残念なことに，動物たちの死んだ場所についての考古学的な証拠が欠けていることや，大量の絶滅が起きるずっと以前に人間がオーストラリアに入っていった（おそらくアメリカへも）事実は，更新世の大型草食動物の絶滅の主な原因としての過剰殺戮仮説を弱めている．北アメリカにおける絶滅の時期や地理的な広がりについての最近の再分析は，過剰殺戮仮説とは逆のことが起きたことを示唆している．獲物とされなかった種も死滅したという事実は気候変化モデルの論拠であるが，それは複合要因説や「中枢種」仮説（"keystone species" hypothesis）を支えるものでもある．それによれば，狩りの結果としての大型草食動物の消滅は環境に影響を及ぼし，より小型の動物にも悪影響を及ぼした．多くの大型動物の死滅を起こしたのは，おそらく環境的な要素と狩りの両方であっただろう．

PART 6

更新世の哺乳類化石の最も豊かな宝庫の1つは，現在のロサンゼルス郊外にあるランチョ・ラ・ブレア（Rancho La Brea）タールピットである。そこを水の穴と間違え，不用心な動物が粘着性の堆積物の中にはまってしまったところである。その動物の数や種類は驚くべきものがある。40種の異なる哺乳類4000頭以上，100種以上の鳥類が回収されたのである。約200万年前の古代の土地は，多くの点で今日の草地の生息地に似ている。草や広葉樹，また今もあるカリフォルニアセージのような低木植物が豊富だった。植物や動物は様々な暖かい気候に生息していたことを示している。この地における最も大きな動物は巨大なマンモスであり，そのなかには大きく上へと曲線を描いた牙をもつものもいた。このような大きさの牙は食料摂取量においてかなりの維持エネルギーを必要とするため，これらはこの生態系の高い栄養量を間接的に示すものであった。しかしマンモスはラ・ブレアのタールピットにおける最も数の多い大型草食動物ではなかった。それはしわの多いバイソンだったのである。バイソンの化石からは，彼らの歯列がコミュニティの年齢構成について驚くべき情報をたくさん含んでいることが分かる。歯学解剖は個々のバイソンが常に特定の年齢であることを示している。1, 2, 3 歳であり，けっして 1.5 歳や 2.5 歳ではないのである。これは，また彼らの歯の摩耗は，バイソンがラ・ブレアに 1 年の特定の時期にのみ来て，他の時期にはいないことを示している。言い換えれば，バイソンはこの 150 年ほどでほとんど姿を消す前，最近まで同じように移動していたのであった。ランチョ・ラ・ブレアの化石群集で変わっていることの 1 つは，肉食動物の数が不均衡なことである。それは，見つかった個体の約 90 ％ を占める。最も多い代表的なものはダイアウルフであり，次いで剣歯ネコのスミロドンである。スミロドンの数千もの部分的な標本や保存された全身の

*ランチョ・ラ・ブレアの
まぎらわしく危ない
タール堆積物の中で
もがいていた動物たちは，
捕食者や腐食者の
注意をひきつけた。*

1　バイソン・アンチクウス
2　カニス・ディールス
　　（ダイアウルフ）
3　テラトルニス
　　（ハゲワシ）
4　スミロドン（剣歯ネコ）
5　インペリアルマンモス
　　〔コロンビアマンモス〕
6　コヨーテ
7　サギ

更新世

第 四 紀

3 標本が知られている. 異なる成長段階における動物の保存は, 動物の子の小さな犬歯の「乳歯」が, 23 cm の巨大な大人の鋭い「剣歯」にどのように代わるかを示している. スミロドンのほかには, 肉を噛み切るための歯と力強い顎の筋肉を持った巨大で顔の短いクマ類などがある. このクマは肩の高さが 1.8 m で, 体重は 1 トン近い. これらの強力な捕食者の死は, ハゲワシのテラトルニス (*Teratornis*,「恐ろしい鳥」の意) から見ることができる. テラトルニスは翼の長さが 4 m ある. さらに大きいハゲワシがいることも, カリフォルニアの違う場所で確認されている.

更新世

PART 6

人類の進化

ホモ・サピエンス（*Homo sapiens*）——解剖学的に言えば現代の人間——は、厚い頭骨、頭骨の真下に位置する大後頭孔（脊柱が繋がる穴）、低い「鼻」、大きな脳、小さな奥歯、よく発達した顎、そして眉の隆起の無いことなどで定義される。ホモ・サピエンスはヒト亜科の先祖の系統であると言える。この系統とは、霊長類のヒト亜科の中の小さな特殊グループであり、ヒト科のもう1つの亜科を形成するゴリラやチンパンジーから約500万年前に分かれたものである。

分岐論（cladistics）は、アウストラロピテクス類がヒト属の姉妹グループであることを示している。彼らは、アウストラロピテクス（*Australopithecus*）という1つの属に特定されてきたが、1990年に新しい発見によって3つの属があることが分かった。最も古くから知られている440万年前のヒト科のアルディピテクス・ラミダス（*Ardipithecus ramidus*）と、アウストラロピテクスとパラントロプス（*Paranthropus*）である。アルディピテクスはエチオピアから産出し、比較的大きな犬歯と薄いエナメル質に覆われたせまい奥歯を持っており、これらは葉や果物などの食生活を示している。こうした歯は現存するどの猿よりも人間らしい。大後頭孔は前方に位置し、アルディピテクスが2本足で歩いていたに違いないことを示している。

アウストラロピテクス・アナメンシス（*Australopithecus anamensis*）は、ミーヴ・リーキー（Maeve Leakey）によってケニアのトゥルカナ湖の近くで410万～390万年前の堆積物の中から見つけられた。解剖学的にはアルディピテクスに最も近いが、これは最も原始的なアウストラロピテクス類だと考えられている。アウストラロピテクス・アファレンシス（*A. afarensis*）の化石はエチオピアのヘイダー地方から産出した。化石の中で最も知られているのは「ルーシー」というニックネームのついている若い女性の、全体の40％が残っている骨格である。これは約318万年前のものとされている。後にアウストラロピテクス類はアフリカ南部産出のアウストラロピテクス・アフリカヌス（*A. africanus*）とパラントロプス・ロブストス（*P. robustus*）、アフリカ東部産出のパラントロプス・ボイセイ（*P. boisei*）とパラントロプス・エチオピクス（*P. aethiopicus*）を含む。パラントロプス種は多くの点で、すべてのアウストラロピテクス類の中で最も興味深いものである。これらの「強健な」形とは、幅が広く盾のような顔と大きな奥歯と、硬い食物に適応した力強い顎の筋肉を固定している頭蓋の正中線に沿った大きな隆起である。

ヒト属のいくつかの種の認識に関し、大きな論争が起こっている。現代の解剖学的、生体力学的研究は、現代の人間におけるバリエーションの範囲がこれらの化石種よりも広いことを示している。多くの科学者はヒト属の7つの種を、どの個体群にも通

人間の先祖たち

人類の系統樹は、化石の単一グループの分類学的に限られた観点を示しているという点で、むしろ貧弱であるように見える。さらに、人類にはあまり多様性はなく、その化石は非常に稀である。なぜなら証拠はとても乏しく、どんなに良い系統樹も要点やつながりの多くは議論の的である。主な区分は、小さな脳を持つアウストラロピテクス類と大きな脳を持つ完全二足歩行のヒト属の間で分けている。

1 チンパンジーから分岐
2 アウストラロピテクス類の分岐と放散
3 強健なアウストラロピテクス類の出現
4 ヒト属（*Homo*）の初期の種の出現
5 必要な二足歩行の習得
6 ホモ・サピエンスの亜種の分岐
7 ネアンデルタール人と現代の人間の共生
8 ネアンデルタール人の絶滅、または現代の人間の遺伝子プールの中に隠れてしまう。

足を前に

知能と手足の器用さの他に人間で最も特徴的なのは移動の際の二足歩行であり、それはサバンナの環境に適応するために重要であった（左参照）。胴上部を垂直に引き上げ、脚の真上に位置させるために、臀部の筋肉は体重をそのような位置に持ち上げるのに十分なくらいの大きさがなければならない。従って、人間の臀部はチンパンジーやゴリラの臀部よりもはるかに大きいのである。こうした筋肉の配置はヒト科の骨盤の比較解剖学に反映されている。人間の骨盤は、他のヒト科のものよりも鉢形になっている。

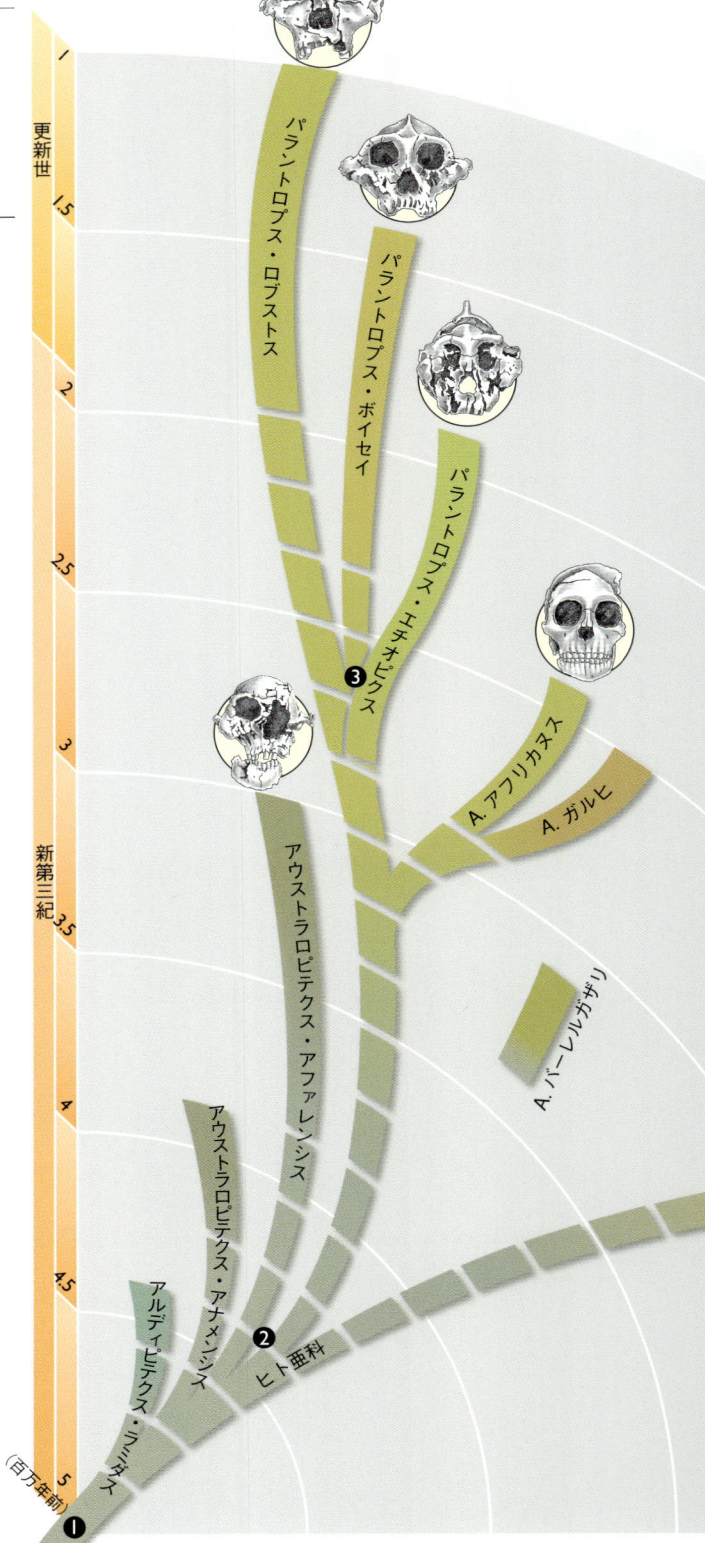

ステップのバネ

ゴリラの足（左上）は足指が人間のものよりも長く，末広がりに放散して物をつかみやすい親指があり，アーチはない．人間の足（左下）はアーチがよく発達しており，機能的に重要な構造をしている．人間においては，全体重が2本の足にかかる．ゴリラにおいては前足とに分散される．人間のアーチの機能はバネのようなもので，エネルギーを吸収し足にかかる圧力を減らすものである．

末広がりに放散した親指
アーチ

力強い顎

オスのゴリラは頭骨の上に突起した矢状の隆線（正中線の隆起）がある．これは力強い顎の筋肉を固定させるためのものである．著しい眉の隆起（正確な機能はまだ十分わかっていない），大きな顎，大きな犬歯は猿と人間の食生活や進化の相違を反映している．

大きな脳

ホモ・サピエンスの頭蓋骨の容量は2000 ccまである．これはゴリラのものよりもはるかに大きく，最初のヒト属からは2倍以上になった．人間の脳は単に猿よりも大きいだけでなく，明らかに組織的に異なる．特に大脳皮質（前脳）は言語の使用と関係がある．

ゴリラとチンパンジーは「指背歩行（軽く拳を握った形で，指節骨の背面に体重をかけて歩く動作）」

正確な握り

ヒト科の化石の骨は，親指を手の他の指に向かい合わせられる可能性が次第に高まったことを示している（上）．この「正確な握り」の発達が霊長類の中で人間を最も器用にさせた．親指を他の指に向かい合わせられるには強い筋肉を必要とし，人間特有の親指の「付け根の膨らみ」を与えた．

親指が他の指に向かい合わせられる

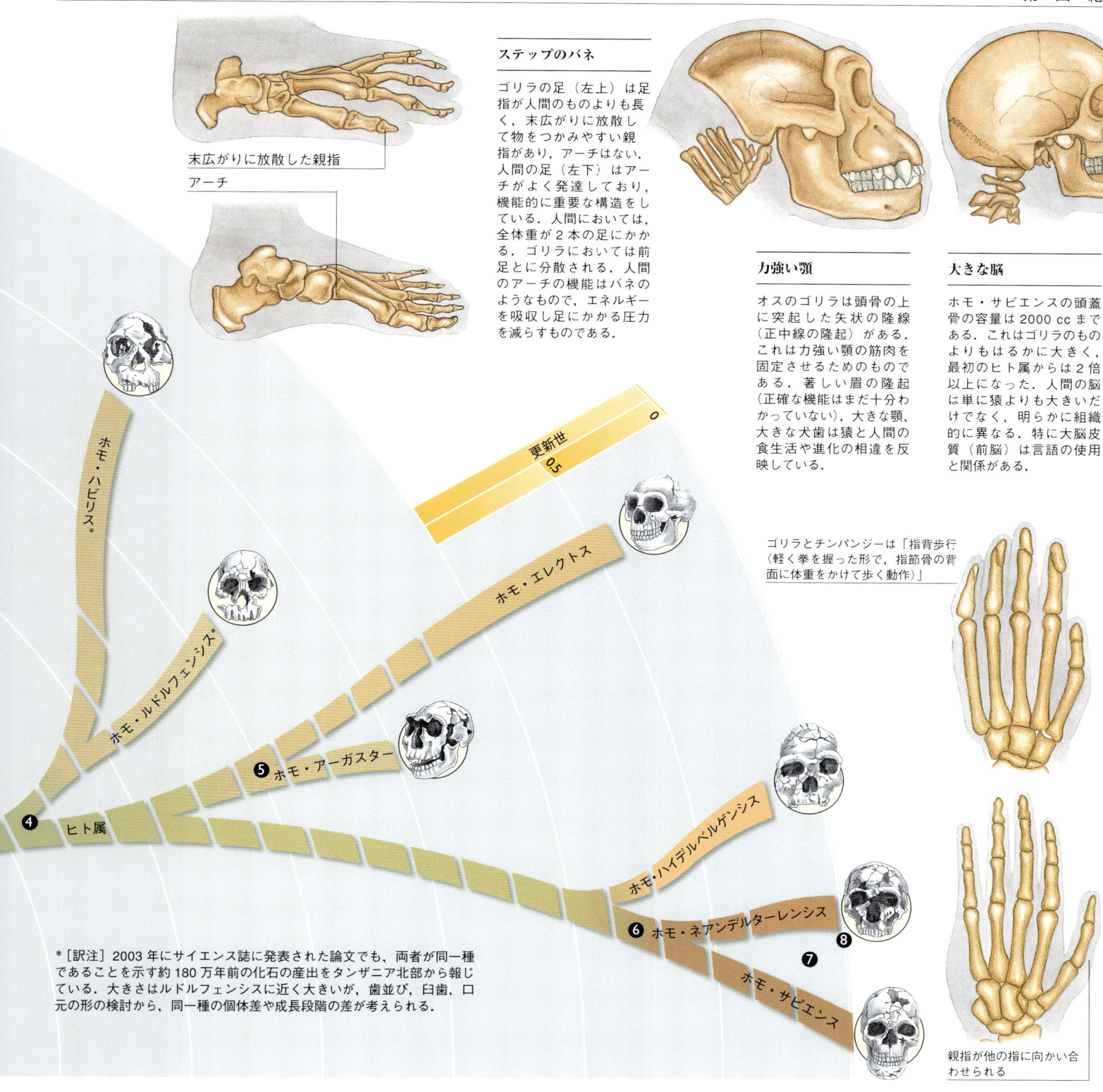

*[訳注] 2003年にサイエンス誌に発表された論文でも，両者が同一種であることを示す約180万年前の化石の産出をタンザニア北部から報じている．大きさはルドルフェンシスに近く大きいが，歯並び，臼歯，口元の形の検討から，同一種の個体差や成長段階の差が考えられる．

常見られる解剖学的な普通のバリエーションの単なる地理的な異型であるとみなしている．分岐論分析は，一般的に認識されているヒト属の派生（解剖学的構造における発達）に関し，次の順序を示した．ホモ・ハビリス（Homo habilis），ホモ・ルドルフェンシス（H. rudolfensis），ホモ・エレクトス（H. erectus），ホモ・アーガスター（H. ergaster），ハイデルベルク人（H. heidelbergensis），ネアンデルタール人（H. neanderthalensis），ホモ・サピエンスである．

ホモ・ハビリスとホモ・ルドルフェンシスはケニアのトゥルカナ湖とルドルフ湖から産出し，240万年前から150万年前のものとされ，多くの人類学者は彼らを同一だと考えている*．ホモ・ハビリスは確かに我々の系列の最初のヒトであり，一方ホモ・エレクトスは地理的に広がった最初のヒト種であった．アフリカには類似した種類のホモ・アーガスターがおり，やはり同じ動物であると考えている人類学者もいる．スペインにおける最近の発見により，ハイデルベルク人（78万～50万年前）がホモ・エレクトスとホモ・サピエンスの間の中間の形であるとされた．それらはホモ・エレクトスよりももっと由来を明らかにするが，たぶんホモ・サピエンスのネアンデルタール亜種の先祖となる人間独特の放散があったことを示している．ネアンデルタール人は，力強いが幅の狭い顎や，厚い眉の隆起，幅の広い鼻の穴，頭骨の後にある突起，強力な奥歯を持っている．これらの特徴に見られる発達レベルが現代の人間の個体群に見られる範囲をはるかに越えているため，ネアンデルタール人は現代のヒトとは別の亜種であったことを示唆している．

完新世

1万年前から現在まで

　更新世の急速な気候変動のようには，現代の条件は典型的なパターンを示すものではなくなっている．地球は現在，間氷期のただ中にある．それは次の氷河期がおよそ5000年から1万年のうちに始まるということを意味している――我々人間の活動が，氷河期が来ないほどに地球環境のバランスを乱してしまったと証明されなければであるが．地球の歴史の中で完新世（Holocene）を独特なものにしているのは，人間による農業と工業の活動によって引き起こされた空前の急速な変化である．

　未来の気候を予測する上での問題の1つは，必要とされる時間的尺度にある．気候についての正確な調査は17世紀半ばに始まったばかりであり，気圏についての直接の調査はここ数十年のものしかない．地質学上の記録が示すように，気候，地圏，水圏の途方もない変動は，これより短い期間の中でも起りうる．長期間にわたって集められたデータなしでは，長い期間における進展について何かを言うのは不可能である．しかし，人間によって地球上の生命が脅かされていることは明らかである．

　更新世の終わり――したがって完新世の始まり――は，たいてい北半球の大きな氷床がほぼ現在の範囲まで融解したと見なされている．それはまた，ほぼ同時に起きた海水面の上昇という要素も含んでいる．このことは，更新世がおよそ8000年前に終わったことを意味するだろうが，この境界となる時期についてはいくつかの議論がある．更新世と完新世の境界は海水の温暖化の中間点に位置すべきであるとも考えられており，その考え方に従えば，（更新世の）氷河期は1万1000年から1万2000年前に終わっていたということになる．こういった議論にもかかわらず，古い末端堆石（terminal moraine）の炭素14（^{14}C）年代測定結果は，完新世において寒冷期間が周期的に再発したことを示している．別の言い方をすれば，完新世は間氷期の1つなのだ．気候の不安定は，氷河期の終わりとより暖かい間氷期の成立を特徴づけるものであり，気圏と水圏と生物の地球規模の体系の間における精巧なバランスと，それが太陽系の乱れの影響を受けやすいことを示している．例えば，太陽黒点の活動が最も少ない時期と地球の寒冷な時期との間に強い相互関連があることは今日ではよく知られている．北半球において記録された寒冷で乾燥した時期は，1540年から1890年の間に起こった．当時の気温は今日よりたいてい2度から4度低く，作物の不作を引き起こし，北ヨーロッパの主要な河川の一部を凍らせるには十分であった．この気温の違いは，現在の地球温暖化の傾向によって少しばかり強調されているかもしれない．

　北半球にある更新世の巨大な氷床が解けて後退するごとに，海水面はめざましく上昇し，それは地形と風景に非常に大きな変化を引き起こすという追加効果もあった．最後の氷河期以降，この効果がとても顕著に現れている場所の1つはアマゾン流域である．南アメリカ大陸の北東海岸沖合には，以前は空気にさらされた陸上の動物たちの生息地があったのだが，大西洋の上昇によって水浸しにされ，今日のように120 mの深さにまで水没してしまった．

　イギリス諸島は完新世の大半を通じて，今とほぼ同じ姿であった．北極の氷床の融解は海水面を上昇させ，イギリス海峡という深い海域が再びイギリスの島々とヨーロッパ本土との間に

比較的暖かく，しかし寒冷期が繰り返し訪れる完新世は，間氷期とみなすのがふさわしい．

キーワード

生物多様性

生物地理界

バイオーム（生物群系）

遺伝子プール（遺伝子給源）

地球温暖化

温室効果

KT境界事件

大量絶滅

オゾン層

遺存種個体群

完新世	更新世	10000（年前）	9000	8000	7000 完新世	6000
気候		氷河時代の終わり		大陸氷河の消滅		
農耕（アフリカ）				サハラでの畜牛飼育●		●ナイル渓谷での耕作
			ウシの家畜化		最初のブドウ	
農耕（近東／ヨーロッパ）		●ヒツジとブタの家畜化	●バルカンへの耕作の広がり		●メソポタミアで灌漑はじまる	
		肥沃な三日月地帯での小麦，大麦，豆栽培				
農耕（アジア）			北中国でのキビ栽培	●インダス渓谷での農耕と動物の家畜化		
			南中国でのコメ栽培	ニューギニアでのヤムイモとタロイモ		
農耕（南北アメリカ）		●メキシコでのカボチャ栽培			●中央アメリカでの最初のトウモロコシ栽培	
生態の変化	大量絶滅			降水の増加でサハラは再び居住可能に		
		温帯森林の拡大				

立ちはだかった．その結果としての孤立は，イギリスの動物たちにヨーロッパの動物とは違う進化を始めさせたが，地質学上の時間においてたった1万年という極めて短い期間のため，劇的な変化は未だに現れていない．

今日の気候はまだ氷河期の終わりと間氷期の始まりに典型的なものである．現代の状況は，堆積物，地球化学，同位体，化石の分析によって集められたデータによって構成される最新の地質学的な過去の状況と比べられるだろう．現在の間氷期は，世界の生物相に大きな効果をもたらした．しかし，過去1万年の間，人間の影響が気候効果の影響に追加され，いくつかの変化を生み出した．例えば，完新世の前半，人間による森林の伐採は，西ヨーロッパの一面に広がる湿地の形成をもたらした．地中海の周りには，ここ数千年間に人間がどれだけのオーク林地を伐採してきたかを示す証拠がある．これは，この地域の気候に起こりうる効果を覆い隠してしまう傾向があり，そのため，どの効果が自然による原因を持ち，どの効果が人間による原因を持っているのか区別することは難しい．

> 気候の変動のいくつかは現在の間氷期に起因するが，人間の活動による先例の無い効果も考慮に入れなければならない．

そうした地域のデータは，過去5000年間，世界が全体的に寒冷化してきたことを示しているが，この傾向は単純な漸進的パターンによるものではないことも示している．それはいくつかの段階を経て起こったのである．ヨーロッパにおけるこうした突然の寒冷化のうち，最も著しいものの1つは紀元前500年に起こり，すべての地域において泥炭湿地の形成の急激な増加を引き起こした．この出来事は多くの湿地の層序学的な側面に永久に消えない印を残した．黒く酸化した泥炭が，急速に成長した湿地に典型的な，ほとんど腐敗していない植物類によりいきなり取って代わられたのだ．こうした層序学的な指標は，数千年間の近い過去に起こった気候と生物学的な相互関係の過程を理解するために有益である．不運なことに，これらの指標は環境の状況の中でも極めて地域的な変化についてだけ示す傾向があり，また地域的な排水のパターンに伴なわれていることが多い．もっと有益なのはグリーンランドの氷床コアから取れる酸素同位体（oxygen isotope）で，これは広い地域の気候の状況を正確に立証してくれる．

過去5000年以上にわたり次第に寒冷化した気候の生物学的帰結は，植物と動物の分布の変化に見られるかもしれない．例えばヨーロッパでは，ハシバミのような植物は，今日よりもはるか北にまで広がっていた．動物も同じような影響を受けている．イリエガメ類（pond terrapin）は明らかに北西ヨーロッパにとても広く分布していたので，非常に南の限られた分布しかない現在とは対照的である．長い期間にわたってかなり大きい人間の集団が存在した地域では，こうした植物相や動物相の範囲の減少は，気候の結果なのか，単純に人間の介入によるのか，確かめることが難しい．ヨーロッパの場合には，現代人とネアンデルタール人の最初の集団から数千年後の古代文明による影響が一考に値するだろう．

大型の肉食哺乳類は，純粋な気候変動の結果としてはほとんど分布に変化がないが，過去1万年間に世界のほとんどすべての地域で，人間の活動に影響を受けてきた．ヨーロッパでは大型のネコは約3万5000年前に絶滅した．ヨーロッパに生き残っている野生ネコの最大のものはイベリアヤマネコ（Iberian lynx）で，その体高はわずか40 cmにすぎない．クマやオオカミはほとんど存在せず，わずかな例外は最も東の地域のいく

比較的新しい時代の年代測定

木の年輪は，近い先史時代を分析するのには有力な道具だ．年輪年代学（dendrochronology）の技術は，過去数千年の時間順序を標準化するための，生きている木と死んだ木の年輪の比較と対比に依存している．個々の輪の相対的な厚さは成長する時期とその状態を忠実に記録している．例えば環境が過度に過酷だったか，間にある冬が特に寒かったか，といったことである．岩石の層に比べ，年輪はきわめて短い期間についてしか有用でないが，それは完新世の大半について正確な年代記を提供してくれる．

参照

新第三紀：草原，草食動物，陸橋
更新世：氷河時代，人類
第Ⅰ巻：プレートテクトニクス，大陸漂移説（大陸移動説）
第Ⅱ巻：大地溝

PART 6

宇宙からの脅威

隕石の衝突による衝撃クレーターは，これまでに世界中の100か所以上で見つかっている．これらの中で最大の，直径10kmのものは，6500万年前，白亜紀の終わりにメキシコのユカタン半島に衝突し，直径180kmのクレーターを残し，世界中に大量絶滅を引き起こしたと信じられている．ここに示すクレーターはアリゾナの砂漠にあるもので，はるかに小さく，衝突による衝撃もはるかに地域的なものだったであろう．未来の衝突によって引き起こされる荒廃は，隕石の大きさとそれが落下する地点によるだろう．最も小さければ，その破壊力は火山の爆発によるものと同じぐらいだろう．それは以後数か月にわたって大陸中の気候のパターンを混乱させる．現在，天文学者たちは地球の近くを通る隕石の軌跡をたどり，その1つが衝突するかどうか，するとすればそれはいつかを予測しようとしている．もしそれが予測されたとしても，衝撃を避けるために何がなされうるかは未だ明確ではない．

今から5000万年後

北アメリカでは，サンアンドレアス断層と関連した引き続く大規模な地域的な活動が，南カリフォルニアの分裂と北への漂移を引き起こし，ついにはアラスカと衝突するかその近くにまで行く．

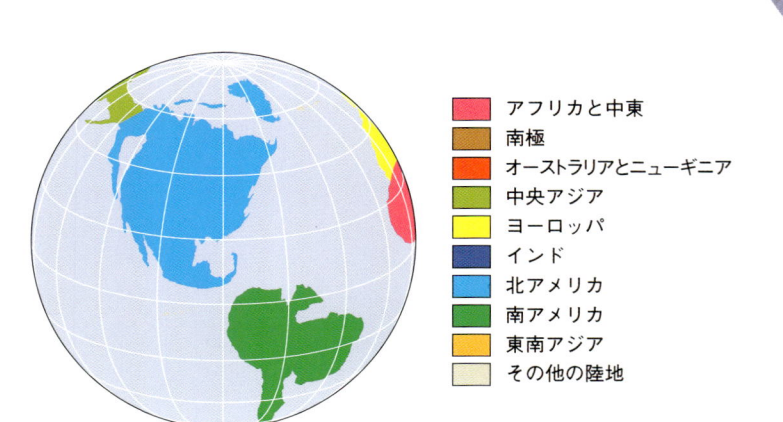

つかの個体のみである．世界中でも，ゾウやライオンやホッキョクグマといった大型動物は，人口がまばらな地域だけに生き残っているにすぎない．近年最も優勢な大型動物は人間である．けれども，人間は哺乳類であり，化石記録が示しているように，哺乳類の1つの種が400万年以上生きのびることは稀なのである．

過去の大陸プレートの移動として知られているものから推定することは，世界の未来を予測するのに役立つ．これに基づき，地質学者はこれからの変化を予測できると期待するかもしれない（もちろん，事態がかつてない変化──例えば巨大な隕石の落下──をする可能性は常にあるわけだが）．約3000万年後には，カリフォルニアのサンアンドレアス断層における大陸地殻の裂片の運動が，ロサンゼルスをサンフランシスコと同じ緯度にまで持っていき，最後にはアメリカ合衆国の州の大半がアラスカと衝突するまで北へ漂移し，ぎくしゃくと進みながらカリフォルニアのような半島を形成することになるだろう．この衝突は，北アメリカの西海岸全域からはるかロッキー山脈にまでわたる新しい山脈を隆起させ，同時に衝突の力によってアラスカにはヒマラヤ級の山脈ができるだろう．その間，古い山々は浸食によってずっと低くなるだろう．これらの山にはアパラチア山脈やロッキー山脈が含まれる．それからの1000万年間，ロッキー山脈の東にあたる地域には雨が多くなる．

大西洋中央海嶺に沿った大西洋の拡大により，北アメリカはアフリカと西ヨーロッパから遠くへと押しやられる．アイスランドはその海嶺の「ホットスポット」の上で一直線に並ぶ火山島の連なりの1つになるだろう．また，中央アメリカ陸橋も断片化して分散し，大西洋と太平洋のつながりを再確立する．この出来事は地理以上の変化をもたらす．北アメリカ東部と西ヨーロッパの間で暖流を循環させているメキシコ湾流が乱されるために，これは西半球の気候に強い影響力を持つことになる．太平洋からの冷たい水がこの系に入ってくるかもしれない．地球温暖化と北極の氷の融解によってあり得る結果として，この地域の海水面が上昇するにつれ，アマゾン川とパラナ川の盆地が水浸しになり，この地域の熱帯雨林が再生するだろう．

他方では，これに続く大西洋の拡大は，大西洋の暖かく塩分の多い水と，北極の冷たく塩分の少ない水との循環を増大させる．現時点では，北極海はかなり陸地に囲まれた海であり，その塩分は周囲の河川からの真水の流入によって常に低く保たれている．その結果として，北極点の上には常に氷冠が浮かんでいる．大西洋の拡大により，より暖かく塩分の多い水が循環することになり，永久的に浮かんでいる氷の形成を妨げることになる．永久的な氷冠がなくなれば，極北の気候は今日よりずっと温暖になるだろう．西ヨーロッパは大西洋が拡大するにつれ，ライン川デルタの堆積物によって北海を埋めながら，東に押しやられることになる．地中海は，アフリカが北へ押しやることによって完全に消滅し，非常に高く，激しく褶曲するヒマラヤのような山脈によって覆われるだろう．同じように，東アフリカは分裂して北へと漂移し，イランに衝突してもう1つの高い山脈を形成する．大地溝の間にあるアフリカの一部は，部分的に水没した台地となり，孤立した部分が今日のセイシェル（Seychelles）のような「島」として現れるだろう．現時点で若いヒマラヤ山脈は，インドがアジア大陸の端の下に沈み込み続けるため，依然として高いままであろう．高くなった海水面はガンジス平野とインダス平野を水浸しにするため，インドはより半島のようになるはずである．オーストラリアは東南アジアと衝突するまで北に移動し，アジアとの間に険しい山々をつくり，新しい超大陸であるアフリカ-ユーラシア（Africa-Eurasia）の非常に広大な陸塊を完成

> 100万年は地球の歴史の長さにとってはほんの一瞬の間でしかない．今から5000万年後，世界はどのようになっているだろうか．

完新世

太平洋

- アフリカと中東
- 南極
- オーストラリアとニューギニア
- 中央アジア
- ヨーロッパ
- インド
- 北アメリカ
- 南アメリカ
- 東南アジア
- その他の陸地

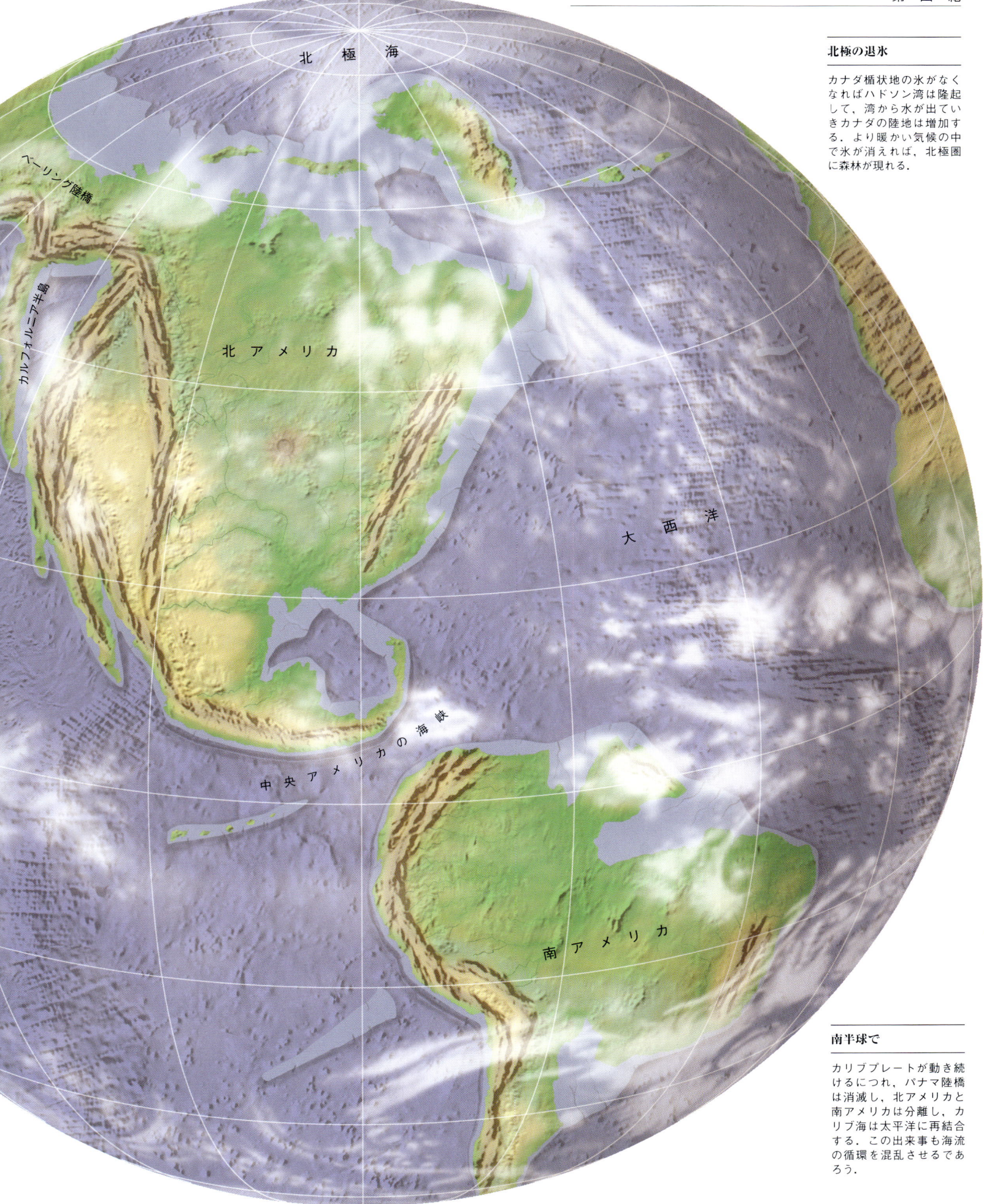

第四紀

北極の退氷

カナダ楯状地の氷がなくなればハドソン湾は隆起して，湾から水が出ていきカナダの陸地は増加する．より暖かい気候の中で氷が消えれば，北極圏に森林が現れる．

北極海
ベーリング陸橋
カルフォルニア半島
北アメリカ
大西洋
中央アメリカの海峡
南アメリカ

完新世

南半球で

カリブプレートが動き続けるにつれ，パナマ陸橋は消滅し，北アメリカと南アメリカは分離し，カリブ海は太平洋に再結合する．この出来事も海流の循環を混乱させるであろう．

キリマンジャロ山

キリマンジャロの火山はアフリカの最高峰であり、更新世の間に東アフリカの大地溝帯の分裂によって形成された．このことはこの山を地質学的年代においては比較的若い山としており，分裂が起こっている地域で典型的なように，キリマンジャロはごく最近まで活火山であった．

完新世

もし温室効果が次の氷期の到来を妨げないのならば，また氷河期が起こるだろうか．もしそうなれば，この惑星上で最も豊かないくつかの国々の主要な工業地域や食料生産地域に氷床が再び下がってくるので，最も影響を受けるのは北半球になるだろう．これらの国々を気候条件から守るのに十分なほど，技術が発達するかもしれない．南極の厳しい気候に耐えられる研究ステーションは，それが可能なことを示している．それでも，西ヨーロッパ，スカンジナビア，ロシア，そして北アメリカの農業と生活は苦しくなるだろう．

現代のアフリカは，地殻運動によって引き起こされる進行中の変化の劇的な場面を見せてくれる．アフリカ東部は，独特な地形，構造の重要性とそれに伴う火山活動によって，1920年代には地質学者たちの興味を惹きつけた．南アフリカ内陸部は，非常に海抜が高く広がった地形をもつ古くて平坦な高原である．カラハリ（Kalahari）盆地は海水面より低いが，南アフリカの主要部分は海抜2000 m 以上である．この巨大で高い広がりは，ほとんどの国々の地質学者たちの注意を引いてきた，さらに有名で印象的な地質学的特色によって特徴づけられている．それはアフリカ大地溝系（African Rift Valley system）である．

> 未来のアフリカの分裂の兆候は，断層運動の産物である東の大地溝帯において既に明白である．

「大地溝」（rift valley）という用語は，1921年にグレゴリー（J. W. Gregory）によって導入された．彼は東アフリカの大地溝を，断層の産物として認識した人である．彼はこの用語を，正断層の間で押し下げられた細長い地帯として，または平行な階段状に続く断層群として定義した．平行断層地帯はおよそ50～80 km 離れて存在し，押し下げられた中央部分は約3000 m 下に動かされている．

アフリカ大地溝は，紅海の端から南へ3000 km，エチオピア，ケニアとタンザニアを通り，アフリカ大陸プレートの岩石圏の長い裂け目となっている．西側の弧はスーダンの南側国境にはじまり，アルバート湖，エドワード湖，キヴ湖，タンガニカ湖，ルクヮ湖，そしてマラウィ湖によって占められており，これらの湖は断層沿いに最も深い谷のいくつかを水で満たしている．この地域で最も有名な陸上の目標の1つはキリマンジャロ山で，海面から5900 m の高さにそびえている．

現代の大地溝は，岩石圏の大きなドームや長い起伏の曲隆であるかもしれない隆起した地殻と密接な関係がある．大地溝帯の断層群の幅50～80 km は，裂かれた地殻の厚みとほぼ同じである．通常，大地溝は「段状」に現れ，頻繁な浅発地震を引き起こす主要な正断層群により境界されている．マントルから湧き上がる溶融した物質によって生み出される高温の噴出を伴う温泉もまた存在するかもしれない．マントル物質が上昇すると，岩石圏は膨らむ．表面の地殻は延び，そして裂け開き，大地溝を形成する．

東アフリカの大地溝形成（rifting）は，アラビアがアフリカから分離し始めた第三紀にまでさかのぼる，地域的プロセスの一部分である．東アフリカの大地溝は，紅海やアデン湾（Gulf of Aden）を含む三重会合点の一部である．今から数千万年後には，東アフリカ大地溝はアフリカが完全に分裂する分かれ目の地帯になる可能性も高い．紅海がアラビアとアフリカの間を水浸しにするにつれ，インド洋はその2つの間に広がっていき，細長い延長部分を形成するだろう．

川沿いの石器時代遺跡における大量の石器発見

第四紀

大地溝系において，火山岩は通常，外側に向かった台地状の流出によって噴出される．その1つの例は，エチオピア高地の多くを形成しているトラップ玄武岩（Trap Basalt）である．ケニアの東部の大地溝と直接関連していると見なされる岩石の総量は，この地域におよそ60万km^{3}あると見積もられており，エチオピア高原にはさらに多くの量がある．大地溝系にある最も古い火山岩はエチオピアのものであり，約3000万年前のものと測定されている．これらの火山岩は計り知れない重要性を持つものであることが証明されている．なぜなら同位体分析と放射年代測定という地球物理学の技術によって，極めて正確な年代を特定することが可能であるからである．これらの火山岩の年代測定は，その地域の堆積岩の中で見つかった化石について，明確に定義された層序学的年代論を提供してくれる．大地溝での噴火，隆起，浸食といった地質学的状態は，数百万年前のものと測定される化石生物の層を，保存したり露出したり交互にくり返して来た．大地溝系の一部である南エチオピア，北ケニア，北タンザニアでは，ヒト科や他の動物相の化石が発見されてきた．そして前者の標本は，解剖学上の現代人の初期の起源について新たな光を当て，基礎的なデータを提供した．

鮮新世・更新世以降，大地溝の断層作用で沈降した地域に形成された湖は，人間の居住にとって魅力的な場所となった．当時も今も，水の供給は植物を支え，豊かな水たまりで水を飲みたい周辺の野生動物を惹きつけた．こうした地域は常に大型動物の集まる場所となる．それに加え，これらの湖やもっと小さい水たまりは，沈殿物が堆積する，地理学的には不可欠な地域だった．湖の底の堆積物は，何千年ものあいだ人の手が触れないまま保たれ，動物たちの遺物をきわめて良好に保存した．遺体が速やかに埋まるほど保存も良好になる．大地溝の火山噴火による火山灰の層も，その保護に役立つ．現在のトゥルカナ湖（Lake Turkana）は300km以上の長さがあり，幅はイギリス海峡（English Channel）と匹敵し，一般に乾燥した大地溝東側の部分よりも大きな盆地を水で満たしている．この湖は，アウストラロピテクス類ヒト科最古のものである400万年前のアウストラロピテクス・アナメンシス（Australopithecus anamensis）が水を求めて行ったかもしれない古代の湖の近くに形成された．

> 火山岩は大地溝帯（グレートリフトヴァレー）に豊富であり，その地域における人類の起源を探るのに重要であった．

初期と後期

（下）興味をそそる化石の一そろいがケニアのオルドヴァイ小峡谷（Olduvai Gorge）とトゥルカナ湖（Lake Turkana）のほとんど中間に位置するケモイグト（Chemoigut）層から見つかった．（1）その累層の岩石は150万年前に堆積したものである．ワニとレイヨウの化石は湖畔の堆積物の中では普通のものであり，初期のオルドワイ石器も存在する．（2）25万年前の火山灰の地層がその地域を深い堆積物の下に覆い，雨水の水路に沿って切り込みを入れた．これらの水路に沿って見つかった手斧は，後期旧石器時代（"石器時代"）の発達したアシュール文化のものである．（3）およそ5000年前，大地溝の現在の風景が形をとりはじめた．骨や人工物は，その頃までに石器を生産する「工場」産業が稼動していたことを示唆している．

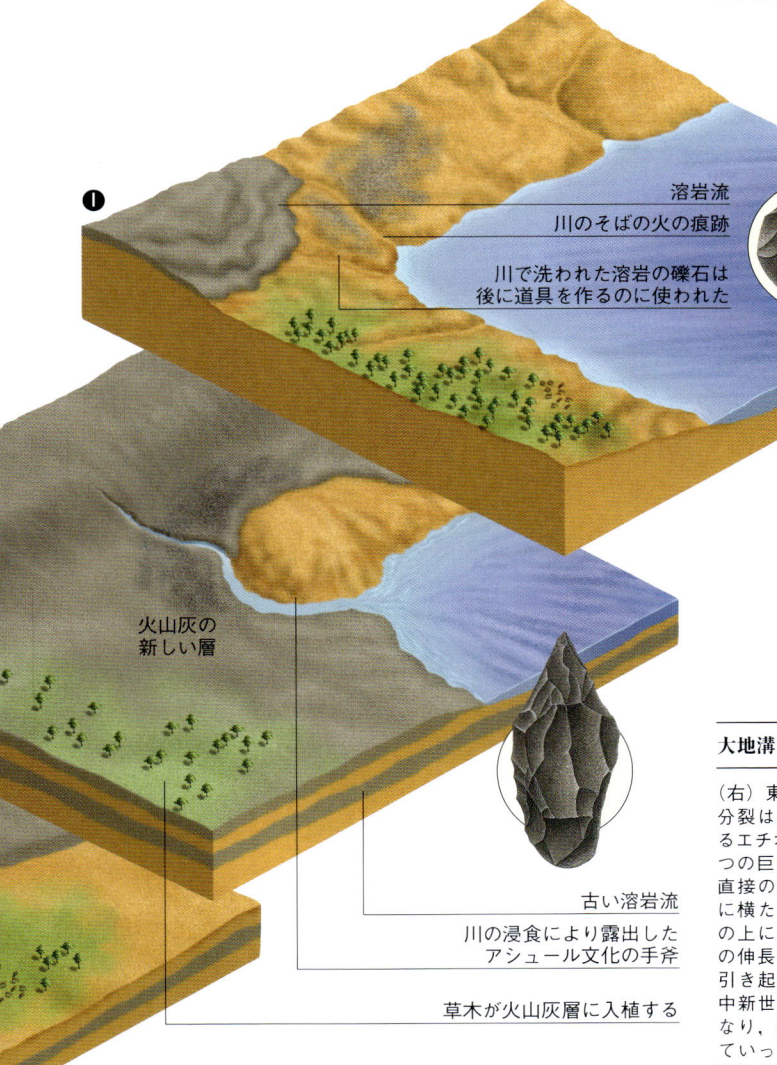

大地溝

（右）東アフリカの地殻の分裂は，新第三紀におけるエチオピアとケニアの2つの巨大なドーム形成の直接的な結果であった．上に横たわる地殻がドームの上に広がるにつれ，その伸長が大地溝の形成を引き起こした．それらは中新世以降，徐々に深くなり，堆積物と水を貯めていった．最初のヒト科動物が住んだのはこれらの湖のほとりであり，彼らの化石はその堆積物の中に保存された．

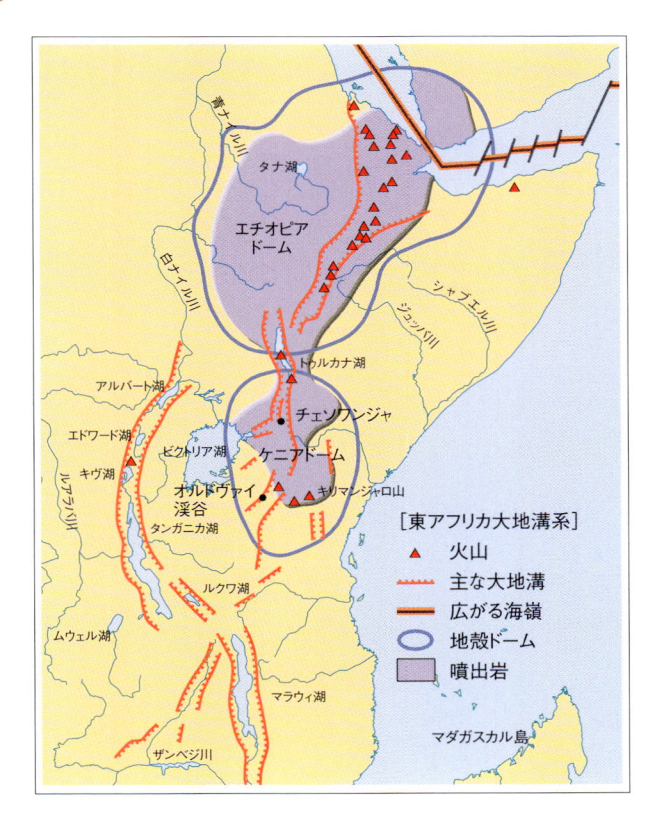

溶岩流
川のそばの火の痕跡
川で洗われた溶岩の礫石は後に道具を作るのに使われた

火山灰の新しい層

古い溶岩流
川の浸食により露出したアシュール文化の手斧

草木が火山灰層に入植する

[東アフリカ大地溝系]
▲ 火山
主な大地溝
広がる海嶺
地殻ドーム
噴出岩

完新世

PART 6

南アメリカで継続している地質構造上の運動は，非常に独特な風景をつくり上げた．南アメリカの西海岸全域にわたって延びているアンデス山脈は，北はカリブ海からはるか南のスコティア海（Scotia sea）まで，およそ1万kmの長さにわたり，世界で最も長い連続した山脈となっている．この巨大な山脈は約400 kmの幅を持ち，最高で海水面から約7000 mの高さを持つ．チリとアルゼンチンの国境にあるセロ・アコンカグア（Cerro Aconcagua）は6960 mあり，この大陸で，また西半球中で最も高い山である．

> 南アメリカの
> 西海岸全域に沿って，
> 造山活動は今なお
> 進行中である．
> アンデスは世界で最も
> 若い山脈の1つである．

他のすべての特徴にもまして，アンデス山脈はとても高く非常に活動的な火山の数がきわめて多いことによって特徴づけられる．地球が赤道のところで膨らんでいるため，エクアドルの巨大なコトパクシ火山（Cotopaxi）は5897 mという控えめな高さだが，海抜8848 mのエベレスト山よりも地球の中心からは離れている．

ほとんどの山脈は大陸どうしの衝突の産物だが，アンデス山脈は南太平洋の海洋プレートと南アメリカの大陸プレートの間の沈み込みの結果として生じ，今日でも上昇し続けている．

主要な地質構造系は南北方向に北アメリカ，中央アメリカ，南アメリカの西側に沿って延びており，北のフアン・デ・フカプレート（Juan de Fuca plate）から始まっているが，そのプレートは北アメリカ西海岸の造山運動や地震と結びついている．この長い海岸の範囲が衝突の境界区域であり，ここでは太平洋の海嶺の拡大によって海洋プレートが大陸の端に押し下げられている．ナスカ海洋プレート（Nazca ocean plate）の南アメリカの下への沈み込みが，アンデス山脈形成の主要な原因である．ココスプレート（Cocos plate）と南極プレート（Antactic plate）の北方へと南方への動きもその原因に含まれる．

アンデスの
コルディレラ山系

南アメリカプレートの西端の下へのナスカプレートの沈み込みが，アンデス山脈を形成している（左図）．海洋地殻と海水は非常に深くへと押し込まれ，そこでそれらは周囲の物質より軽いマグマへと溶け込んでいく．沈み込んだ物質は大陸地殻の端を押し上げて上昇し，火山として噴出する．この山脈は異常に幅が広い．なぜならプレートは極めてゆるい角度で沈み込むので，火成活動の中心が200 km内陸へと移動するからである．

第 四 紀

南のプレートが南アメリカプレートの西端の下にある岩流圏（アセノスフェア）の上方の広がりの下へと湾曲していくと，これらの海洋地殻の一部の構成要素である鉱物は，非常に深いところで次第に溶かされていく．これらの鉱物は，マントルの主要部分を作り上げている鉱物よりも密度が低く，それゆえ軽い．鉱物は，溶けるにしたがってマントルの深いところから浮かび上がり，南アメリカプレートの端に集まって溜まっていく．この過程は大陸のはるか内陸部，約 800 km の彼方にも広がっており，このことがアンデス山脈の普通でない幅広さを説明してくれる．ついにはこれらの熱く液状のマントル物質は，深く沈み込んだ太平洋地殻から出て，南アメリカプレートの上方の大陸地殻を経て，火山として噴出する．北西のセントヘレンズ山からモントセラのカリブ島まで全コルディレラ山系を通じてこれらは今なお活動しており，1990 年代後半，チリ南端の火山に至るまで，アンデス全域に渡って一年中火山灰を噴出し続けた．

アンデス山脈はその名を溶岩の一種に与えている．安山岩（andesite）というその溶岩は，この地域で最も普通に噴出するタイプの溶岩であり，ここの地殻上部の主要な構成要素となっている．安山岩は肌理の細かい火成岩であり，ある条件下でマグマが地殻上部において結晶化して形成され，火山の大爆発にともなって出現する．粘性が低く，よりゆっくりと動くハワイの火山の玄武岩の溶岩は，速く流れるというよりもだらだらと流れ出る傾向がある．

アンデス山脈のもう 1 つの地質学上の特色は，巨大な花崗岩のバソリス（底盤）—「深い岩」—の存在である．これは地殻の最上層の深部に位置する，古代のマグマの巨大なしずく状の岩体である．これが安山岩の溶岩を生みだす部分的な溶解が起こる場所でもある．南アメリカ南端のパタゴニア・バソリス（Patagonian Batholith）は，およそ 1000 × 1000 km ある．一方，オフィオライトとして知られる古代の海洋底の断片は，大陸の衝突によって生みだされた山脈に典型的なものであるが，アンデス山脈では稀である．なぜなら，海洋底は持ち上げられるかわりに大陸の端の下へと押し込まれたからである．アンデス山脈のバソリスの年代測定は，この地域の沈み込みが約 1 億 3000 万年前，白亜紀初期のいつかにはじまったことを示している．これは南大西洋の海嶺が形成されはじめ，太平洋はそれに応じて大きさが縮み，太平洋海洋底が南アメリカに収束を始めた時期である．

カリブ地域は大西洋地殻中央部に太平洋海洋地殻の乗り上げた部分として形成され，今は南アメリカの北，小アンティル諸島の東に広がっている地帯に沿っている（小アンティル諸島はヴァージン諸島からベネズエラ沿岸にかけて広がる）．そうして形成された小さなプレートはカリブプレート（Caribbean plate）と呼ばれている．大アンティル諸島——キューバ，ジャマイカ，プエルトリコ，およびヒスパニオラ——はアンデス山脈の北東への延長であり，南アメリカ大陸の北岸を越えてカリブ海に延びている．小アンティル諸島はもっと後に形成された火山脈（volcanic chain）だが，両者ともアンデス山系と複雑につながっている．

> 今の地球を形成する最後の特徴の 1 つとして，カリブ地域は短命な現象となりそうである．

更新世を通じた氷河期と間氷期の間，氷床が海洋から水を取り去ったため，海水面は 130 m も下がった．しかし北極の氷冠の融解がこれらの高地の多くを水浸しにするにつれて海水面は上昇し，島々と古いコルディレラ山系の部分が露出されたまま残った．大アンティル諸島は，この地域に特有の巨大な石灰岩層の浸食によって形成された，特徴的なカルストの景観を見せている．岩石の風化作用は熱帯地方では極めて急速である．そこでは高い湿度と降水量が，岩石の上にあるどんな植物でも腐食を早める．落ち込み穴はカルスト景観のもう 1 つの特徴であり，しばしば 100 〜 300 m の直径に達する．さらに大きい陥没はコックピット（cockpits）として知られており，これは 200 m までの深さを持ち，ジャマイカのコックピット地方に見られる．ジャマイカとキューバのカルスト景観は上昇する海水面によって氾濫し，鍾乳石と石筍に飾られた，海につながる地下洞窟の迷路を生み出した．高度に分化した光を嫌う生物相が，これらの海洋洞窟に発達した．

若い山脈

アンデス山脈（上）は今でも形成中であり，ほとんど浸食される時間がなかった．この 2 つの要素が，その数多い山頂の例外的に鋭くギザギザした形を説明する．

豊かな鉱物

アンデス山脈は鉱物に富んでおり（右図），金属性のものも非金属性のものも，山脈の奥深くの心臓部で起こる地球化学的な変化により得られたものである．隆起によって鉱物がアンデス原住民の前に露出し，彼らの鉱物の富は 16 世紀の欲深いヨーロッパ人に狙われた．

凡例：
- ▲ 主な火山
- 沈み込み帯
- アンデスのコルディレラ山系

[金属鉱石]
- c 銅
- g 金
- i 鉄
- s 銀
- t スズ
- o その他

◆ 非金属鉱物

完新世

PART 6

カリブ海

（下図）カリブ海は1億2500万年以上にわたり，北アメリカと南アメリカの間の太平洋岸に沿った沈み込み帯に形成された．(1) およそ1億年前，ファラロンプレートに沿った沈み込み帯は方向を変え，原アンティル諸島（キューバ，プエルトリコ，そしてヒスパニオラを含む）である弧状列島は東に移り，大西洋プレートを呑み込みはじめた．北方の弧はユカタン半島と衝突し，ニカラグアを形成した．中央アメリカの他の部分は，アンティルがキューバにぶつかった時に形成された火山弧であり，ファラロンプレートに新しい沈み込み帯を作り出し，カリブプレートとなった部分を孤立させた．大アンティル諸島は次第に分離した．(2) 1000万年前までに，ファラロンプレートは2つの残存物であるフアン・デ・フカプレートとココスプレートとを残した．約350万年前，陸橋がカリブプレートとココスプレートを分離した．小アンティル諸島は，大西洋プレートがカリブプレートの下に沈み込んでいるところに隆起した．

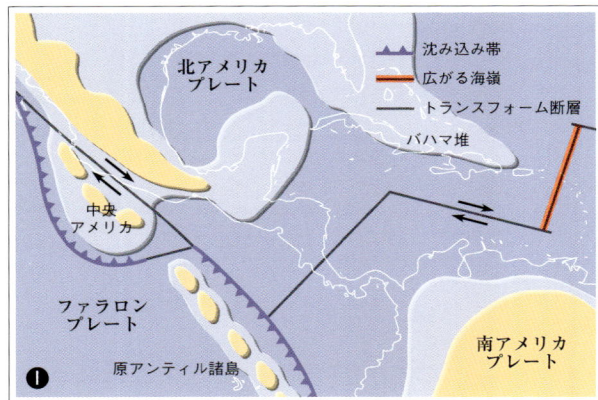

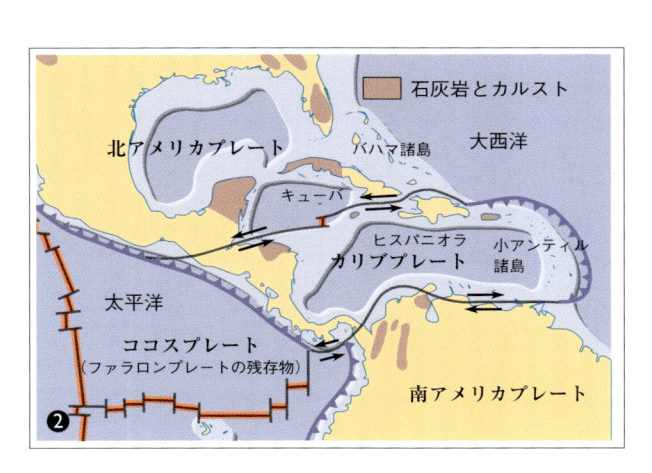

完新世

カリブ地域のゆっくり成長する礁の発達は，更新世の氷河期から，この地域の海水面がどのように変化してきたかを示している．サンゴは空気にさらされると成長をやめ，再び水に覆われると再開し，以前のサンゴの上に若い骨格が育つ．結果として，一連のサンゴ体は海水面の上昇や下降のパターンに従い，堆積層のように互いに重ね合わされ，カリブ諸島の過去の沖合の状態についての手がかりを与えてくれる．これらの「とり残された」礁は，バルバドス島（island of Barbados）のものが特に良い．

更新世の氷河期の間，カリブ地域の水温はサンゴ礁の成長の下限に近く，その広がりを抑制した．この水温低下の効果は，現代のカリブ海のサンゴの種の数と，西太平洋やインド洋での種の数を比較することにより測ることができる．カリブ海では約60種が生き残っているのに対し，今日の太平洋とインド洋では600近い種がいる．こうした変化は，およそ1万8000年前から1万2000年前に起こった氷床融解の増大を反映している．この融解はおよそ1万2000年前から1万年前に減速し，その後は再び加速した．約9500年前の海水面上昇率は，100年あたり2.5mにも及ぶ．

カリブ海の南にはアマゾン川の巨大なデルタがあり，それはアンデス山脈の大西洋側を占めている．ここでは海洋からの塩水が内陸の高地から流れ出る淡水と混じり，膨大な半塩水（汽

カルスト島

（上）キューバは，約5500万年前，バハマ堆という大きな石灰岩の基盤上に押し込まれた島である．そのカルスト風景は，石灰岩の割れ目に沿った雨水の水路の結果として生まれた．その割れ目は岩自体か，裂け目を埋めた岩が雨水に溶けやすいところに生じたものである．複雑な角度を持った裂け目と，長期にわたる浸食と溶解とが，他の地質学的な累層には見られない効果を持ち，比較的小さいが極めて鋭い山頂を生み出した．カルストという名称は，以前のユーゴスラビアにおける露頭に由来して名づけられた．

第四紀

水）環境を形成している．過去 200 万年間の海水面の上昇と下降は，この地域の生物と地理に大きな効果を及ぼしてきた．アンデスの地質構造縁辺も，この地域とその自然史にかなりの効果を及ぼした．活動的縁辺域は造山活動の地であるが，非活動的縁辺域は低いので，土地は非活動的縁辺域に向かって傾斜している．この場合，南アメリカ北部はアンデス山脈から大陸東側の大西洋に向かって傾斜している．アマゾン盆地における水系の多くが，単に重力に起因するもので，この重力が南アメリカの地質構造の事象と合わさって作用し，完新世の大半を通じて特徴的なアマゾンの熱帯雨林の広大な広がりを生み出してきた．

> 南アメリカの
> アマゾンデルタと
> その広大な熱帯雨林は，
> 更新世の地域的な
> 地質構造と，
> 海水準の変動の
> 副作用である．

一見したところでは，過去 1 万年間の大陸の流域地図は少々でたらめに見えるかもしれないが，実際には首尾一貫した特徴がある．（最高の流域を持つ）最も大きな川は，常に降水量の多い傾斜地に位置している．アマゾン川は 1 秒あたり 10 万 4083 m³ の水を放出するが，これはアフリカのコンゴ川（Congo River）のおよそ 3 倍である．アマゾン川は理想化された大陸河川系の良いモデルであり，そのモデルとは，山岳帯近くに大きな集水域を持ち，主流（川）は安定した土地の台地または楯状地，そしてその流出を集める非活動的縁辺域を流れるというものである．氷河期以前の北アメリカの流域もこの系と似ており，今日我々が見ているように，河川の主流がアンデス山脈に発し，南アメリカ北部の下方に傾斜している非活動的縁辺域を大西洋に向かって流れるというのも，完新世にやっと完全に発達した特徴である．1000 を越える小さな支流が主流に流れ込むが，それぞれの支流の多くが，それ自身で主要な河川なのである．雨季の間，アンデス山脈の高地からの水が主流に洪水を生じさせ，水は森林の 20 km を覆い，その両端とも 10 m の深さにまで達する．

氷河期のアマゾンデルタは，南アメリカ大陸の陸地を大きくした海水面の低下により，現在よりはるかに大きかった．最近，およそ 1 万年前の北極の氷床の融解により，この低い地域は水没し，現在の地形を形成した．未来の南アメリカ楯状地における大地溝の形成は，さらなる変化を起こすだろう．主要水系の本流は道筋を変え新たな地域を流域とし，新たな生態系がマングローブといった耐水性の適応をした木にとって最も有利なものとなる．

生態学的な変化は，アマゾン地域に住む動物たちのなかで多くの進化上の革新が行われる刺激となった．おそらくこれらの革新の中でも最も珍しいものは，アマゾンメクラカワイルカ（blind Amazonian river dolphin）に見られる．なめらかに傾斜した額を持つ海のイルカとは違い，アマゾンのイルカの額はくちばしまでほとんど垂直に落ちており，そのくちばしはほぼ二倍の長さがある．その目はほとんど存在しないほどに縮小している．水面下に密集している木の根で雑然としたアマゾン河口域の泥水の中では，視覚は役に立たないのである．この奇異なイルカは反響定位が極めて鋭く，オリンピック水泳プールほどの広大な水の中からマッチ棒の頭のサイズの物体を見つけ出すことができる．

アマゾン盆地

（右）アマゾンの地形は，海水面の上昇と下降に常に結びついてきた．最氷期には，低い海面がアマゾン盆地一帯の熱帯雨林低地の広大な地域を露出させ，一方，氷が後退した時には，高い海水面がこれらの地域を水没させたままにし，熱帯雨林低地の地域の広がりを減少させ，それらを孤立した"島々"へと縮小させた．水没が生み出したものの 1 つは，アマゾン河口域の熱帯雨林であり，そこではほとんどの植物がちょっと塩気のある水（汽水）に部分的に没した状態で生きられるように適応している．

[アマゾン盆地の低地森林]
- 最小氷期
- 最氷期
- 現在の海岸線と流域
- 最小氷期における陸地
- 最氷期において現れる陸地
- アンデスのコルディレラ山系

完新世

PART 6

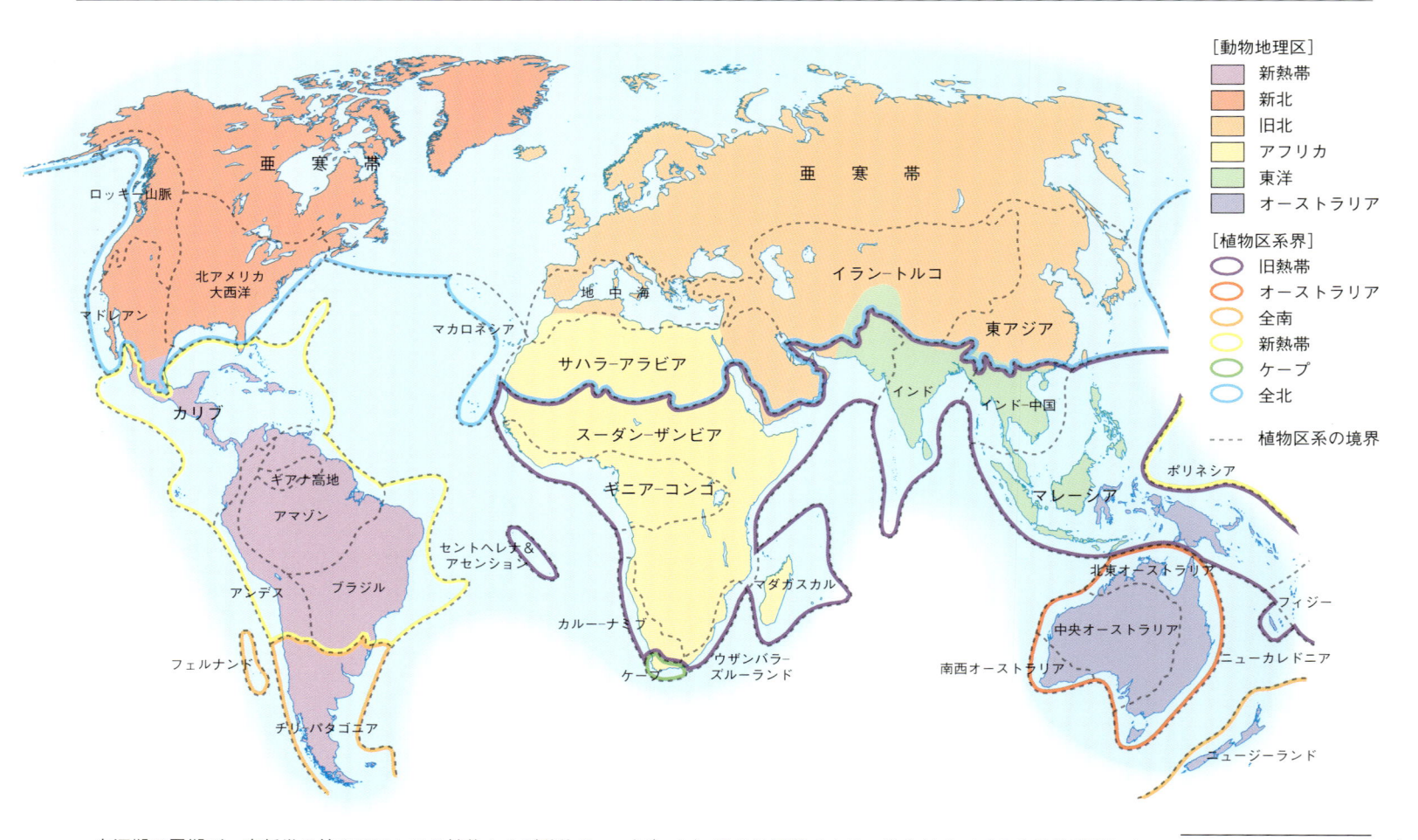

[動物地理区]
- 新熱帯
- 新北
- 旧北
- アフリカ
- 東洋
- オーストラリア

[植物区系界]
- 旧熱帯
- オーストラリア
- 全南
- 新熱帯
- ケープ
- 全北

--- 植物区系の境界

氷河期の周期が，完新世の始まりにおける植物および動物の分布と個体群密度に影響を及ぼした．生物地理界（biogeographic realm）は，大陸の位置（大半が新生代を通じて安定していた）と各大陸における最近の気候によって形作られた生物相の一区分である．気候は氷が発達または後退するにつれ，世界中で劇的に変化してきた．生物地理界は，植物と動物それぞれの中で最も優勢なグループに基づいている．動物相では，そのグループは鳥類や哺乳類のような体が大きい脊椎動物となる傾向があり，植物相ではふつう被子植物（顕花植物）である．

気候と，山脈や海洋という物理的障壁が世界の植物と動物の分布を形作った．

現代には6つの生物地理界が認められており，それは19世紀の博物学者であるアルフレッド・ラッセル・ワラス（Alfred Russel Wallace）によって洗練された旧世界と新世界への区分に基づいていて，これは新生代における大陸の分離にも符合する．南アメリカとアフリカは，他の大陸よりも早く孤立し，非常に特徴のある哺乳類の動物相を持っている．インドと東南アジアの動物相は，アフリカのそれに似て，東洋という固有の界を得るのに十分なほど分岐している．そして最も新しいオーストラリアの動物相は，有袋類の哺乳類によって支配されている点で独特である．新北界（Nearctic）と旧北界（Palearctic）（北アメリカとユーラシア）は更新世の氷床が最も広範囲にわたった地域であり，両者とも多くの種を失い，種の数が少ない状態にとどまっている．

1つの種は1つの場所にしか見られなかったり（固有種，endemic），すべての場所にいたり（普遍種，pandemic），様々な場所で見られたりする（汎存種，cosmopolitan）．齧歯（げっし）類は普遍種である．彼らはすべての生物地理界に存在する．有袋類は固有種であり，新熱帯（Neotropics）とオーストラリア界に見られる．奇蹄類と偶蹄類（ひづめのある哺乳類），ゾウ，食肉類，ウサギ類は汎存種であり，オーストラリア以外のすべての場所で生きている．霊長類も同じであり，新北界とオーストラリア界以外のすべての場所で発生した．

凍った水は利用できないため，氷の多い状態で生き残ってきた動物や植物は旱魃に耐える傾向がある．こうした植物は，大型の草食動物を支えるには育つのが遅すぎ，まばらすぎる．この生態系にいる動物は，食物となる植物がほとんどないところから十分な水を得なければならない．彼らの多くは冬眠し，得られる食物が最も少ない時期のエネルギー必要量を最小化して

生物地理学

（上）地球の生物地理界は，特有の植物と動物によって特徴づけられる．それぞれの界に何が住むかを支配する最も重要な要素は気温である．熱帯の気候には，寒冷な気候の地域に比べ，より多く，より多様な種が住んでいる．（山脈といった）陸地や水でつくられた障壁もまた，生物地理を形成している．気候も障壁も，時が経つにつれて変化する．

完新世

第 四 紀

ムクドリ

ヨーロッパムクドリ（左）が新しい環境に著しく順応性があるということは、それに取って代わられた北アメリカ在来種の鳥たちには良いニュースでなかった。ムクドリは、1905年にニューヨーク州に持ち込まれた。ちょうど50年間で（下図）、それは北アメリカのほとんどすべての場所で見られるようになり、広がるにつれてアメリカンブルーバードを駆逐していった。これらの騒がしい鳥の巨大な群れは、今や北カナダからメキシコ湾に至るまで、また太平洋岸にまでもおなじみの眺めとなった。

オーストラリア界

（下）オーストラリアの生物地理界はきわめてよく定義されている。その動物相は、オオトカゲと有袋類の哺乳類によって支配されている。有胎盤類の哺乳類の大半は、過去200年間にヨーロッパ人によって持ち込まれたものである。オーストラリアの植物相もまた、厚く蝋質の角皮を持ち、長く続く旱魃にも耐えられる硬葉植物の高い比率によって特徴的である。

いる。温帯の草原では、対照的に、豊富な食物がエネルギー必要量の大きい大型動物を支えている。周寒帯（circumboreal）と草原の生態系は、共に新北界と旧北界に存在しており、それらはバイオーム（生物群系）へと区分される。熱帯のバイオームは、種の数と多様性が最大である。南アメリカには137の顕花植物の科があり、それに比べて北アメリカでは94である。熱帯の特徴の1つは気温と降水量の安定性であり、それらは一年を通じてほとんど変わらない。熱帯の種は、状況が変わった時、最も早く消滅する。

プレートの移動と氷河期の周期によって引き起こされた変化は、我々が（しばしば無意識に）植物や動物を全く違う地域に散布してしまうので、今や人間の干渉によってかき乱されている。5000万年前のオーストラリアの孤立は、カンガルーのような独特な有袋類の哺乳類の進化に貢献した。有胎盤類の哺乳類は、比較的近年、人間によってもたらされたばかりである。長く続いた孤立のため、オーストラリアでは未だにごくわずかの大型肉食哺乳類がいるだけである。過去において、この乾燥した気候の中で、かなりの数の大型爬虫類捕食者が、相当な大きさの哺乳類捕食者を結果的に排除したことがある。これは単純に一次生産性が低いためであり、それが大型草食動物と肉食動物（草食動物を常食とする）の数を制限した。およそ8000年前の飼い犬の持ち込みが、タスマニアデビルとタスマニアウルフ（タイラサイン）という2つの肉食哺乳動物を立ち退かせた。タスマニアデビルを本土か

> 将来の生物地理界は、バイオームに深い影響を与える人間の行動によって今日形作られている。

らタスマニア島へと追い出し、タスマニアウルフの絶滅に貢献したのだ。

持ち込まれた種は在来の動物にとって代わるだけでなく、生態系を潰滅させてしまうかもしれない。ヨーロッパ人によるオーストラリアとニュージーランドの植民地化が、さらなる例を提供してくれる。オーストラリアに自生する草は北アメリカやヨーロッパのバイオームのものより弱かったため、オーストラリアにはヒツジや畜牛のようにひづめのある牧草地の動物はいなかった。これらの動物の輸入は、急速にオーストラリアの草原を荒廃させた。輸入されたより強い草のその地域への移植は全くうまくいかなかった。それらの草は、暑く乾燥し、夏には森林の火事もある気候にほとんど適応しなかったのである。

もう1つの輸入された種であるウサギは急速に増加し、さらに地面を覆う下草を激減させた。1950年代、ウイルス性の病気であるミクソマトシス（myxomatosis）が故意に持ち込まれ、ウサギの数を減らすまでそれは続いた。完新世本来の生態系のさらなる破壊は、オプンチアサボテン（prickly pear cac-

完新世

tus）のような装飾用の植物の持ち込みによって引き起こされた．それらは開けた平原の広大な範囲と熱帯の北にある水たまりに侵略し，そのための有効な生物学的制御が発見されるまでに2500万ヘクタール以上を占めた．

現代の生物地理界は，遺存種個体群——かつてある地域に広まったが，今や大幅に減少している動物や植物の生き残りグループ——によって複雑になっている．ヨーロッパでは，こうした遺存種は，更新世の氷河作用の効果に直接帰せられるだろう．過去において広く分布した多くの種が，今や好ましい気候や自然条件のあるいくつかの「島」だけに存在している．これらは長い進化の歴史を持つ種とは限らない．なぜならいくつかの気候の変化は比較的最近になって生じたからである．氷床上，またはその近くにいた植物や動物は，凍るほど寒い状態に適応する必要があったのであろうし，それは地中海ほどの南にまで広がっていたのである．完新世の間氷期の始まり以来，寒さに適応した動物の分布は，ヨーロッパの極めて寒冷な地域に限られてきた．それらは山脈の中では常に高い標高の地点にいるし，必然的に，かつては地中海の亜熱帯近くで見られた同じ動物が，スカンジナビア，アイスランド，そしてスコットランドといった北方へまで移動した．幾つかの種が北方地域で絶滅し，またある種は非常に限られた分布を持つ氷河期の遺存種個体群としてヨーロッパの生物相のなかで見られる．その良い例は，トビムシ（springtail）として知られる小さな原始的昆虫である．*Tetracanthella arctica* は暗青色のトビムシで，1.5 mmの体長を持ち，土壌の表層や，コケや地衣のかたまりの中におり，死んだ植物組織や菌類を常食としている．この昆虫はグリーンランド沿岸，スピッツベルゲンとアイスランド全域，そしてカナダ北部のいくつかの地域で特によく見られる．しかしこれら真の北極圏の地域以外では，この昆虫はたった2つの地域にしか存在しないことが知られている．それはスペインとフランスの間のピレネー山脈とポーランドとチェコスロヴァキアの国境にあるタトラ山脈（Tatra Mountains）であり，他にルーマニア東部のカルパチア山脈での非常に孤立した発見例もある．これらの山脈では，*Tetracanthella arctica* は標高2000 mあたりの，北極や亜北極の条件のところで見つかっている．この小さな昆虫にとって，はるか北方の主要な生息地から，ピレネー山脈やタトラ山脈にまでコロニーを作りにくることが不可能だったことは明白である．主要な生息地からは，開けた海や暖かい低地の大きな広がりによって分離されており，こういった条件はこの動物にとって致命的なものとなるからである．トビムシは，周囲の高い気温は言うまでもなく，低い湿度によってもすぐに死んでしまう．そして，人間や彼らの飼いならした家畜によって，トビムシがそんな住み心地の悪い地域からこのように高く孤立した地域に運ばれたということも，ほとんどありそうにない．

> 山頂や，その他洞窟などの孤立した生息地は，かつてはずっと広い分布を持っていた種にとって理想的な隠れ家である．

ストロベリーツリー

（左）ストロベリーツリーはふくらんだ赤い果物を実らせ，その名前はそこから名づけられた．この木は南ヨーロッパの広い分布と，アイルランドに1つの遺存種個体群を持っている．これはおそらく更新世における最後の氷河時代の間の分布の結果であった．

- ● ノルウェーヨモギ
- ◯ トビムシ
- ◯ ストロベリーツリー
- ■ モクレン
- ■ ゴリラ
- ◯ フンコロガシ
- ◯ ユリノキ

ゴリラ

ゴリラ（左）は，厳密に言えば遺存種個体群ではなく，分離した個体群である．共通の祖先の系統を引き，彼らはその後絶滅した祖先の分布域のそれぞれの側，高地と低地のグループに分かれた．今日では，高地グループと低地グループはザイール（コンゴ）川という生物地理的障壁によって分離されたままになっている．

遺存種

（上図）トビムシ，ユリノキ，そしてストロベリーツリーは言うまでもなく，ノルウェーヨモギ，モクレン，そしてフンコロガシなども1つ以上の個体群を持っているが，それは遠く離れた地域にいる．これらすべては古い種であり，互いに分布を広げるのに十分なほど大陸間の距離が近かった時代に起源を持っており，今ではそれらの大陸が遠く離れてしまっている．

第 四 紀

トビムシ

（右）トビムシは原始的な節足動物で、長い進化の歴史を持っている。現在の個体群はほとんどグリーンランド、アイスランドとスピッツベルゲンで見られ、ヨーロッパ内陸に2つの遺存種個体群がある。

であり、中にはトビムシとは対照的に、容易に移動することができた様々な形の生物も含まれる。

この基準に合う生物の1つの例は、ヤマウサギすなわち変色ウサギ（*Lepus timidus*）である。変色ウサギの名は、季節につれて変わるその外見に由来する。その毛皮は冬には白いが、その他の季節には青く染まる。このウサギは周極帯（スカンジナビア）、日本北部、シベリア、そしてカナダ北部に分布し、ふつうのヤブノウサギ（Brown hare）と非常に近い関係を持つ。変色ウサギは遺存種個体群としてアイルランド、イングランドの南ペナイン山脈（Southern Pennines）——気候があまり寒冷でない地域——そしてアルプスに小さな個体群として見られる。その分布を決める要因は、ヤブノウサギとの直接の競争には明白に弱いが、寒さにははるかによく適応しているということである。またもう1つの好奇心をそそる遺存種はフンコロガシ（*Aphodius holderi*）である。この大きな甲虫はチベット台地高くで見られ、化石としては最後の氷河作用の中ほどの地層から、テムズ川から遠くない南イングランドの砂利採取場で見つかっている。

ピレネー山脈やタトラ山脈にトビムシが存在することについての最も適した説明は、彼らが氷河期におけるヨーロッパでのはるかに広かった分布を示す残存者であるということである。この生物は更新世の氷床が大陸を覆うにつれて広がり、氷が北へ後退した後は環境条件のふさわしいいくつかの孤立地帯にだけ生き残った。小さな *Tetracanthella arctica* が、はるかに生息地に近く、ふさわしい条件に覆われているアルプス山脈の標高の高い地域に発見されていないのは驚くべきことである。おそらくかつては氷河期の遺存種の地位を占めていたのであろうが、ごく最近になって死に絶えたのだろう。

氷河期の遺存種の植物での例は、ノルウェーヨモギ（*Artemisia norvegica*）という小さな高山植物であり、今ではスコットランドの2つの地域と、ノルウェーとロシアのウラル山脈のごく小さな地域のみに存在している。最後の氷河期とその後間もなくは、ノルウェーヨモギはとても広く分布していたが、氷河期後のヨーロッパの森林が広がるにつれ、その分布域は非常に縮小した。ユーラシアでは植物界と動物界の両者ともにこの種の氷河期の遺存種が数百ずついることはほとんど確か

ユリノキ

（右）今日知られているユリノキには2種しかなく、2つの大幅に離れた場所で見られる。それは北東アメリカと東南アジアである。この散在は、ユリノキがかつては広い分布を持っていて、現在の個体群は遺存種であるということを示唆している。

完新世

PART 6

地球の地圏，水圏および気圏で生じうる変化のために，個々の生物群は自然界において常に危険にさらされてきた．これらどの圏（系）での変化であっても，定着した生物を完全に崩壊しうるし，大量絶滅の発生は，これが地球の長い歴史を通じて様々な時代に起こったことを示している．よく記録された少なくとも5回の大量絶滅や，この5億年間に起こった相当数にのぼる小規模の絶滅にもかかわらず，生命は結局は復興してきた．

> 絶滅は自然現象の一部であるが，急速に人為のものとなりつつある．

人間による絶え間ない地球環境破壊は，他の生物が回復する能力を一歩超えたところまで及んでいるかも知れない．人間の営みの結果が，海底の下数kmや成層圏の端ほどの極端かつ遠方の環境下で見出されるような微生物や菌類，藻類，その他の生物を全滅させるということは極めて起こりそうもないことではある．しかし，もっと大きく目に見える生物，例えば樹木，哺乳類，鳥類，爬虫類にとっての見通しはまったく異なる．このような生物は，しばしば微妙に均衡を保っている複雑な微環境からなる大きな可住地域を必要とする．藻類の一種は，人間によってもたらされた妨害地域を離れて他の岩の表面を再びコロニーとすることが容易にできる胞子を持っている．大きな動物にはこれができない．ひとたび生息地がこれを最後に失われたら，自分も失われるのである．その例には，無制限な伐採により切り開かれている南アメリカの森林地域に生息する多くの種の鳥類，哺乳類，爬虫類，樹木が含まれる．

過去50万年もしくはそれ以上の間，動物の生活の進化において人間は主要な役割を担ってきた．我々の影響力は決して産業革命以降の期間に限定されているのではない．たとえば，ドードー，この大きくて飛べないハトは，北半球の工業化が始まる100年前に絶滅したが，その生息地はモーリシャスというインド洋の島であって，初の工場が登場した場所から遥かに隔たったところなのである．世界中に散在する他の小島と同様に，モーリシャスには，恐らく様々な地方の船乗りが訪れていたであろうが，16世紀初頭にヨーロッパ人がやって来た時は人間は誰も居住していなかった．黒檀（こくたん）の森が山々を覆い，数千を数えるゾウガメの群れが浜辺に寝そべっていた．この島は鳥類が優占し，鳥の多くは捕食者がいなかったために自己防衛の本能も持たなかった．ドードーは消滅したモーリシャス種のほんの1つであった．

モーリシャスの絶滅動物相

16世紀にモーリシャスに到達したヨーロッパ人はドードー――ハト科に属し，体格が大きく飛べない鳥，モーリシャスに固有――に出会った．ドードーはこの島では天敵を持たなかったため，飛翔能力を捨てていた．実際，この鳥は逃げるという本能すら欠いていた．ドードーはいとも簡単に人間の餌食となった．人間はこれを捕らえて食用肉にした．また，17世紀半ばにオランダ人入植者に伴われて来たイヌの餌食となった．人間やイヌが成鳥を捕らえる一方，ネコやネズミが卵やひなを処分するのに一役買った．1680年までにドードーは絶滅した．これと同じ運命が（モーリシャス）ルリバト（pigeon hollandaise）に降りかかった．これは飛ぶことはできたが，入植者によって持ち込まれたサルによって，その卵が梢にある巣から掠め取られた．もう1つの喪失は大型の丸い甲羅を持つ，体重45kgのゾウガメであった．これもまた人間に狩猟され，輸入されたブタの餌食となった．ブタは幼いカメを殺し，孵化中の卵を砂の中から掘り起こした．

完新世

生息地が干渉される一方，同類の動物が対照的な幸運に浴することもある．例えば，北アメリカ大草原のクロアシイタチが近づけなかった新しい都市の生態系は，ヨーロッパのブナテン（European stone marten）にとって生息可能になってきている．これらイタチ科の肉食動物の役割が逆転するなら，テンの長い脚や樹上生活の習性がまた別の利益をもたらしたであろうが，結果は恐らく非常に似たものになっていたであろう．

人間の影響を——これらを排除しようと人間が一致して努力してさえも——ほとんど受けつけないように思われる種もある．ネズミやゴキブリがこの範疇に分類される．高度に特殊化されたチーターやクロアシイタチと異なり，大多数の「有害生物」は，その生活様式に関しては何の「専門家」でもないために，環境の攪乱があっても十分な個体群を保持しうるのである．化石記録から判断すると——これによるとこれらが少なくとも二度の大量の絶滅の危機に瀕しても生き延びたことが見て取れるのだが——カエル，小トカゲそれにカメ（海ガメや陸ガメ）もまた生態系における重大な変化を潜り抜ける高度に安定した動物であることがわかる．これら絶滅の危機に瀕していない動物はすべて比較的小型のものである．

ドードーのような大型動物は目立つ標的になる．北米バイソンの4種はかつてオレゴンから遥か東方ペンシルベニアへと100万頭あるいはそれ以上の群れをなして生息し草を食んでいたのであり，その食草範囲は 2600 km² 以上であった．この大草原にヨーロッパ人やその子孫が移り住むにつれ，広大無辺な生息域が消失し，バイソンは理不尽にも撃ち殺された．「バッファロー・ビル」コウディ（"Buffalo Bill" Cody）は自らの手で一年間に 4862 頭の動物を屠殺した．アメリカ合衆国政府は，肉と皮とをバイソンに依存するアメリカ先住民の制圧を目論んでいたが，その合衆国政府の全面的な奨励のもと，1850～1880年の間に少なくとも 7500 万頭が殺された．オレゴン・ペンシルヴェニア種は絶滅したが，残る2種のアメリカバイソンについては20世紀初頭から保護・維持が成功している．最も小型の種，グレートプレーンバイソン（*Bison bison bison*）はおよそ3万頭が今日生存しているが，他方，北方のウッドバイソン（*Bison bison athabasca*）は依然として絶滅の危機にある．

生息地の喪失または縮小による種の消失は，人間の干渉の間接的な結果である．人間の生物に及ぼす影響が直接的な場合もまたある．脂肪やその関連品を求めて引き続きクジラを捕獲し，このために多くの個体群を危機的な低レベルにまで減少させているのがその例である．残存個体数が非常に少なくなると，遺伝子プールにおける多様性（集団に存する遺伝物質の総体）が不十分となり，環境の変化に適応する機会も少なくなる．個体群が逓減するにつれ，近親交配により健康な子孫の数が減少し，有害な突然変異が次の世代に出現し始める．これは個体群が少なく絶滅の危機に瀕した種，そして個体数が存続可能なレベルにまで回復するよう努めている専門家の人間が直面する問題である．

> 狩猟は個々の動物の数を減少させるだけでなく，遺伝子プールをも減少させ，種の多様性や適応能力を制限することになる．

アザラシの危機
（上）北極でのアザラシの骨．毛皮目的のアザラシ乱獲が，ある個体群の崩壊を招き，同時に生息地の汚染が他種を危機にさらしている．

バイソンの生息域
（下）ヨーロッパ人の到来する前，バイソンは北アメリカ全土で草を食み生息していた．1875年までには2つの群れとなってさらに人里離れた土地へと集結した．今日残存するバイソンの群れの大多数は500頭以下である．

1 モーリシャスルリバト（ピジョン・ホランデイズ）
2 モーリシャスハシヒロインコ
3 モーリシャスドームゾウガメ
4 ドードー
5 モーリシャスアカクイナ

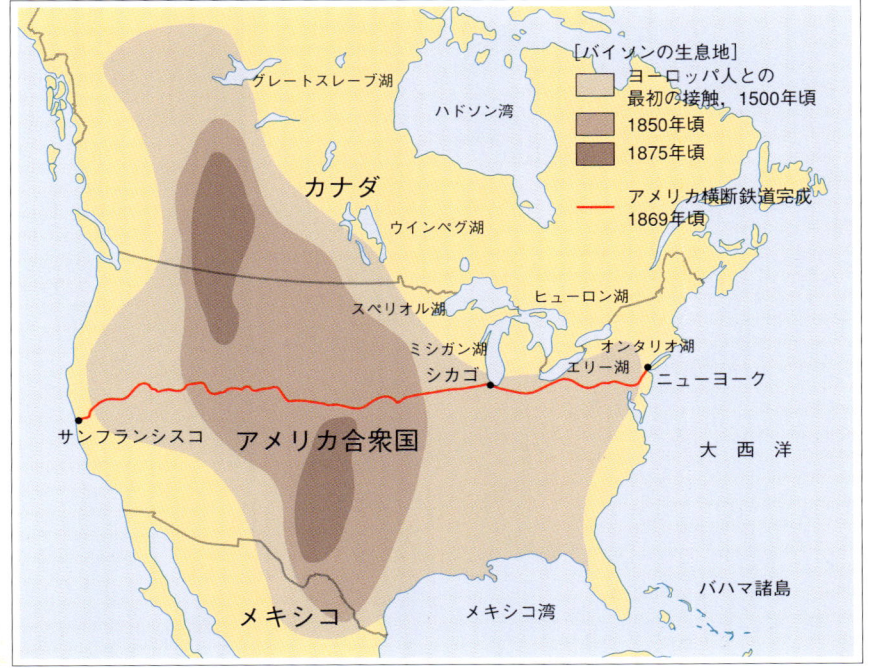

[バイソンの生息地]
ヨーロッパ人との最初の接触，1500年頃
1850年頃
1875年頃

アメリカ横断鉄道完成 1869年頃

完新世

PART 6

大型の動物は人目を引き，しばしば美しい．このため大衆からの同情的関心を呼びやすい．さほど見栄えのしない種はより危機的な立場にある．この中には，人間がその生息地を荒廃させるにつれ希少なものとなっている多くの種の昆虫や植物が含まれる．虫やコケは，堂々たるトラやセコイヤの木（redwood tree）ほど目に付かないため，これらが姿を消しても，その発見が遅すぎるということになりかねない．

ある動物グループが氷河時代に進化し，その時代よりもより強力な影響力を地球の気候に対して持っていることがやがて判明するかもしれない．すなわち人類である．食料，住居，衣服，道具，その他のものを求めて自然から物質を得ることによって，人々は100万年以上の間，自らの環境を変え続けてきた．初めは，狩猟採集生活者の小集団によってもたらされる影響は他の大多数の大型動物による影響程度に過ぎなかった．人間による技術の進歩が地形や環境に対して甚大な影響力を持ち始めたのはここ最近の1万年に過ぎない．こういった革新の最初のものは定住農耕である．これはおよそ8000年前に，中東，東南アジア，中国，それに中央および南アメリカで始まった．土地が農作物用に掘り返され，家畜に草を食べさせるために利用されるにつれて，野生植物の広範な地域が失われた．燃料や材木のために森林全体が伐採され始めた．丘陵斜面には段々畑が造営され，作物への給水を目的とする灌漑計画のために川の流路が変えられた．これら技術の進歩により発生した余剰食料のために人口が劇的に増加した．同時に，人間の環境に対する影響力が増大し，ついには，自らの支えとなる更に多くの土地を求めて人々は外へと出てゆくこととなった．紀元1500年以降のヨーロッパ人による植民地化に伴い，南北アメリカ，オーストラリア，ニュージーランドの至る所で新たな土地が耕作されるようになった．1700年から1850年の間に世界中の農地が2億6500万ヘクタールから5億3700ヘクタールへと倍増した．

これらの活動の結果が今になってようやく十分に理解されるようになってきている．食物の栽培に適した地球上の地域は限られている．すなわち，地球の表面の半分は氷，雪，砂漠，それに山で覆われているのである．世界の人口の大多数は陸地のわずか21％の部分で生活し耕作を行っている．そしてこれが，殊にこの200年でますます大きな重圧下におかれてきた．この土地の3分の1もが過剰な植栽や放牧のために非生産的になる危機にさらされている．

農業の出現以来，森林は3分の1減少した．農業のみならず産業をも支援するために木々が取り払われ，森林は年に最高2000万ヘクタールの割合で，他のいかなるバイオームよりも急速に消失している．その多くは熱帯雨林であり，これが，現在生きているあらゆる動植物の種の少なくとも50％を支えているのである．森林が現在のような複合的成熟に達するまでには数百年から数千年の歳月を必要とした．ある地域で伐採が終了した後に再び植林したとしても，新たな森が成熟するまでには多くの世代を要するのであり，その間に種が消え去ることになるかも知れない．木々を除去するということはその下層植生

> 人間が環境に
> 与える影響は
> 定住農耕とともに
> 始まった．
> すなわち，斧，鋤，
> それに家畜である．

収穫の神？

このハンガリー出土の石の彫刻（左写真）は男性で，おそらく鎌を持った神である．ヨーロッパで穀物の農法が十分に確立した頃，紀元前3000ないし4000年に作られたもの．

農業の広がり

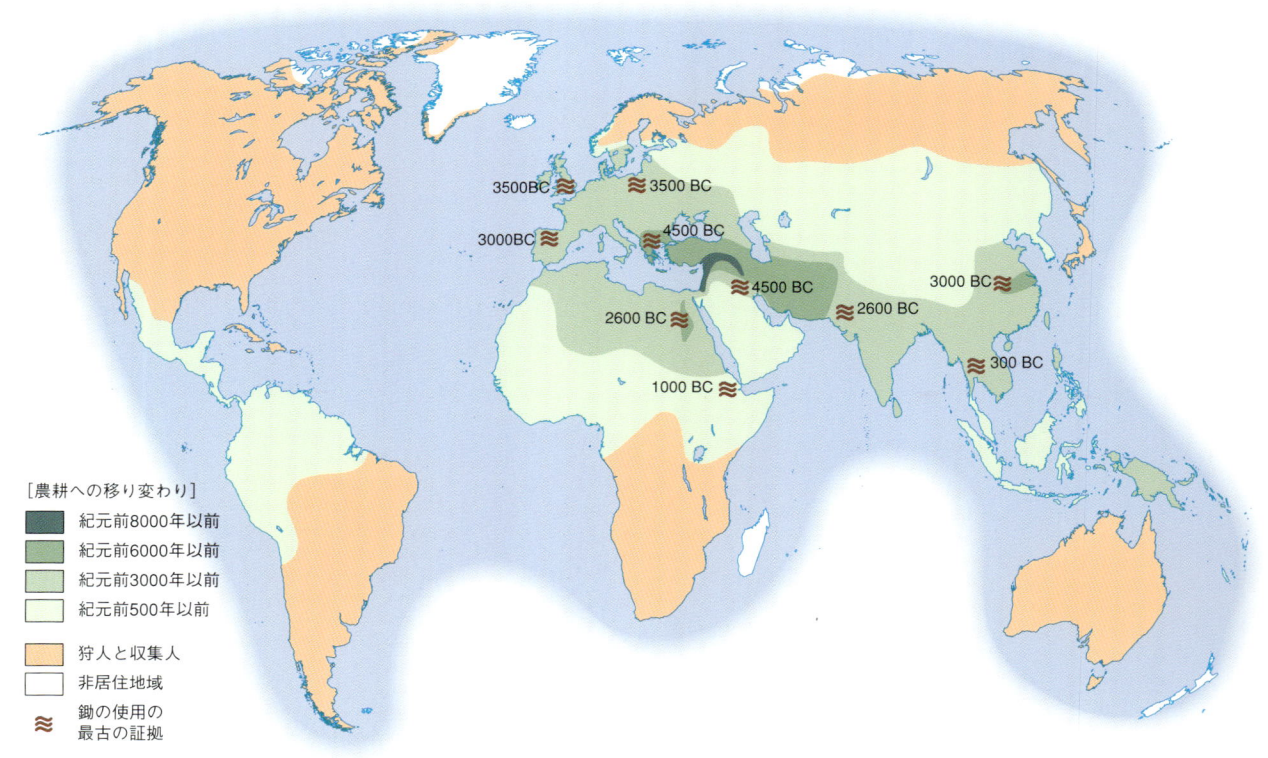

（左下）農業は世界の数箇所において異なる段階で独自に発生したようである．天候も一因であった．中東は農業に関する考古学上の証拠が特に豊富な場所であり，ここでは前氷河時代の末期に降水量が増加し，これが野生の穀物の生長を助長したのである．メキシコ，北アジア，それにバルカン諸国もまた非常に早くから発達した土地である．

完新世

[農耕への移り変わり]
- 紀元前8000年以前
- 紀元前6000年以前
- 紀元前3000年以前
- 紀元前500年以前
- 狩人と収集人
- 非居住地域
- ≋ 鋤の使用の最古の証拠

第 四 紀

森林破壊と砂漠化

（右）この1万年間で、人間の営みが世界の森林の3分の1もの消失を引き起こした．森林の伐採は成木と関連植物との消失を招く．表土は結合力を失い、土地は急速に荒廃する．ほとんど取り返しのつかないプロセスである．流出土壌や堆積物が川を塞ぎ、土地は砂漠へと変えられてゆく．世界の広範な地域がこの脅威にさらされている．

- 残存する熱帯雨林
- 熱帯雨林の伐採地域
- 砂漠化の危機に瀕している森林伐採地域
- 砂漠化の危機に瀕している地域
- 本物の砂漠

伐採

（下）気圏へと放出されるはずの二酸化炭素を植物が捕捉するところ、森林を伐採することによって地球温暖化に寄与することとなる．したがって、森林破壊は重大な環境問題なのである．

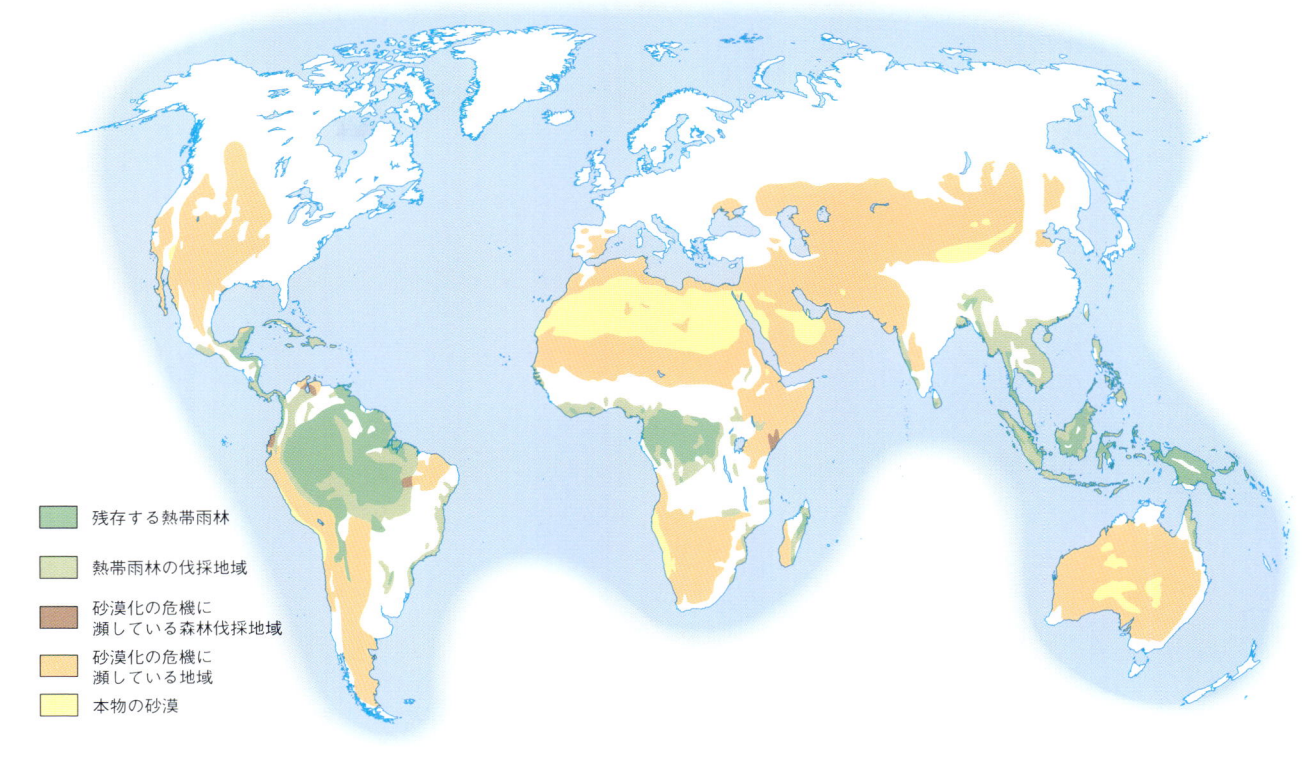

植物をも殺すということであり、それまで土壌表面に巻きついていた根が取り除かれると、水が容易に流れ去ることになる．

動物による集中的な草食も、土壌を緩ませることにより土地をひどく傷つけ、同様の影響力を持つ．浸食された表土は、ほとんど生産性ゼロの不毛な地域を後に残して崩壊する．

土壌を繋ぎとめる役目の草木が剥ぎ取られると、土壌は雨によって洗い流され、深い雨裂が形成され、耕作可能な地域が縮小する．浸食された土壌は沈泥となって河川、水路、ダムに堆積し、水の供給を阻害する．あるいはまた、1930年代のアフリカサハラ地方、北アメリカ中央草原地方で起こったように、これが飛散し、時には大量の粉塵や砂嵐を形成する．表土を差し替えるという試みは効果的ではなく、しばしば問題を悪化させる．追加された表土は更なる削剥、浸食を受けるのである．いっぽう植物にとっては根付くのが難しい．急速に腐食する植物物質は洗い流され、近くの水流を滞らせる．乾燥、半乾燥の地域では、浸食を受けた土地は直ちに砂漠と化す．1990年代に国連は、砂漠化が世界の陸地面の3分の1近くに影響を与えており、8億5000万人の生活にとって脅威になりうると推計した．主要水域からの給水法が利用可能かどうかが、乾燥した中東やアフリカからアジアの一部や北アメリカに至るまで、微妙な政治問題となりつつある．

これらの出来事によってどれほど多くの人間や現代の種が影響を受けようとも、これらは二次的なものとみなされるかもしれない．仮に大多数の種が姿を消したとしても、新たな種が進化してそれに取って代わるだろう．生態学にとって、もう1つの重大問題は、植物自体がどれほどの損害を受けているかである．

完新世

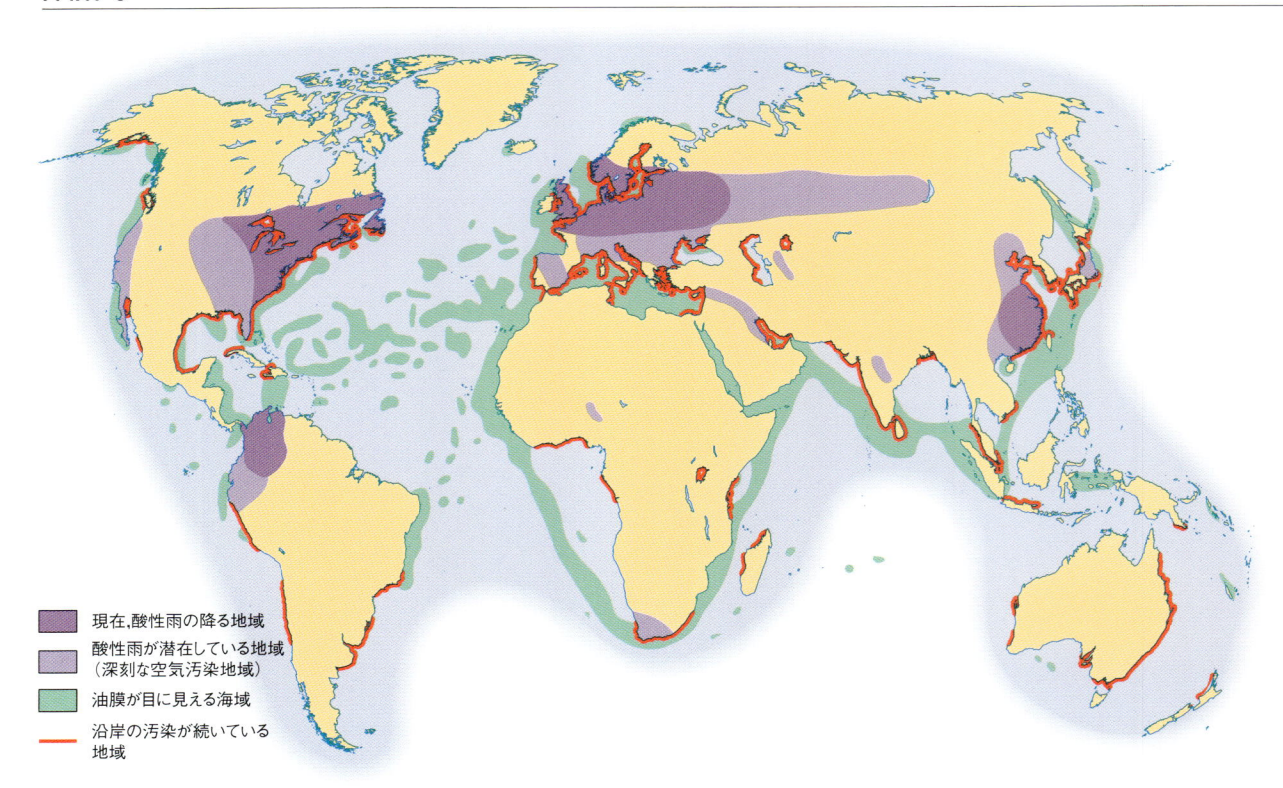

PART 6

凡例	
■	現在，酸性雨の降る地域
■	酸性雨が潜在している地域（深刻な空気汚染地域）
■	油膜が目に見える海域
―	沿岸の汚染が続いている地域

19世紀の大規模な工業化から始まった人間の活動は土地の濫用にとどまらず，全生態系の汚染にまで進展した．土地のみならず，気圏，水圏，それに地圏のすべてが危機にさらされている．数千トンもの有害で有毒な化学物質が，主として工場や乗り物の排気から毎日気圏へと放出されている．これら廃棄物が結びついて酸性雨やスモッグを生じ，またオゾン層の破壊や地球温暖化の一因ともなっている．

> 公害は今やあらゆる生物圏に影響を及ぼす．すなわち，空気，水，それに土地である．地球のいかなる場所もいまだに汚染の及んでいないところはない．

酸性雨（acid rain）は二酸化硫黄（亜硫酸ガス），酸化窒素（窒素酸化物），それに炭化水素から生ずる．これが雨の微小な酸性度を増大させ，今度は降雨地域の土壌もしくは水域の酸性度を増大させる．アルミニウムやカドミウムといった有毒な元素は植物によって土壌から濾し取られ，吸収される．植物は葉を，次いで枝を失う．東ヨーロッパおよび北アメリカ北東部では森林全体が死滅した．現存する植物は衰弱した状態にあり，旱魃や降霜，病気に対する耐性がない．酸性雨はまた魚類

完新世

温室効果

（右）太陽からのエネルギーは地球に吸収され，また宇宙空間へと反射される．しかし，熱の大部分は，下層気圏の二酸化炭素，一酸化炭素，それにメタンといった「温室ガス」によって放出を妨げられる．自然状態では，（1）二酸化炭素の大部分——腐敗，呼吸，それに化学的風化作用を通じて生ずる——は森林の樹木や海洋植物プランクトンによって吸収される．（2）人間が化石燃料の燃焼を通じてますます大量の二酸化炭素を発生させ，これが気圏で蓄積する．二酸化炭素は外へと向かう太陽エネルギーをそこで吸収し，熱を捕捉する．結果，地球の気温が上昇を始める．

汚染の異形態

（上）汚染の主要形態によって影響を受けていない場所は地球上にはほとんど残されていない．石油流出あるいは工業および排水汚染があらゆる大陸の海岸にまで延びている．他方，内陸部では酸性雨が工業地域の厄災となっており，これは大気汚染が蔓延するにつれて広範なものとなっている．工業化の影響を受けない陸地部分は，多く砂漠化の危機にさらされている．

グレートバリアリーフ

オーストラリアのグレートバリアリーフ（右）は地球上の最も脆弱な生態系の1つである．ここの400種のサンゴが他の5500種を支えており，そのすべては水温のわずかな変化にも脆い．

流出油と海鳥

海難事故は海洋生物に対して悲惨な影響を及ぼす（左）．海鳥や海岸，河口に住む鳥はとりわけ水面上の油に弱く，これが死亡の主な原因である．石油が羽毛の天然皮膜を壊し，羽毛は撥水効果を失う．油にまみれた鳥は海面に浮かぶことができない．油の摂取は溺死しない鳥にとっても，ふつう致命的である．

や無脊椎動物の命をも奪い，湖や川を「死」に至らしめる．淡水は特に貴重な資源である．地球上のすべての水のほんの0.25％しか人間にとって有用ではない．それ以外は塩分が多すぎる．

気圏上層部のオゾン層——地上15～20 km——は太陽からの有害な紫外線を吸収する．クロロフルオロカーボン（フロンガス，CFCs）のような化学物質はオゾンに反応し，これを破壊に導く．CFCsは1980年代までエアゾール（噴霧器）や冷却剤に広く使われており，数十年間気圏に留まると考えられている．CFCsの存在によってオゾン層は，春の南極大陸上空の「穴」に見られるように希薄になってきている．1987年，その穴はアメリカ合衆国ほどの大きさだったが，これが拡大しつつあり，さらに大量の紫外線を招き入れることになる．

CFCsは「温室ガス（温室効果ガス）」の1つであって，これには二酸化炭素やメタンも含まれる．もしこれらがなければ，地球からの熱は宇宙空間へと放散されてゆくところだが，その熱の流出をこれらが捉え，こうして地球の気温が上昇する．このガスがなければ地球の平均気温は現在のところ−18℃になるだろうと考えられている．気圏における温室ガスのレベルが過去100年以上で増大したことで，その代わり，平均気温が1℃（0.5℃）分上昇したものと見られる．これは大したことではないように聞こえる．が，大多数の科学者は，仮に二酸化炭素のレベルが引き続き現在の割合で上昇するとしたら，地球は3～5℃分温暖化しうるという点で意見の一致をみている．前回の比較に足る気温変化は先の氷河期の期間である．しかもこれは10～100倍緩やかに起こったのであった．これが次回の氷河期の開始を引き止めるか，もしくは緩和することになるかも知れない．しかし結果は，ある地域には一層ひどい洪水と暴風とを，またある地域には旱魃をもたらすといったように，厳しいものになると思われる．

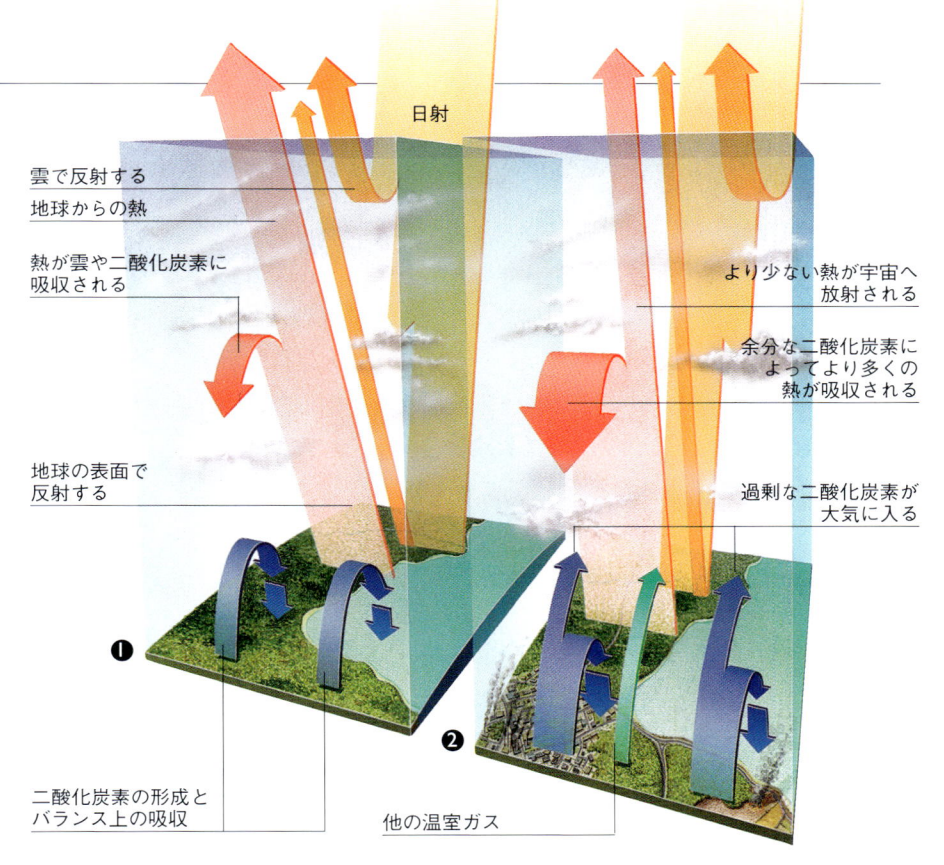

海は，二酸化炭素を含めて，多くの物質を飲み込み再循環させる計り知れない能力を持つ．しかし海は，毒性が高くて埋め立て処分できないとみなされる諸形態の廃棄物を受け入れており，今や大気や大地に劣らぬほどの規模で酷使されている．すなわち，1940年代の原子力利用以来，核廃棄物の安全処理の問題は，工業国が依存する化石燃料の燃焼削減を目的とした原子力への転換にまつわる大きな障害の1つとして残る．

過去30億年間に起こった水圏や地圏での変動を考え合わせると，実際に地球全体を危険にさらすことが人間にできるのだろうか．水圏，気圏，それに地圏を生物圏から切り離して考えるなら，答えは恐らく「否」である．あらゆる生命が絶滅したとしても，地球の物理的周期は，過去40億年かそこらの間と全く同様に，少なくとも太陽が燃え尽きるまで，今からもう50億年先までは続くであろう．しかし，その偉大なる知力の故に他の動物に対して「優越性」を誇り，現在の水準にまで進化した種が，結局は自らが依存する他種をすべて絶滅させる種であったと判明したとなれば，これに勝る皮肉はない．

完新世

PART 6

現代の絶滅

　絶滅（extinction）は生物の通常なメタサイクルの一部である．化石記録は出現しては消滅した種——現在までに存在したものすべてのおよそ 95 ％——に満ちている．体長や食物特性の水準といった因子は，「通常の」環境下にあってどの群が絶滅したかを指示する点で重要である．これによって恐らく，過去 35 億年間での，種の年間絶滅定率の説明がつく．加えて，隕石の衝突もしくは周期的な地球気候の変化といった大異変が原因の大量絶滅もあった．この後者は熱帯地方の種々多様な動植物にとっては特に壊滅的なのが常であった．

　現代の絶滅はほとんどすべて人間の行為の直接，間接的な結果である．狩猟の対象となった種もあれば，その生息地が汚染され，または農業や開発のために切り開かれるとともに死滅した種もある．それでもまだかろうじて生存しているものもあるが，個体数減少のために繁殖不可能になっており，特に，一度に一子を，たまにしか産まない大型の動物の場合がそうである．著名なアメリカ人生物学者ウィルソン（Edward O. Wilson）による最も控えめな見積りに従えば，1990 年代においては 1 時間につき 3 種，年に 2 万 7000 種の割で種が絶滅していた．30 年以内にこの数字は"1 日に数百種"にまで上るかも知れない．見るも無残な結果を伴って．例えば，絶滅する植物はどれも，食料としてこれに依存している 30 種もの昆虫や動物を道連れにするかもしれないのである．

　現在のところどのくらい多くの種が地球に生息しているか，確信を持てる者はいない．が，その数字は 500 万〜1000 万の間と信じられている．過去 400 年では，動物だけでも 611 種の絶滅が知られている．これは絶対最小値でも全哺乳類の 1.8 ％，鳥類の 1 ％を意味するが，ことによるとそれ以上であろう．鳥類や軟体動物，そして第三に哺乳類，これらによって大抵の動物の絶滅の理由がわかる．哺乳類に関しては，齧歯（げっし）動物やコウモリが最も急速に姿を消しつつあり，絶滅危惧種の筆頭に位置している．この中では，絶滅が証明された事例はまだないが，霊長類もまた危機に瀕した動物の中で顕著なものである．

　地球自体には回復力がある．生命はどんな形態であれ恐らく継続する．最後の大量絶滅の後，急速に蔓延する新種たちが発生して，先客のいない生態的地位を埋める．雑草はなじみ深い例である．繁栄しているが馴染みのないムクドリもまた同様である．藍色細菌（シアノバクテリア）もまた汚染された水で繁殖するが，これはその酸素含有量を低下させ，悪臭を発する．もし人間が自ら難破したこの惨状から生きながらえるとしても，野草，イルカ，それにパンダが再び進化するのを待つ間，こうした種とともに地球を分かち合うことを楽しむことはできない．が，極地の氷が解けて，我々自身の居住地が砂漠化し，あるいは海によって洪水にみまわれ，また世界各地で食物が欠乏するので，その上，人間の人口自体もまた激しく減ずることであろう．

完新世

写真の機会

絶滅の危機にあるシロナガスクジラやその他の大型哺乳類の置かれている苦境が世間の心を捕らえている．しかし，更に深刻な絶滅の危機にあるのは，多くのもっと小さく名もない生き物，ネズミやコウモリ，魚類，夥しい数の無脊椎動物である．

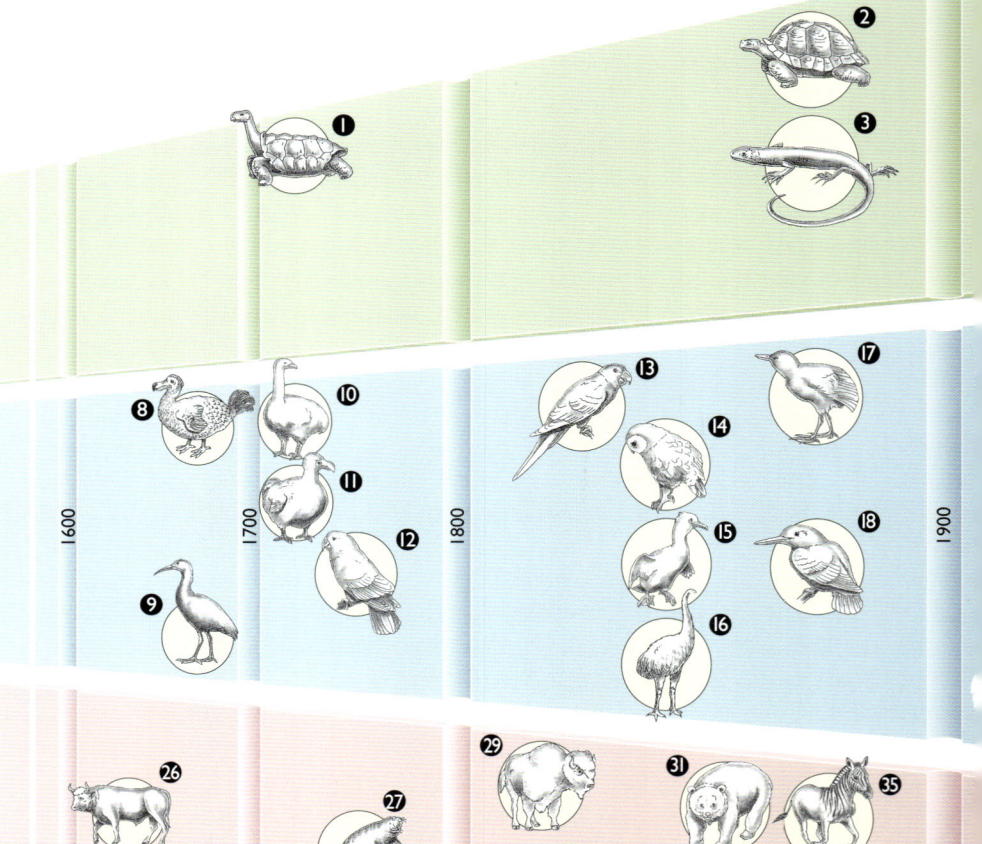

[絶滅種]
1　モーリシャスオオリクガメ
2　チャールズセマルリクガメ
3　レユニオンスキンク
4　パレスチナイロドリガエル
5　アビンドンリクガメ
6　ニュージーランドカワヒメマス
7　ボリエリアボア（ボアモドキ）
8　ドードー
9　モーリシャスクイナ
10　エピオルニス
11　レユニオンドードー
12　グアドループボウシインコ
13　マコーコンゴウインコ
14　ロドリゲスコフクロウ
15　ステラメガネウ
16　オオモア
17　ジャマイカクイナ
18　リュウキュウカワセミ
19　リョコウバト
20　カロライナインコ
21　ロードハウメジロ
22　トキイロガシラガモ
23　ムネフサミツスイ
24　マダガスカルヘビワシ
25　カウアイヌクプウ（ハワイミツスイ）
26　オーロクス
27　ステラーカイギュウ
28　ブルーバック
29　イースタンバイソン
30　イスパニョーラフチア
31　アトラスヒグマ
32　フォークランドオオカミ
33　タルパン
34　ウミイタチ
35　クアッガ
36　ポルトガルアイベックス
37　ジャマイカシタナガコウモリ
38　アリゾナジャガー
39　ニューファンドランドシロオオカミ
40　バーバリライオン
41　オオミミナガナバンディクート
42　シリアオナガー
43　ショムブルグジカ
44　フクロオオカミ
45　バリトラ
46　シマワラビー
47　カリブカイモンクアザラシ
48　メキシコギンイログマ

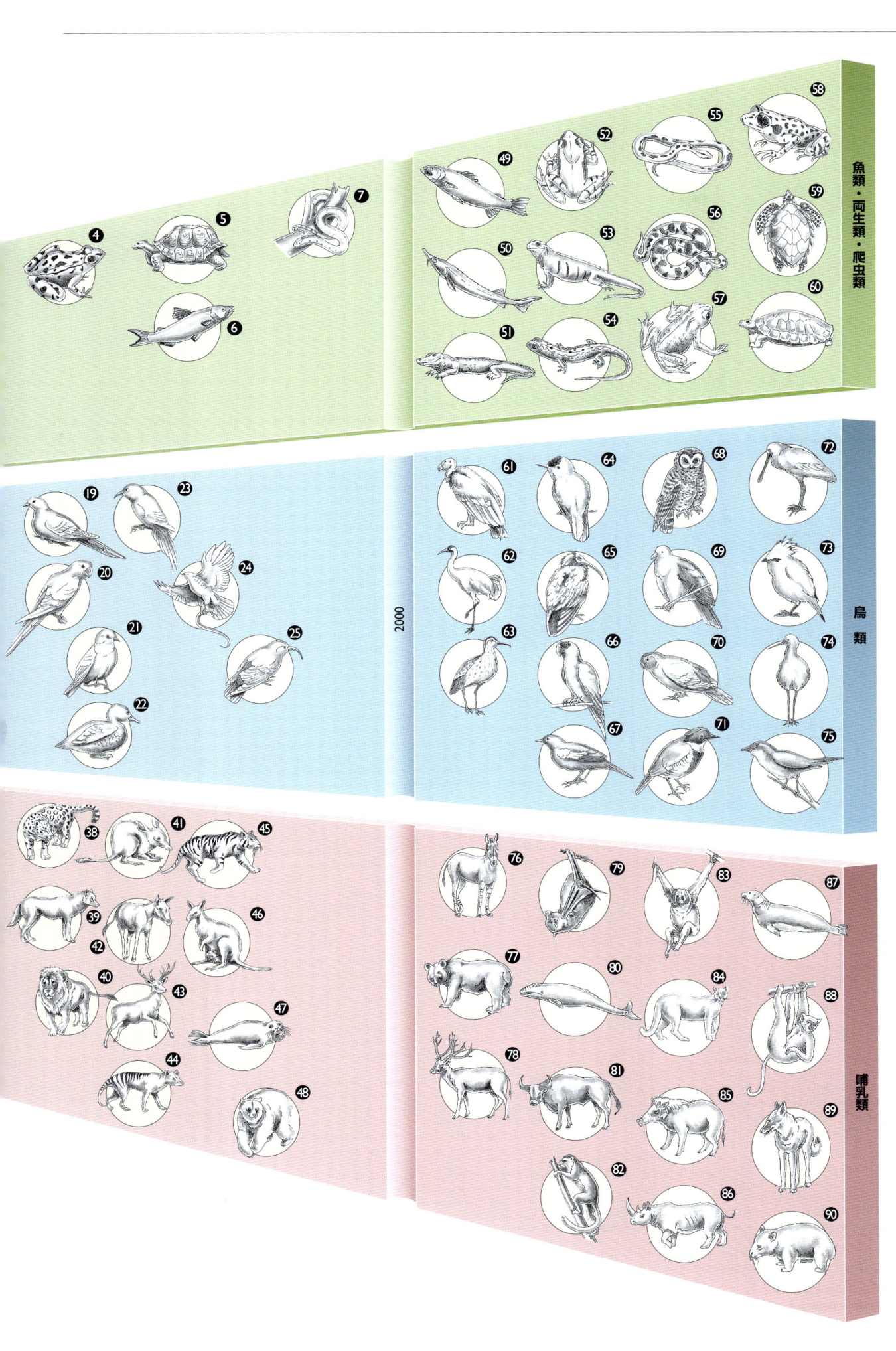

第 四 紀

[危機に瀕した種]
49 トトアバ
50 フツウチョウザメ〔ナミチョウザメ〕
51 ヨウスコウワニ
52 カジカガエル
53 グランドケイマンブルーロックイグアナ
54 サンタクルーズユビナガサンショウウオ
55 アンティグアアンレーサー
56 ミロスクサリヘビ
57 オレンジヒキガエル
58 マジョルカサンバガエル
59 タイマイ
60 ニシヌマチガメ
61 カリフォルニアコンドル
62 アメリカシロヅル
63 エスキモーコシャクシギ
64 フェルナンデスベニイタダキハチドリ
65 ホッポウハゲトキ
66 アオコンゴウインコ
67 セイシェルシキチョウ
68 ブチフクロウ〔マダラフクロウ〕
69 モーリシャスベニバト〔モモイロバト〕
70 フクロウオウム
71 クロハラシマヤイロチョウ
72 クロ（ツラ）ヘラサギ
73 カンムリシロムク〔バリホシムクドリ〕
74 クロセイタカシギ
75 サパタミソサザイ
76 アフリカノロバ
77 バルキスタンツキノワグマ
78 シフゾウ
79 ロドリゲスオオコウモリ
80 コククジラ
81 コープレイ〔ハイイロヤギュウ〕
82 ヒロバナジェントルキツネザル
83 スマトラオランウータン
84 フロリダピューマ〔フロリダパンサー〕
85 フィリピンヒゲイノシシ
86 クロサイ
87 チチュウカイモンクアザラシ
88 ギンイロカンムリシファカ
89 エチオピアオオカミ〔アビシニアジャッカル〕
90 ケバナウォンバット

魚類・両生類・爬虫類

鳥類

哺乳類

完新世

記録の遺漏

化石記録によると種の平均寿命が 500 〜 1000 万年であることが分かる．現存する 500 〜 1000 万種にあっては，絶滅率は年に 1 種となろう．現在の喪失率を正確に知ることは困難だが，「通常」を優に越えていることは明らかである．過去 400 年にわたって，611 種の絶滅があったことが記録されている．しかし，この記録には大部分の無脊椎動物を含む多くの生物（全動物の 95％を占める）が除外されている．今日，5000 種以上の絶滅の危機に直面している種が指摘されているが，認知された種のうちごくわずかしか正当な評価を受けていない．

用 語 解 説

[あ]

アイソスタシー isostasy
密度の違いによって生じる地殻・マントル間の釣り合い．地殻の岩石は下方にあるマントルの岩石の上に「浮いている」という理論に基づく．海洋地殻は高密度の玄武岩でできており，それに対して，上部の大陸地殻は主として低密度の珪長質岩で，その軽さを補整するために深い「根」を持っている．

アヴァロニア Avalonia
古生代初期に合体し，古生代後期にローレンシアとバルティカに結合した大陸．その構成要素には現代のニューファンドランド東部，アヴァロン半島とノヴァスコシア（北アメリカ），アイルランド南部，イングランド，ウェールズおよびヨーロッパ大陸のいくつかの断片――フランス北部の一部，ベルギー，ドイツ北部――が含まれた．

アウストラロピテクス類 australopithecine
鮮新世～更新世に生息した，解剖学的にはサルとヒトの中間に当たるヒト科のグループの一員．

アカディア造山運動 Acadian orogeny
主にデボン紀にアパラチア山脈北部を形成した造山事件．ヨーロッパではカレドニア造山運動として知られる．

アカントーデス類 acanthodian →棘魚類

アクリーション accretion →付加

アクリターク acritarch
原生代から新生代まで存在したプランクトン性微小藻類で，通常は装飾のある外膜があった．おそらく，大部分のアクリタークは渦鞭毛藻類に類縁だった．

アジア古海洋 Paleoasian Ocean
原生代最後期と古生代初期にシベリアとゴンドワナ東部を隔てていた海洋．

アシュール文化 Acheulean Culture
更新世中期から存在した，荒削りの石刃から成る，石器加工文化．初期のホモ・エレクトゥス（*Homo erectus*）またはホモ・ハビリス（*Homo habilis*）のものとされている．

アステロイド asteroid →小惑星

アセノスフェア asthenosphere →岩流圏

アダピス類 adapiforme
第三紀初期に生息した原始的なキツネザル類の一員．

アノマロカリス類 anomalocaridid
カンブリア紀に生息した捕食性の海生無脊椎動物．大きな頭部の上面に一対の複眼があり，下面には2本の棘状の付属器のある円い口部があった．

アパラチア造山運動 Appalachian orogeny
ローレンシア（北アメリカ），バルティカ（ヨーロッパ北部），ゴンドワナ間の長期にわたる衝突で生じた，古生代後期の継続的な造山事件．アパラチア山脈を形成したタコニック，アカディア，アレガニー各造山運動が含まれる．

アフリカ起源仮説（出アフリカ仮説） Out of Africa hypothesis
人類はアフリカで進化し，それから世界中に広がったとする，広く認められた学説．人類は既に広く行きわたっていた先祖の系統から進化したとする説（ほとんど認められていない「多地域起源仮説」）とは全く異なる．

アミノ酸 amino acid
蛋白質の基礎，したがってすべての生物の基礎をなすアミノ基とカルボキシル基に基づく有機化合物．アミノ酸には約20の異なったタイプがある．

RNA（リボ核酸） ribonucleic acid
RNAは全細胞中に存在する核酸である．DNAが細胞内の蛋白質の合成を支配する仕組みに，数種類の異なったRNAが役割を果たす．

アルケオシアトゥス類 archaeocyath →古杯動物

アルタイ・サヤン褶曲帯 Altay Sayan Fold Belt
シベリア南部とモンゴルがシベリア北部に付加した際に隆起した中央アジアの山系．

アルプス造山運動 Alpine orogeny
主として第三紀に起こったヨーロッパとアフリカの衝突．両者間のテーチス海が閉じ，アルプス山脈が隆起した．

アルベド albedo
天体から反射される光の量ないしは強さの比．特に，地球の異なった地域あるいは月や惑星からのもの．

アレガニー造山運動 Alleghenian orogeny
古生代後期に3つの大陸がローレンシアに突入した時に起こり，太古のアパラチア山脈を形成したアカディア造山運動の続き．この事件のヨーロッパに拡大したものがヘルシニア造山運動として知られている．

アンガラランド Angaraland
ペルム紀にカザフスタニアとシベリアの個々の島が衝突したことにより形成された大陸．ウラル海が閉じると共に，今度はアンガラランドとローラシアが合体した．

アンキロサウルス類 ankylosaur
四足歩行の鳥盤類恐竜の1グループで，背中を覆う装甲があり，尾に骨質の棍棒か，あるいは，尾の両側に防御用の棘が並ぶという特徴がある，よろい竜類あるいは曲竜類．

安山岩 andesite
主に灰曹長石などの長石類から成る灰色で細粒の火成岩．アンデス山脈に特に豊富で，英名 andesite はこれに因んで命名された．

安定地帯 stable zone
地球の地殻のうち，造山運動やその他の変形過程にさらされない地帯．安定地帯が典型的に見られるのは縁部や変動帯から離れた大陸内陸部である．

アントラー造山運動 Antler orogeny
デボン紀後期と石炭紀前期に，北アメリカの現代のネヴァダ州からアルバータ州などに及ぶ地域を生み出した造山事件．

アンモナイト類 ammonite
中生代によく見られたアンモノイド類のグループで，大部分は巻いた殻と非常に複雑な縫合線を持つ．その分布と急速な進化により，理想的な示準化石になっている．

アンモノイド類 ammonoid
ゴニアタイト類，セラタイト類と共にアンモナイト類が属した，頭足類の絶滅グループ．

[い]

イアペトス海 Iapetus Ocean
ローレンシア，アヴァロニアとバルティカが合体してユーラメリカ（Euramerica）を形成する以前に，これらの大陸間に存在した海洋．現在の北アメリカとヨーロッパにあたる陸地の間にあったため，原大西洋として知られることもある．

維管束植物 tracheophyte（vascular plant）
独特な組織と器官，特に養分と水を運ぶ維管束系を発達させた多細胞の陸生植物．蘚類（せんるい）より進歩したすべての植物は維管束植物である．

イグアノドン類 iguanodontid
植物食の鳥脚類恐竜の1グループ．

イシカイメン lithistid demosponge →石質普通海綿

イシサンゴ類 scleractinian
古生代以来，大部分のサンゴ類が属する目（イシサンゴ目）の一員．現代のサンゴ類を含む．

異節類 xenarthran
アルマジロ類，アリクイ類とナマケモノ類を含む哺乳類の目の一員．

遺存種個体群 relict population
より広く分布していたが，現在は限られた地域のみに生き延びる動物または植物の集団．

異地性テレーン exotic terrane（allochthonous terrane）
大陸の縁に結合した「外来の」岩石圏（リソスフェア）の比較的小さい断片．

遺伝子 gene
生物体の形質を支配する遺伝形質の基本的な単位．極めて特有な様式で組織化されたDNAの特定の長さとみなすことができる．遺伝子は突然変異し，再結合し，変異を生む．自然選択は変異に基づいて作用する．

遺伝子プール gene pool
生物体の繁殖個体群内における遺伝物質の混成物．

[う]

ヴィヴェラヴス類 viverravine
食肉類のネコ類の分枝．第三紀初期にミアキス類（広義）から進化した原始的な肉食哺乳類のグループで，この系列からハイエナ類，マングース類，ジャコウネコ類とすべてのネコ科の動物（ネコ類）が進化した．

ウィリストンの法則 Williston's law
歯や脚など，動物で一連の配置を持つ構造は，新しい種が進化すると共に数が減り，新しい機能を持つようになるという進化法則．例えば，哺乳類の肋骨の数は祖先である魚類より少ない．

ウィワクシア類 wiwaxiid
絶滅したコエロスクレリトフォラ類．

ウォレス線 Wallace's line →ワラス線

ウシ類 artiodactyl →偶蹄類

渦鞭毛藻類（うずべんもうそうるい） dinoflagellate
プランクトン性または共生の藻類によく見られるように，膜が境界になった核と長さが異なる2本の鞭毛を持つ，水生または淡水生で単細胞の真

核生物．渦鞭毛藻類はシルル紀に生じた．

ウミグモ類 pycnogonid (sea spider)
デボン紀に登場した，関節でつながった体節を持つ海生無脊椎動物．身体は細く，脚に関節があった．

ウミユリ crinoid (sea lily)
ヒトデ類に類縁の，棘皮動物グループの一員で，通常，茎で海底に固着している．

ウーライト（魚卵岩） oolite
海水から沈澱した方解石の小さい粒子で形成される石灰岩．

ウラル海 Uralian Ocean
古生代初期にシベリアとバルティカを隔てていた海洋．

ヴルパヴス類 vulpavine
食肉類のイヌ類の分枝．第三紀初期にミアキス類から進化した原始的な肉食哺乳類のグループで，クマ類，キツネ類，オオカミ類，イタチ類，アザラシとトド類，パンダ類とすべての真のイヌ類（イヌ科の動物）に多様化した．

[え]

永久凍土 permafrost
地球の北極・亜北極地域の永続的に凍った表土と下層土．

栄養網 trophic web
種が鎖状に連続した体系で，個々の鎖環である種は上位の種に消費される．この網が生態系内のエネルギーを転換する．

エスカー esker
氷床の下を流れる流れによって取り残された氷堆石の曲がりくねった尾根．

エディアカラ動物相 Ediacara fauna
オーストラリアのエディアカラ地域から最初に知られた先カンブリア時代後期化石群集で，蠕虫状やウミエラ状の生物体から成る．

塩 salt
酸の水素が金属元素に置換される時に形成されるような，金属元素と塩基から成る化合物．食塩 NaCl は塩酸のナトリウム塩である．

縁海 marginal sea (epicontinental sea)
大陸に付随する島や半島で不完全に区画された海．地溝形成と初期の拡大の間に形成される．

塩基対 base pair
DNA の 2 本鎖と RNA の一部を結合し，水素結合でつながっている対になったヌクレオチド塩基．構成単位はピリミジン塩基（チミン，シトシンあるいはウラシル）とプリン塩基（アデニンまたはグアニン）で，これらは核酸の構成要素である．

[お]

オイルシェール（油頁岩，油母頁岩） oil shale
泥の石化作用で形成された細粒の堆積岩．有機物質に富み，薄い層すなわち薄片に簡単に割れ，可燃性である．

黄鉄鉱 pyrite
黄金色をした硫化鉄の鉱物で，硫黄と鉄の重要な源である．

オウムガイ類 nautiloid
アンモナイト類やゴニアタイト類に類縁の，直錐ないし曲錐から渦巻状の殻を持つ頭足綱の亜綱の一員．古生代前期には豊富だったが，今では，ほとんど絶滅に近い．

オストラコーダ ostracode →貝形虫類

オゾン層 ozone layer
オゾンガスに特に富む気圏の層．太陽からの紫外線を吸収し，地球温暖化や温室効果を防ぐ．大気汚染に弱い．

オナガザル類 cercopithecoid
第三紀後期から存在する原始的な狭鼻猿類の科の一員．

オビク海 Obik Sea
ウラル山脈の東，ロシアの一部に第三紀初期に存在した陸棚海．

オフィオライト ophiolite
大陸衝突と造山運動の間に陸に押し上げられた海洋地殻の遺物を表す岩石の集まり．主として玄武岩，斑れい岩と碧玉．

オモミス類 omomyid
第三紀初期に存在した，原始的なメガネザルの科の一員．

オルドヴァイ峡谷 Olduvai Gorge
タンザニア，東アフリカのグレートリフトヴァレーにある遺跡．1970 年代以来，「ルーシー」を含むヒト科化石の重要な発見が多数なされている．

オルドビス紀の放散 Ordovician radiation
オルドビス紀前期から中期のサンゴ類，コケムシ類，腕足類，三葉虫類，貝形虫類，その他の無脊椎動物と脊索動物の新しいグループの登場，および動物の多様性，生物量，大きさの急増．

オルドワン文化 Oldowan culture
更新世初期にアフリカのオルドヴァイ峡谷（タンザニア）に存在した石器文化．

温室効果 greenhouse effect
気圏下方での気温の漸進的な上昇．二酸化炭素，オゾン，メタン，亜酸化窒素やクロロフルオロカーボンなどのガスの蓄積によると考えられている．これらの気体が地表で吸収され，輻射された太陽放射を捕え，宇宙に漏れ出るのを防ぐので地球の気温が上昇する．

[か]

階 stage
統すなわち年代区分の世に対応する層序区分より小さい層序学上の単位．

貝殻層 shell bed
貝化石から成る炭酸塩またはリン酸塩の層．

貝形虫類（オストラコーダ，貝虫類） ostracode
カンブリア紀に出現し，オルドビス紀以後に繁栄する微小な水生甲殻類．

海溝 ocean trench
海洋の最も深い部分．プレートテクトニクスの過程で，あるプレートが別のプレートの下に滑り込むと共に引きずり下ろされた長く延びた凹地．通常，海溝の縁に沿って弧状列島が形成される．

外骨格 exoskeleton
昆虫類または類似した動物の堅い外皮．

海山 seamount
高さが 1000 m 以上ある，海底の孤立した隆起部．

外翅類 exopterygote
一連の脱皮によって成長するため，幼虫の形態が成体と似ている昆虫類の亜綱の一員．例えば，孵化したばかりのバッタは成体の小型版のようである．→内翅類

海進 transgression
海による陸域への漸進的な侵入．

貝虫類 ostracode →貝形虫類

海綿動物 sponge
原始的で固着性の水生多細胞動物．水路系を持ち，身体は皮層ですっぽり包まれている．海綿動物は原生代最後期に登場した．

外洋性生物（漂泳生物） pelagic organism
外洋に住む生物体を記述する用語で，自由に泳ぐもの（遊泳生物）と受動的に浮遊するもの（浮遊生物）を含む．

海洋地殻 oceanic crust
海洋の下にある，玄武岩質の比較的重い岩石で，平均の厚さは 8 km．主な成分はマグネシウムと長石で，下部層はモホロビチッチ不連続面を境に斑れい岩とかんらん岩質の岩石に取って代わられる．

海洋底拡大 seafloor spreading
新しい地殻が現れると共に，海洋底が成長し，中央海嶺から外側に分離していく過程．1960 年代に行われた海洋底拡大の観測と大陸漂移説が結びつき，プレートテクトニクスの考えが生まれた．

海嶺 ocean ridge →中央海嶺

化学合成 chemosynthesis
エネルギー源として化学的な酸化還元方式を用いる有機物質の生産過程．バクテリアは主要な化学合成生物である．

核（コア，中心核） core
マントルの下にある，地球表面からの最深部で，深度は 2900 km 以上．主として鉄から成り，中心は固体で，まわりを溶けた層が囲んでいると考えられている．

核脚類 tylopod
偶数の蹄を持つ有蹄類のグループの一員で，ラクダ類を含む．

隔壁 septum
骨格内の中空部を室に分離する骨または殻の仕切り板．

角礫岩 breccia
角ばった砕片でできた粗粒堆積岩．

花崗岩 granite
主に石英と長石から成り，雲母または他の有色鉱物をしばしば伴う，硬くて粗粒の火成岩．一部の花崗岩は他の既存岩石の変成によって形成されることもあるが，花崗岩の大部分は溶けたマグマの結晶化に由来する．噴出性の相当物が流紋岩である．

火砕岩 pyroclastic rock
火山物質の砕片から成る堆積岩．

火山弧 volcanic arc →弧状列島

火成岩 igneous rock
溶けたマグマが凝固して形成されたあらゆる岩石．2 つの主要なタイプ——地下で形成された貫入性火成岩と地球の表面で噴出した溶岩から形成された噴出性火成岩——がある．花崗岩などの前者は粗粒で，一方，玄武岩などの後者は細粒である．

火成コア igneous core
極めて高温で形成され，山脈の中央にある，凝固した溶融物質．

と茎はあるが維管束系を持たない単純な陸生植物．

ココスプレート Cocos plate
太平洋東部にある小さい構造プレートで，ガラパゴス海嶺，東太平洋海膨と中央アメリカ大陸が境界となる．

弧状列島 island arc
海溝の縁で発達する鎖状の火山列島．海溝の縁で，沈み込みつつあるプレート(→沈み込み)が溶けることによって火山が生まれる．

古生代 Paleozoic (Paleozoic era)
5億4500万～2億4800万年前の，地質時代の代．カンブリア紀，オルドビス紀，シルル紀(古生代前期)とデボン紀，石炭紀，ペルム紀(古生代後期)を含む．

古生代動物相 Paleozoic fauna
オルドビス紀の放散とそれに続く多様化で生まれた動物．それらの大部分(三葉虫類，筆石類など)は古生代末までに消滅したが，一部(頭足類，棘皮動物)は現代まで生き残った．

古生マツバラン類 psilophyte
太古の維管束植物に対する古い名称．現在は，異なった起源を持つ多数の原始的な維管束植物に対して使われる．すなわち，リニア類，ゾステロフィルム類とトリメロフィトン類．

古太平洋 Panthalassa Ocean →パンサラッサ

古地磁気学 paleomagnetism
地球磁場の条件およびその地質履歴中の特性の研究．磁場はその当時に形成された岩石に影響を残し，これが歴史上の極や大陸の位置に関する手がかりになる．

固着性生物 sessile organism
海底に住み，移動しない生物体．

個虫 zooid
群体を構成する単位になる個体(1つの基本単位の動物)．

骨甲類(ケファラスピス類) osteostracan
古生代初期に生息した，明確な骨格と，その多くは背鰭と対になった鰭を持つ，初期の無顎類のグループ構成員．

骨片 ① sclerite　硬皮ともいう．骨格の覆い(スクレリトーム)の鱗状または棘状の中空の要素．② spicule　小さく，針状で，石灰質または珪酸質の構造．無脊椎動物の骨格の一部を形成する．

古テーチス海 Paleothetis Ocean
テーチス海の前兆の水域で，古生代中期と後期にパンゲアに入り込む広大な湾として存在し，ローラシアをゴンドワナからほぼ分離していた．

ゴニアタイト類 goniatite
現代のオウムガイ類に似た頭足類グループ(アンモノイド類)のほぼ古生代後半の構成員で，特徴的に大きなぎざぎざ模様の縫合線を持つ．

コヌラリア conulariid　→小錐類

コノドント conodont
古生代～中生代に生息した，ウナギ様で，泳ぐ，原始的な海生脊椎動物で，リン酸塩化した円錐形の歯が多数あった．

古杯動物(アルケオシアトゥス類) archaeocyath
カンブリア紀に生息したカップ状の固着性海生動物．普通海綿類の類縁だった可能性がある．

コープの法則 Cope's law
アメリカの古生物学者エドワード・ドリンカー・コープ(Edward Drinker Cope, 1840-1897)が著した法則で，時が経つにつれ，すべての生物は身体が大型化する進化傾向を持つとする．

コマチアイト komatiite
始生代に広く行きわたり，地球の地殻の玄武岩岩石に先立ったかんらん石で構成される噴出性の火成岩．

コルディレラ山系 Cordillera
平行に走る一連の褶曲山地の連なり．

混濁流 turbidity current
懸濁した堆積物を含む海水の流れ．周囲の海水より密度が高く，海底沿いの深い所を流れる原因となる．

昆虫類 insect
デボン紀後期に登場した，空気呼吸する節足動物の1グループ．身体は頭部，3対の脚を伴う胸部，腹部と1～2対の翅に再分されている．

ゴンドワナ Gondwana
古生代と中生代に，今日の南方諸大陸——アフリカ，南アメリカ，オーストラリア，南極——および，インド，マダガスカル，ニュージーランドが合体していた超大陸．

[さ]

細菌プランクトン bacterioplankton
細菌類の浮遊生物．

サイクロスフェア psychrosphere
海洋最深部の凍る寸前の海水．冷たい海水が両極で沈み込む対流によって形成される．

サイクロセム cyclothem
周期的に堆積したことを示す堆積岩層の順序．例えば，海で石灰岩が形成され，河川が浸食するにつれて堆積した砂岩が続き，河岸で植物が生長するにつれて石炭が続き，海が再び侵入するにつれて石灰岩が続く．

歳差運動 precession
天文学における，天球の極の見かけ上のゆっくりした動き．主に太陽と月の引力によって引き起こされる地球自転軸の揺れによる．軸は約2万6000年周期で徐々に方角が変化し，これが春分が年々早く起こる理由になる．→ミランコビッチ・サイクル．

砕屑物 clastic
すでに存在していた他の岩石あるいは他の鉱物(石英など)の砕片でできた岩石．

最氷期 glacial maximum
氷河時代において氷河作用が最も広範囲な期間．

砂丘 dune
砂の塚．通常は浜辺か砂漠で見られ，風によって造られ移動する．

砂丘層理 dune bedding
砂漠で砂丘が形成される間の，風の堆積作用による斜交層理．

砂漠化 desertification
気候変化あるいは人為的な過程によって砂漠が造られること．後者には，過放牧，森林帯の破壊，肥料使用または不使用に伴う集中農耕による土壌疲弊，管理を誤った灌漑による土壌の塩化が含まれる．

サバンナ savannah
散在する木を伴う，熱帯の大草原の景観．地球の赤道付近の熱帯多雨林と熱帯の砂漠帯との間の地域で典型的である．

サブダクション subduction →沈み込み

サンアンドレアス断層 San Andreas Fault
カリフォルニア州の海岸沿いにあり，その地域に多くの地震を起こすトランスフォーム断層．この継続する活動によって，おそらく，今後数百万年の間にカリフォルニア州のその部分は断ち切られ分離し，漂移するだろう．

山間流域盆地 cuvette
堆積岩層が蓄積する山間の内陸流域の範囲．

産業革命 industrial revolution
産業における機械使用の増加で，英国では18世紀後期に始まった．

サンゴ coral
刺胞動物門花虫綱の海生無脊椎動物のグループのすべてと，ヒドロ虫綱(ヒドロ虫)の数種．サンゴは水から抽出した炭酸カルシウムの骨格を分泌する．サンゴは暖かい海の，十分に光の届く適度な水深に生息する．サンゴは藻類と共生(相利)関係で生き，藻類はサンゴから二酸化炭素を入手し，サンゴは藻類から栄養分を得る．カンブリア紀に登場した初期のサンゴ同様，単生のサンゴ類も数種あるが，大部分のサンゴは大きなコロニーを形成する．サンゴの蓄積した骨格は礁や環礁を造る．

三重会合点 triple junction
3つの岩石圏プレートが接する点．海嶺が三重会合点に接していることがしばしばあり，これが大陸縁部の，しばしば，鋭く曲がった性質の説明となる．

酸性雨 acid rain
二酸化硫黄などの溶解物質が存在することで酸性になった雨．火山噴火や現代では産業公害で起こることがある．

三葉虫類 trilobite
古生代に生息し，浅海底で腐食していた海生節足動物．三葉虫類に特有の装甲を持ち体節に分かれた身体にはY字型の多くの脚があり，一見したところ現代のワラジムシに似ていた．ペルム紀末に絶滅したが，化石は古生代の岩石中に豊富にある．

三稜石(ドライカンター) dreikanter
風によって削り磨かれ，3つの面を持った石．

[し]

シアノバクテリア(藍藻類) cyanobacteria (blue-green algae)
構造的にはバクテリアに類似した原始的な単細胞生物体．群体または糸状体になることがある．シアノバクテリアは35億年以上前から存在した，知られる最古の生物の1つで，モネラ界に属する．シアノバクテリアが光合成を発達させ，大気中の酸素増加の一因となったことで地球が変化し，進歩した生物が発達できるようになった．シアノバクテリアは生息域としての水中，岩石や樹木の湿気のある表面や土壌中に広く分布する．名前は葉緑素とフィコシアニン色素によって生じる色に由来する．

四肢動物 tetrapod
魚類でないすべての脊椎動物．名前は「4本足」を意味するが，この分類は祖先がデボン紀に起源

を持つ真の四肢動物だったクジラ類，鳥類，ヘビ類にも当てはまる．

四射サンゴ類 rugosan →四放サンゴ類

示準化石 index fossil
その存在が岩石の年代を示す化石．有用な示準化石になるのは生息期間が短く，広域に分布する種である．筆石類とアンモナイト類が例である．示準化石は示帯化石としても知られる．

地震学 seismology
地震および地球内の振動の伝わり方の研究．

地震波 seismic waves
地震が出す振動．地震波は多数の型をとり，最初の小刻みな揺れであるP波（縦波），次の大きい揺れであるS波（横波），地表を伝わり損害を引き起こすL波を含む．

沈み込み（サブダクション） subduction
ある岩石圏プレートが別の岩石圏プレートの下を滑ってマントルに入り，消滅する際の岩石圏プレートの動き．この過程はプレートテクトニクスに不可欠な部分である．

沈み込み帯 subduction zone
岩石圏の沈み込みが起こる，傾斜のある地帯．

始生代（太古代） Archean (Archean era)
地質時代の最初の累代で，地球の歴史の約45％（45億5000万〜25億年前）を含む．（訳注：地球上に直接の記録が残されていない時代（46億〜40億年前）を冥王代として区別するのが普通．）

自然選択（自然淘汰） natural selection
チャールズ・ダーウィン（Charles Darwin）によって最初に唱えられた，進化の主たる仕組み．自然選択によって集団の遺伝子頻度が特定の個体を通して変化し，他の個体より多くの子孫を生じる．大部分の環境はゆっくりだが絶えず変化しているため，自然選択は好ましい特質を持つ個体の繁殖の成功を高める．その過程はゆっくりで，突然変異による生物体の遺伝子における偶然な変異および有性生殖中の遺伝子組み換えに依存する．

始祖鳥 Archaeopteryx
ドイツのジュラ系上部の岩石から発見された，知られる最古の鳥類で，祖先に当たる恐竜類の持つ多くの解剖学的特徴を保持していた．

示帯化石 zone fossil →示準化石

シダ種子類 seed ferns
胞子よりもむしろ種子で繁殖した，石炭紀前後の多様な植物の中で，絶滅した裸子植物のグループ．しかし，シダ種子類は専門的には「シダ類」ではなく，外見がシダ類に似ているだけである．

四放サンゴ類（四射サンゴ類，皺皮サンゴ類） tetracoral (rugosan)
オルドビス紀〜ペルム紀に生息した絶滅サンゴ類．単体型または分岐した角状の群体型があった．

刺胞動物 cnidarian
触手に刺す細胞（刺胞）がある，クラゲに似た原始的な水生無脊椎動物．刺胞動物は原生代最後期から存在し，ヒドラ類，サンゴ類，イソギンチャク類やクラゲ類を含む．クシクラゲ類を除いた腔腸動物のすべて．

縞状鉄鉱石 banded ironstone
先カンブリア時代の，鉄に富んだ層と鉄の乏しい層が交互になった岩石．

蛇頸竜類 plesiosaur →長頸竜類

斜交層理（斜交成層） cross-bedding (current bedding)
堆積中の強い水流または風で生じた堆積岩の傾斜面．例えば，典型的な三角州では，流れている河川が海の水がより深い所に達し，運んでいた堆積物を降ろす所には，だいたい水平か極めてゆるい勾配の頂置層，傾斜した前置層（三角州の前面），および，ゆるやかに傾斜し三角州の前で平坦な海底と接する底置層がある．水流は下方に傾斜した層の方向に流れる．類似の様式（砂丘層理）は風が砂漠に砂丘を形成する所で発達する．

種 species
分類学上の類別の基礎単位．交配して繁殖力のある子孫を産出できる生物体の集団で，種相互は生殖的に隔離されている．類縁種は共に同属に分類される．

獣脚類 theropod
肉食の竜盤類恐竜のグループの一員．

獣弓類 therapsid
進化した哺乳類型爬虫類のグループの一員．

褶曲 fold
造山によってねじ曲げられた，本来は水平な堆積岩層．褶曲はアルプス山脈やアパラチア山脈の場合のように，圧縮変形によって山塊を形成することがある．

褶曲衝上断層帯 fold-and-thrust belt
褶曲と衝上断層の特徴がある山脈の内陸帯．

褶曲帯 fold belt
激しい変形と褶曲の発達があった，地殻の長くて細い地帯．このような地帯は，通常，収束境界に付随する大陸縁部沿いに発達する．褶曲帯は金星でも認められている．

周極流 circumpolar current
地球の極の周りを流れる海流．現在，南極の周りに重要な周極流がある．

ジュウグロドン類（原始鯨類） zeuglodont
初期のクジラ類のように，アーチ状の歯を持っている．

従属栄養生物（有機栄養生物） heterotroph
消費者である生物体．自身は単純な無機物から有機化合物を合成できないため，食物として有機化合物を摂取する生物体．従属栄養生物はバクテリア，菌類，原生動物とすべての動物を含む．独立栄養生物（生産者）である植物は主な例外である．

収束境界 convergent plate margin
岩石圏のプレートが押し集められ，地殻表面域が失われる岩石圏地帯．岩石圏がマントル内に消滅する沈み込み，あるいは，岩石圏の一部分が衝上断層のスライスとして互いに積み重なり，地殻が短縮または厚化することによって生じることもある．

収斂進化 convergent evolution
近い時点に共通祖先を持たない動物が適応を通して類似の形や習性を進化させ，類似の環境で同じ生活様式で生きられるようになる現象．魚竜類（爬虫類），サメ類（魚類）とイルカ類（哺乳類）は類縁ではないが，収斂進化を通して同じ体形を発達させた．

種形成 speciation
新しい種が出現し，時が経つと共に変化する過程．

主竜類 archosaur
ワニ類，恐竜類，翼竜類と鳥類を含む双弓類爬虫類のグループの一員．

礁 reef
サンゴ類などの骨格が集まって形成され，海の重要な生息地を形成する炭酸塩堆積物．裾礁は大陸や島の磯にでき，生きている動物は主に外縁部を占める．堡礁は塩水の礁湖によって岸から幅30kmも隔てられる．環礁は礁湖を囲み，死火山が沈下した所に形成される．

条鰭類（じょうきるい） actinopterygian
放射状の支持物を伴う鰭のある魚類の亜綱の一員．現生魚類の大部分は条鰭類である．

衝撃石英 shocked quartz
石英や長石などの，間隔が密で微小な層を内部に伴う鉱物．隕石が地球に衝突する時のような，衝突の衝撃による巨大な圧力に起因する．

衝上断層 thrust fault
圧縮で生じた低い角度の断層．造山運動では，衝上地塊（岩石の大きなスライス）が下にある岩石上を長距離にわたって水平に滑ることがある．

小錐類（コヌラリア） conulariid
原生代最後期に生息した固着性の海生動物で，側面が4つあり，細長いピラミッドのような硬化した骨格と，折れ曲がる4つのふた状の折れ襟を持っていた．

蒸発岩（蒸発残留岩） evaporite
湖または海の入江が干上がると共に，水から沈殿した鉱物で形成された堆積岩または単層．

床板サンゴ類 tabulate
古生代初期〜後期に存在したサンゴ類の種類．クサリサンゴ，ハチノスサンゴなど群体型．

消費者 consumer
生産者あるいは他の消費者を食べる動物．

小翼 alula
鳥類の翼で親指の位置にある一群の羽根で，飛行中の操縦性に寄与する．

小惑星（アステロイド） asteroid
太陽を回る軌道にある小型の惑星．大部分は火星の軌道と木星の軌道の間にあり，直径は約16〜800km以上までと幅がある．

礁陸側 back reef
礁の陸側で，礁原の背後陸側と礁湖の地域を含む．

植物食動物 herbivore →草食動物

植物プランクトン phytoplankton
藻類のようなプランクトン．植物プランクトンは主に藻類から成り，海洋でのほぼすべての光合成を遂行する．植物プランクトンは食物連鎖の基礎である．

食物網 food web
より複雑な食物連鎖．各段階に数種がいるため，生産者と消費者がそれぞれ複数いる．

食物連鎖 food chain
主に植物である，底部に位置する主要な生産者で始まり，一連の消費者——植物食動物，肉食動物，分解者——までの，ある生態系中の栄養段階を通じてのつながり．

シル sill
堆積岩層の間にほぼ平行に板状に貫入した火成岩の進入岩体．

真猿類 anthropoid
古第三紀に出現した高度に派生した霊長類の1グループ．無尾または短尾のサル，尾のあるサルとすべてのヒト上科を含む．

進化 evolution

生物体が祖先とは異なってくる生物学的変化の過程．漸進的な進化という考え（創造説とは全く異なる）は19世紀に賛成されたが，多くの伝統的な宗教の信条を否定するため，21世紀に入っても相変わらず議論があった．英国の自然史研究家チャールズ・ダーウィン（Chareles Darwin, 1809-1882）は進化上の変化における重要な役割を自然選択（すなわち，資源を求めての競争内に働く環境圧力）に帰した．最近の進化論（新ダーウィニズム）はダーウィンの理論とグレゴール・メンデル（Gregor Mendel）の遺伝学的な理論およびヒューゴー・ド・フリース（Hugo de Vries）の突然変異の理論を結合させる．進化上の変化は長期間にわたって比較的安定し，時々，急速な変化の期間があったのかもしれない（断続平衡説）．

深海平原　abyssal plain
海面下3～6 kmで広い平担地を形成する海洋底．

真核生物　eukaryote
DNAを持ち，核膜で他の細胞構造から分離されて明らかに限定された核と，ミトコンドリアのような特殊化した細胞小器官を伴う，複雑な細胞構造を持つ生物体．真核生物は原核生物であるバクテリアとシノバクテリアを除くすべての生物体を含む．

新口動物（後口動物）　deuterostome ("last mouth")
成体で別の口が発達するにつれ，原口が肛門になる動物．棘皮動物，半索動物と脊索動物はすべて新口動物である．

真骨類　teleost
骨質の骨格，小さく円い鱗，左右相称の尾を持つ魚類のグループ．現代の大部分の魚類は真骨類である．

深成岩体　pulton　→プルトン

新生代　Cenozoic (Cenozoic era)
6500万年前に始まった，地質時代の中の最も新しい代．第三紀，第四紀を含み，現在も含む．

新世界サル類　new world monkeys　→広鼻猿類

新赤色砂岩　New Red Sandstone
ペルム紀と三畳紀にローラシア超大陸に堆積累重した陸源性堆積岩．

新石器時代　Neolithic age
「新しい石器時代」．進歩した石器の使用と農耕の発達が特徴となる，更新世の氷河時代の終わり頃の文化．

親鉄元素　siderophile element
金属相に親和力を持つ化学元素．例えば鉄あるいはニッケル．地球形成中，親鉄元素は核の方に沈んだ．

真反芻類　pecoran
シカ類やキリン類を含む，偶数の足指を持つ有蹄類のグループの一員．

心皮　carpel
そこから果実と種子が育つ，顕花植物の雌の生殖器．

針葉樹（球果植物）　conifer
球果で繁殖するモミ類やマツ類などの裸子植物の樹木．

[す]

水圏　hydrosphere
地球の構造で水から成る部分．水圏は海洋，氷冠や気圏のガスを含む．

彗星　comet
主として水，氷と岩石片から成る惑星的な天体．軌道で太陽に接近すると氷からの水が蒸発し，尾を形成する．

水柱状図　water column
海または湖の垂直柱状図で，異なった層準にある水の特性の違いを強調する．

水平ずり断層　strike-slip fault　→走向移動断層

水平堆積の原理　principle of original horizontality
すべての層は水平に堆積するという地質学の原理．

スクレリトーム　scleritome
孤立した骨片から成る骨格の覆い．

スチリノドン類　taeniodont　→紐菌類

ストロマトライト　stromatolite
糸状体の藻類の層が堆積物粒子（主に炭酸塩）を捕える時に，静かな水中で形成される薄板状の構造．藻類の別の層がこの堆積物表面上に育ち，別の層を捕え，その結果，ドーム形または円柱になる．ストロマトライト化石はストロマトライトの生長を妨げる他の生物がいなかった先カンブリア時代から知られる．

[せ]

斉一観　uniformitarianism
現代の岩石と地形を形成する自然の法則と過程は時代を通して一様だったとする原理．そのため，太古の地質学上の形成と過程は，現在の世界における類似した形成と過程を観察することで解釈できると考える．この原理は「現在は過去への鍵である」として表現される．しかし，その過程が機能した速度は遠い過去では異なっていたかもしれず，また，その相対的な重要性も変化したであろう．

生痕学　ichnology
足跡や巣穴の化石の研究．

生痕化石　trace fossil
化石化した匍跡，歩行跡，穿孔，巣穴や足跡．古生物の生活の痕跡で，卵や排泄物，他者により破壊された殻なども含む．

生産者　producer
光を変化させること（光合成）や化学物質を改変させること（化学合成）によって有機物を生産する生物体．

生殖体　gamete　→配偶子

生層序（位）学（化石層序学）　biostratigraphy
含有する化石に基づき岩石を層準に分け地域間の対比を行い時代を決める学問．

生態学　ecology
動植物の生態群集間およびその環境との関係の研究．

生態群集（群集）　community
限られた地域に生息する，相互関係の実在する生物体の集まり．

生態系　ecosystem
ある地域における生物体と自然環境（生物学的および非生物学的要素）から成る結合した生態学的単位．生態系は大規模なことも小規模なこともあり，地球は1つの生態系で，1つの池も1つの生態系である．生態系中のエネルギーと栄養分の移動が食物連鎖である．

生態的地位（ニッチ）　niche
種の生態的位置，つまり，種が適応している全環境要素の組み合わせ．生物学用語では，特定の生物がその生活様式のために占める，特定の環境中の場所と役割．

生物群系　biome　→バイオーム

生物圏　biosphere
生物を支える地球の部分で，気圏の下方で始まり，表面（陸と水）を通り，地殻の上部に及ぶ．

生物体量　biomass　→生物量

生物多様性　biodiversity
地球に生息する種，種内の遺伝学的な差異，および，これらの種を支える生態系の多様さの程度．

生物地理区　biogeographic province
隣接する動植物相の混入を妨げる地理的な障壁によって生じた，性質の異なる一連の動植物を伴う地域．現代ではオーストラリアにしか生息しない有袋類などの変わった生物の分布によって，地理区が認められることもある．

生物発生説　biogenesis　→続生説

生物量（生物体量，現存量）　biomass
一定の地域にいる生物体の総量．

セヴィア造山運動　Sevier orogeny
白亜紀，カリフォルニア州北部での火成活動と褶曲衝上活動の事件．

石英　quartz
地球の大陸地殻中で最も広く行きわたった珪酸塩鉱物の1つで，砕屑性の堆積岩の主成分．主として二酸化珪素である．

石化作用　lithification
岩石を形成するまでの堆積物の硬化固結の過程．

脊索　notochord
特定の蠕虫様動物の身体の全長にわたる屈性のある支持物．脊索は脊椎動物の脊柱の原始形である．

脊索動物　chordate
前方に神経索，より高度な脊索動物では脊柱に置き換わる軟骨の棒状器官（脊索），喉部に鰓の細長い孔を持つ新口動物．脊索動物はカンブリア紀から存在する．

石質普通海綿（イシカイメン）　lithistid demosponge
硬い骨格を伴う海生の普通海綿類．石質普通海綿はカンブリア紀から存在する．

赤色岩層　redbed
空気にさらされることで酸化し，鉄成分が赤錆色になった陸成堆積岩層．赤色岩層はしばしば砂岩と関連がある．

石炭　coal
主として（50％以上）植物素材の炭素遺物から成る，有機物の堆積変成岩．酸化と腐敗を防ぐために，これは水中に蓄積するか急速に埋まる必要がある．岩層中に石炭が埋まる深度，およびその結果としての圧力により，軟らかく低品質の石炭（泥炭，褐炭）とか硬く高品質の石炭（無煙炭）を生じる．

脊椎動物　vertebrate
背骨を持つすべての動物．約4万1000の脊椎動物の種があり，哺乳類，鳥類，爬虫類，両生類，

魚類を含む.

石油 petroleum
トラップと呼ばれる岩石構造中に凝縮して発見される，腐敗した有機物から形成される原油．産業用原料として採取される．

石灰岩 limestone
主として方解石から成る炭酸塩堆積岩．海水の無機化学的沈殿が由来の場合や，動物の殻の蓄積による場合がある．

舌形動物 pentastome
カンブリア紀に登場した寄生性の甲殻類ないしはクモ類．節足動物門に近縁の独立した一門とする考えもある．環状の柔らかいクチクラで覆われた扁平で軟らかい身体のため，舌虫類としても知られる．

節足動物 arthropod
分節した身体を覆って関節した外骨格を持つ無脊椎動物．分節した体部には対になり関節した一連の付属肢がある．節足動物はカンブリア紀に初めて出現し，現在まで生き続けている．クモ類，ダニ類，甲殻類，ムカデ類，昆虫類などが含まれる．

絶滅 extinction
1つの種または他の生物群が完全に姿を消すこと．繁殖率が死亡率を下回ると起こる．過去の大部分の絶滅は，種が環境中の自然の変化にすばやく適応しきれなかったために起こった．今日では，主として人類の活動のためである．

前縁海溝 foredeep
弧状列島の海側にある深い地域．

前弧海盆 forearc basin
弧状列島と，その背後のくさび形の付加帯との間にある細長い堆積盆地．

扇状地 alluvial fan
浸食された物質が高地方から流れ下り，谷口を扇頂とする平坦な平原状に堆積した扇形の面状地形．

染色体 chromosome
生物の細胞内にあり，内に遺伝子を含み，糸を撚ったような形のDNAのひも．

蘚苔類(せんたいるい) bryophyte →コケ類

[そ]

相(層相) facies
場所的につながりを持ち，同一の地質学的事件に関連する異なった堆積岩の集まりで，そのためその地方の条件が表される．

層位学 stratigraphy →層序学

双弓類 diapsid
爬虫類の主要な1亜綱の構成員．双弓類は頭骨の眼窩後方に2つの開口部があることで定義される．トカゲ類，ヘビ類や主竜類は双弓類である．

双牙類 dicynodont →ディキノドン類

総鰭類(そうきるい) lobe-finned fish
総鰭亜綱に属する硬骨魚．総鰭類は鰭を支える肉質の葉によって条鰭類と区別される．総鰭類は両生類の祖先で，したがって全陸生脊椎動物の祖先と考えられている．肺魚類と併せて肉鰭類とも呼ぶ．

走向移動断層(横ずれ断層，水平ずり断層) strike-slip fault
ある岩体が，すぐ隣の岩体に対して垂直方向というよりはむしろ横方向に移動する断層．

造構海面変動 tectonoeustasy
中央海嶺が成長すると共に海水量の絶対的な変化が原因で起こる世界的な海水面変動．

層孔虫類 stromatoporoid
礁を形成した，石灰化した海生海綿動物の絶滅グループの1つ．かつてはヒドロ虫類に近縁と考えられる場合が多かった．

造山運動 orogeny
褶曲山脈や地塊山地ができる運動．プレートの衝突や沈み込みで，断層・褶曲帯をつくる作用．

層序学(地層学，層位学) stratigraphy
地球の表面または表面付近にある岩層の関係・分類・年代・対比の研究．これらの岩石の順序により，科学者たちは地球の地質学史を確立できる．

草食動物(植物食動物) herbivore
植物を食べる動物．肉食動物と異なり，この用語は特定グループの動物に限定されない．

槽歯類(そうしるい) thecodont
三畳紀に生息した，恐竜類の祖先にあたるものを含むワニ状の爬虫類．槽歯類をなしていた動物は，現在ではいくつかの分類群に入れられ，したがって槽歯類という分類群はない．

層相 facies →相

創造説 creationism
聖書に書かれているように，世界は神によって創造され，それは6000年以上前ということは無く，種は個々の起源を持ち不変であるとする理論．ダーウィンの進化論に対抗して展開されたが，大部分の科学者は事実に基づくとは考えていない．

相同体制 homologous structure
異なった種における類似の体制．共通祖先を示唆はするが，腕と翼のようにそれぞれ異なった機能を果たす．

草本 grasses →草

層理面 bedding plane
堆積岩の1つの単層を，隣接した単層から分ける面．

藻類 alga (複数形：algae)
植物の最も原始的な型で，1つの細胞あるいは細胞の集団から成り，維管束系は無い．海藻は藻類の一例である．

属 genus
リンネ式生物分類法での6番目の区分で，多数の類似または近縁の種から成る．類似の属は科に分類される．

側系統 paraphyly
複数の祖先から進化したグループ(単系統の逆)．恐竜類は2つの主要なグループ(竜盤類と鳥盤類)が独立に進化したかもしれないため，側系統かもしれない．分岐分類学では，祖先的形態を共有することを指す．

続成作用 diagenesis
埋まった堆積物からの低温での堆積岩の形成．2つの過程が含まれ，最初に堆積物粒子が圧縮され，次いでその粒子が鉱物で固結される．

続生説(生物発生説) biogenesis
自然発生的に創造されたり，他のものから変容したのではなく，生物は自身のような生物からしか進化しないとする原則．

側方連続の原理 principle of original lateral continuity
渓谷などの浸食地形で分離された類似の岩層は，当初は一緒に堆積したとする地質学の原理．

ソテツ類 cycads
中生代によく見られ，外見がヤシ類に似た，種子植物の多様なグループ．

ソノマ造山運動 Sonoma orogeny
東に移動しつつあった弧状列島が北アメリカの太平洋縁部と衝突した際の，ペルム紀・三畳紀境界の造山事件．

[た]

帯 zone
地質学で用いられる最短の時代を表現する生層序単位．

ダイアピル(褶曲) diapir
上部層を通り押し上げられた岩石層によって形成されるドーム状の岩石構造．ダイアピルは，その層が圧力下で塑性を持つ岩塩類などの岩石から成っている時にしか生じない．

体管 siphuncle →連室細管

大気 atmosphere →気圏

太古代 Archaean →始生代

第三紀 Tertiary
中生代の白亜紀と新生代の第四紀との間の地質時代の時期．最後の約200万年を除く，地球の歴史の最後の6500万年を含む．

堆積岩 sedimentary rock
破砕物の層が累積して固結することで形成される岩石で，固い塊体を形成する．堆積岩には次の3つの型がある．砂岩などの砕屑岩の破砕物は既存の岩石が起源，石炭などの生物起源の破砕物はかつての生物が起源，岩塩などの化学作用の破砕物は水溶液から沈殿した結晶で形成される．

堆積間隙 non-sequence →ノンシーケンス

大地溝(リフト) rift
並行に走る断層系の間での，陸の一地域の下方への動きで形成される，長く延びた凹地．大地溝は地殻が伸びる地域に生じ，そこでは岩石圏プレートが分かれつつあり，大陸が分離しつつある．大地溝は渓谷を形成する傾向がある．

太陽系星雲 solar nebula
ビッグバン後，そこから最終的に太陽系が凝縮した，塵とガスの雲．

大洋中央海嶺 mid-ocean ridge →中央海嶺

第四紀 Quaternary
更新世と完新世を含む地質時代の時期．したがって，最後の氷河時代と人類の歴史全体を含む．

大陸 continent
比較的浮揚性のある陸の地殻の塊．地球の大陸は平均して海洋底から4.6 km上にあり，厚さは20〜60 kmの範囲内で変化する．これまでに発見された最古の大陸性岩石は約38億年前のものである．個々の大陸の中心にはクラトンまたは楯状地と呼ばれる太古の岩石の塊が1つあるいは複数あり，連続的に時代が新しくなる褶曲山地の変動帯に取り巻かれている．大陸縁部は氾濫し，大陸棚を形成することがある．

大陸移動(説) continental drift →大陸漂移(説)

大陸棚 continental shelf
海岸線から大陸斜面の上縁まで伸びる大陸周縁のゆるい勾配で，浅海を形成する．大部分の堆積は海洋底のこの部分で生じる．

大陸漂移(説)(大陸移動説) continental drift
最終的には分裂した単一の超大陸がかつて存在したが，約2億年前に分裂漂移し始め，その構成要素である諸大陸は依然として漂移していると仮定する学説で，通常，ドイツの気象学者アルフレッド・ウェゲナー(Alfred Wegener)が唱えたとされている．現代の研究により，これは地球のマントル内の対流で動く海洋底拡大の結果であることが立証されている．

対流 convection
熱による流体の動き．熱い流体は冷たい流体より密度が低いため，熱い流体は上昇し，冷たい流体は下降する．対流はプレートテクトニクスと同様に世界の風系をも動かしている．

大量絶滅 mass extinction
地球の生物体の，短期間で広域にわたる重大な規模の絶滅．

ダーウィニズム(ダーウィン説) Darwinism
英国の自然科学者チャールズ・ダーウィン(Charles Darwin, 1809-1882)が提唱した進化論に対する一般名．今では自然選択説として知られる彼の主要な主張は，性によって繁殖する個体群の構成員間に存在する変異に関するものだった．ダーウィンによれば，環境により適応した変異を持つ個体が生き延びて繁殖し(適者生存)，その後，その形質を子孫に受け渡す可能性が高くなる．時の経過と共に個体群の遺伝学的構成が変化し，十分に時が経つと新しい種が生じる．したがって，存在する種はより古い種からの進化によって起こる．→創造説

多雨湖 pluvial lake
雨で形成された湖．

多殻類 polyplacophoran →多板類

多丘歯類(たきゅうしるい) multituberculate
中生代と第三紀初期に生息した，齧歯類(げっしるい)に似た原始的な哺乳類の目の一員．多丘歯類は最初の植物食哺乳類だったかもしれない．

タコニック造山運動 Taconic orogeny
アパラチア造山運動の初期段階で，オルドビス紀に弧状列島がローレンシアに付加した際に起こった．

脱ガス過程 degassing
物体あるいは物質からガスが漏れ出る過程．始生代初期，地球は熱せられて溶融し，大量のガスを宇宙に失った．

楯状地 shield
カンブリア紀以前に安定化した大陸地殻の一部に対する別の用語．広大な面積の基盤岩類が低平な陸地として露出．

多板類(多殻類) polyplacophoran (chiton)
左右相称で石灰質の殻板を多数持つ，多殻の海生軟体動物．多板類はカンブリア紀に進化した．

多毛類 polychaete
カンブリア紀に登場した，主に海生の環形動物．各体節に剛毛(刺毛)の束を持つ一対の肉質の疣脚(いぼあし)がある．

単殻類 monoplacophoran →単板類

単弓類 synapsid
爬虫類の主要な1亜綱の構成員で，哺乳類型爬虫類を含む．両側頭部に1つの特別な開口部があり，特徴的な頭骨を持つ．子孫の哺乳類では，開口部がさらに大きくなり，顎のかみ合わせを強化した．→双弓類

単系統 monophyly
単一の共通祖先の子孫すべてを含むグループ．

単孔類 monotreme
卵を産む哺乳類の目の一員．ハリモグラとカモノハシのみが現生単孔類である．

単細胞生物 unicellular organism
身体全体が単一の細胞から成る生物体．

炭酸塩 carbonate
炭酸の塩．炭酸塩は鉱物中によく見られ，石灰岩などの堆積岩の主要構成要素である．最も広く行きわたった炭酸塩鉱物は方解石，霰石，苦灰石である．

炭酸塩補償深度 carbonate compensation depth
炭酸塩の沈澱速度が溶解速度と等しくなる海の深度．

単肢動物 uniramian
分枝していない単純棒状の付属肢を持つ節足動物などをいう．

単層 bed
上下にある層とは性質の異なる堆積岩の層．

断層 fault
1つの岩塊が他の岩塊に対して動いた所に沿う岩体の割れ目．典型的な断層は地殻の伸長に起因し，一組の地溝を形成することがある．断層は衝上——地殻が短くなる所(逆断層)や，接した岩塊が垂直方向には僅かしか動かず，もしくは全く動かずに横方向に動く所(走向移動断層またはトランスフォーム断層)——沿いにも生じる．

断続平衡 punctuated equilibrium
比較的安定した期間に，形態変異の増大と突発的に急激な新種形成が散在する進化の型．個々の期間の存続期間は異なった環境条件下で大きく異なる．

炭素循環 carbon cycle
それによって炭素が生態系内を循環する化学反応の連続．炭素は石灰岩の主要成分で，生物の殻として沈積することがしばしばある．二酸化炭素中の炭素を植物が光合成過程で吸収し，炭水化物を造り，大気中に酸素を放出する．炭水化物は呼吸の際に植物に直接使われ——あるいは植物を食べる動物に使われ——大気中に二酸化炭素として戻される．

蛋白質 protein
アミノ酸から成る複雑な有機化合物で，生物の大部分を形成する．

単板類(単殻類) monoplacophoran
帽子状で左右相称の石灰質の殻を持つ，縁膜が1枚の，初期の海生軟体動物．

[ち]

地衣植物 lichen
菌類とシアノバクテリアすなわち藍藻類から成る共生生物体．現生種しか知られていない．

地殻 crust
マントルの上，地球の岩石圏(リソスフェア)の最も外部．密度の高い海洋地殻，つまり苦鉄質地殻と，より軽い大陸地殻，つまり珪長質地殻の2種類がある．

地球温暖化 global warming
総体的な気温上昇を含む，地球の気候変化．自然な過程での結果であることもあるが，現在では主として温室効果に原因があるとされている．変化は規則的ではなく，永続的な氷冠と世界の他地域のより温暖な条件との間の気温勾配が増大することによって生じた，予測不能の気象条件として現れることがある．国連環境計画(UNEP)の予測では，2005年までに，地球温暖化が原因で世界の平均気温は1.5℃上昇し，極の氷が溶ける結果として海水面は20cm上昇する．

地圏 geosphere
気圏または生物圏とは性質が異なり，地球の固体部分．

地溝 graben
岩石の一部が平行な断層間に下降した地質学上の構造．地表では地溝帯として現れることがある．

地層 strata (単数形：stratum)
堆積岩の複数の単層．

地層学 stratigraphy →層序学

チャート chert
非結晶質の二酸化珪素で形成された岩石．

チャンセロリア類 chancelloriid
古生代前期に生息した固着性のコエロスクレリトフォラ類で，その骨格は袋様の体部を取り巻く，バラの花冠状で棘があり中空の骨片から成る．海綿に類似した動物．

(大洋)中央海嶺 mid-ocean ridge
新しい海嶺が現れる所にある，海洋底の隆起した地勢で，両側で外側に広がる．中央海嶺は火山を伴う長い隆起，熱水，地殻沿いの地溝帯を形成する．このような海嶺は，マントルが岩石圏プレートの砕けやすい縁部を「曲げ」ようとする働きを助けるトランスフォーム断層によって，しばしば隔離される．海嶺はマントルの対流セル上に発達する可能性がある．

紐歯(ちゅうし)**類**(スチリノドン類) taeniodont
第三紀最初期に生息した原始的な哺乳類グループの一員．

中深外洋性 mesopelagic
水中の中間帯およびそこに住む生物体．

中心核 core →核

中生代 Mesozoic (Mesozoic era)
2億4800万〜6500万年前の，地質時代の代．三畳紀，ジュラ紀と白亜紀を含む．

鳥脚類 ornithopod
鳥盤類の系統を引き，ジュラ紀〜白亜紀に生息した二足歩行の植物食恐竜の系列．鳥脚類はカムプトサウルス(*Camptosaurus*)，ハドロサウルス(*Hadrosaurus*)とイグアノドン(*Iguanodon*)などを含んでいた．

超苦鉄質地殻 ultramafic crust
苦鉄質地殻同様に重い地殻だが，二酸化珪素の含量はさらに少ない．

長頸竜類(クビナガリュウ類，蛇頸竜類) plesiosaur
中生代に生息した肉食の泳ぐ爬虫類．長頸竜類にはカメのような身体，ひれ状の足と長い頸があった．

超新星 supernova
恒星の構造が崩壊する結果として生じる爆発．

長石 feldspar
アルミノ珪酸塩の造岩鉱物グループのすべて．

超大陸 supercontinent
複数の大陸塊が集まってできた大陸．

鳥盤類 ornithischian

植物食で「鳥類のような骨盤」を持つ，恐竜類の主要な2グループの1つ．しかし，始祖鳥や鳥類が進化した系列ではない．

チョーク chalk
殻で覆われた微小な動物の堆積物から形成された，純粋な種類の石灰岩．

地塁地塊 horst block
地溝とは逆に，2つの断層間で岩石の一区画が隆起している地質学上の構造．地塁地塊の表面の特徴は頂が平坦な丘になることだろう．

[つ]

角竜類(ケラトプス類) ceratopsian
装甲した盾状部があること，および，頭部の角の配置が特色となる四足歩行の鳥盤類恐竜の1グループ．

粒雪(フィルン) firn
部分的に凍っても，氷を形成していない，氷河の上に積った雪．

ツンドラ tundra
冬は雪で覆われ，夏は氾濫する，生長を妨げられた季節的な植生を持つ景観で，永久凍土に起因する．はるか北方の大陸域に典型的である．

[て]

DNA(デオキシリボ核酸) deoxyribonucleic acid
染色体の主要な化学的構成要素．

泥岩 mudstone
泥の圧密によって形成される細粒の堆積岩．頁岩と似ているが，独特な細かい層理を欠く．

ディキノドン類(双牙類) dicynodont
1対の顕著な犬歯を持つ種類が多かった哺乳類型爬虫類の一下目の一員．

底生生物 benthic organism
水底に生息する水生の生物体．

ティタノテリウム類 titanothere →ブロントテリウム類

低地 lowland
集積の過程が破壊にまさる陸部．

底盤 batholith →バソリス

テーチス海 Tethys Seaway (Tethys Ocean)
パンゲア大陸中に広大な湾として存在した海洋域で，ゴンドワナからローラシアをほぼ分離していた．テーチス海はアフリカとインドがヨーロッパとアジアに近づくと共に無くなり，地中海，黒海，カスピ海，アラル海を残した．

適応 adaptation
進化の上で，特定環境で特定の生活様式で生きられるように，生物体の構造あるいは習性の変化すること．水かきを持つアヒルの足など．

適応放散 adaptive radiation
ある系列が異なった型を進化させ，構成員が異なった環境の異なった生活様式に適応することを可能にする過程．

テレーン terrane
地球上で周囲の地殻とは性質が異なる，地殻の比較的小さい塊．

[と]

統 series
世(せい)の間に堆積した，または迸入した岩石から成る層序学の単位．

同位体 isotope
核内の陽子は同数だが，中性子数が異なるために物理的性質の異なる，化学元素の型の1つ．

頭蓋動物 craniate
脊椎動物の別名．この用語は，脊椎は無いが，このグループに特有の頭骨の形質を備えているメクラウナギ類などの動物を含む．

透光帯(有光層) photic zone
そこまで日光が海中に届く領域(海面下約200m)．光合成が可能な深度(多光帯)は約100mまで．

頭索動物 cephalochordate
ナメクジウオ類．小型で，鱗がなく，魚類のような原始的な脊索動物で，脊索と神経索はあるが脳は無い．頭索動物はカンブリア紀に現れた．

頭足類 cephalopod
カンブリア紀に進化した，大きな脳と目を持つ，進歩した海生軟体動物．足は発達してジェット推進器官と触手になった．

頭部 cephalon
三葉虫類の頭の部分．

動物地理学 zoogeography
動物の分布，特定地域の動物集団および個別の生物地理界間の障壁の研究．

動物プランクトン zooplankton
プランクトンの動物性構成要素．主に，原生動物，小型甲殻類および軟体動物とその他の無脊椎動物の幼生段階．

トクサ類 Sphenopsid (Equisiophyta)
巨大な維管束植物カラミテス(*Calamites*)などの胞子植物のグループ．古生代後期によく見られた．

独立栄養生物(無機栄養生物) autotroph
栄養物を生産するあらゆる生物体．すなわち植物や細菌．

突然変異 mutation
DNAの交替によって生じる，生物体の遺伝子構造の変化．進化の素材とも言える突然変異はDNA複製(複写)中の誤りの結果として起こる．したがって，有益な誤りだけが自然選択に有利である．

トモティア類(有殻微小化石動物) tommotiid
カンブリア紀に生息した，分類に問題のある海生無脊椎動物で，肋のあるリン酸塩の硬皮で覆われていた．

ドライカンター dreikanter →三稜石

トラップ trap
玄武岩質の継続的な溶岩流で形成される階段状の構造．デカントラップやシベリアトラップで見られるように広域に及ぶ．

ドラムリン drumlin
氷河によって堆積された堆積物から成る，長く伸びた小丘．その長軸は氷河の流れに平行である．

トランスフォーム断層 transform fault
中央海嶺を横切って生じ，近接した構造プレートが滑って互いにすれ違う際に形成される地質学上の断層．この断層には，末端が海嶺またはリフトで終わるもののほかに，島弧－海溝系あるいは弧状山脈で終わるものがある．

ドローの法則 Dollo's law
ベルギーの古生物学者ルイ・ドロー(Louis Dollo, 1857-1931)によって提唱された進化に関する法則で，ある構造がいったん消失または変化すると，その構造は新しい世代で再出現しないとする．

ドロマイト dolomite →苦灰岩

トーンキスト海 Tornquist Sea
古生代初期にバルティカの西部を占めた海．

[な]

内翅類(ないしるい) endopterygote
幼生の形態が成体の形態と極めて異なる昆虫類の亜綱の一員．幼虫がイモムシで成体に翅のあるチョウ類が例である．→外翅類

内陸海 epeiric sea
広大な浅い内海．

ナノプランクトン(微小浮遊生物) nanoplankton
微小なプランクトン．主に藻類，原生動物，菌類．

軟骨魚類 chondrichthyan
顎を持つ魚類で，最初のものはシルル紀から知られる．その骨格はすべてが軟骨から成っている．サメ類が例である．

軟体動物 mollusk
貝やイカなどを含む門に属する無脊椎動物のすべて．軟体動物はカンブリア紀に登場した．

南蹄類 notoungulate
南アメリカの原始的な蹄を持つ絶滅動物．

[に]

肉鰭類(にくきるい) sarcopterygian →総鰭類

肉食動物 carnivore
一般的には肉を食べる動物．専門的には，この用語はネコ類，イヌ類，イタチ類，クマ類やアザラシ類を含む食肉目の哺乳類にしか適用されない．

肉歯類 creodont
第三紀初期に生息した大型肉食哺乳類の目である肉歯目の一員．肉歯目は現生の食肉目の姉妹群である．肉歯類には2つの主要な系列オキシエナ類とヒエノドン類があった．

二足歩行(二足性) bipedalism
2本足で歩く能力．

ニッチ niche →生態的地位

二枚貝 bivalve
石灰質の2枚の殻で覆われ，明瞭な頭部の無い水生軟体動物で，カンブリア紀から存在する．

[ね]

ネアンデルタール人 Neandertal
ホモ・サピエンス・ネアンデルタールエンシス(*Homo sapiens neanderthalensis*)亜種の一員．現代の人類(*H. sapiens sapiens*)に近縁で，更新世の大部分にわたって，現代の人類より先行した．発見された場所であるドイツのネアンデル渓谷に因んで命名された．

ネヴァダ造山運動 Nevadan orogeny
ジュラ紀～白亜紀前期の，北アメリカ西海岸沿いの造山事件．西コルディレラ山系形成の一因と

熱雲 nuee ardente
火山噴火と関連する高温の火山灰，細かい塵，溶けた溶岩片と高温のガスから成る，移動の速い「白熱したなだれ」．

熱水 hydrotherm
海の深い所にある高温（500〜4000℃）の鉱水の水源．しばしばブラックスモーカーの現場．

年層 varve →氷縞粘土

粘土 clay
極めて細粒の堆積物の構成粒子で，通常は塑性を持つ．

[の]

農業革命 agricultural revolution
18世紀後期から19世紀初頭にかけての，ヨーロッパでの農業慣習の変化．科学的な実践が広域の農村に応用され始め，食糧生産量が劇的に増大した．

ノトサウルス類（偽竜類） nothosaur
三畳紀に存在した，泳ぐ爬虫類のグループの一員で，陸上を動き回ることもできた．長頸竜類の先駆者．

ノンコンフォーミティー（無整合） nonconformity
岩層を下位の結晶片岩などから分離する層序上の不整合の型．

ノンシーケンス（ダイアステム，堆積間隙） non-sequence
特定の時代の堆積物が一度も堆積しなかったため，あるいは，堆積物がその後完全に浸食されたために生じた層序学的連続の間隙．間隙の存在は他の古生物学的証拠で証明される．

[は]

バイオーム（生物群系） biome
植生と気候の共通様式で具体化した動植物の広い生物群集．草原，砂漠，ツンドラや多雨林が例である．

配偶子（配子，生殖体） gamete
有性生殖の間に，別の生物体の生殖細胞と癒合する，生物体の生殖細胞．

背弧海盆 back arc basin
地球のプレートが別のプレート上に乗り上げる際の火山活動で形成された弧状列島の背後にある海．

配子 gamete →配偶子

胚珠 ovule
いったん受精すると種子に発達する，種子植物の生殖構造．

ハオリムシ類 vestimentiferan
シルル紀に登場した蠕虫様の海生無脊椎動物．

ハクジラ類 odontocete
歯のあるクジラ類．

バクテリア bacterium
菌類に類縁の，単細胞原核生物の微生物の1グループ．バクテリアは38〜35億年前に出現し，地球で最も成功している生物の1つである．

薄嚢シダ類 leptosporangiate ferns
「真」のシダ類．「シダ類」という一般用語には，単系統起源ではない，外見の似たいくつかのグループが含まれる．

バージェス頁岩 Burgess Shale
カンブリア紀のラーゲルシュテッテンの最も有名なもので，カナダ西部のカンブリア紀中期の岩石中にある．

バソリス（底盤） batholith
露出面積が100km²以上の，広く，典型的には不規則な形を持ち，しばしば花崗岩化した火成岩の貫入体．

爬虫類 reptile
脊椎動物爬虫綱の全構成員で，ヘビ類，カメ類，アリゲーター類やクロコダイル類を含む．爬虫類は石炭紀に両生類から進化した．長頸竜類や魚竜類などの太古の一部の種は海に生息した．現代の爬虫類は陸に生息する．爬虫類は冷血動物で主に硬殻卵で繁殖する．硬殻卵は爬虫類が陸にコロニーをつくることを可能にした工夫である．

パックアイス pack ice
互いに密集して固体状の海表を形成する浮氷の塊．

発散境界 divergent plate margin
2つのプレートが離れつつある所にある岩石圏プレートの境界．マントル起源の物質が噴出し，新しい地殻を造る．中央海嶺，その中央の深い谷である中軸谷，活発な海底火山活動などと関連がある．

ハドロサウルス類 hadrosaur
白亜紀に生息した鳥脚類恐竜グループの一員で，幅の広いアヒルのような嘴が特徴である．

バーブ varve →氷縞粘土

パラテーチス海 Paratethys
第三紀後期に黒海とカスピ海の地域にあった浅海．

ハルキエリア類 halkieriid →鱗甲類

バルティカ Baltica
古生代と中生代に存在した大陸で，バルト海を取り囲むヨーロッパ東部と北部を含んでいた．

パレイアサウルス類 pareiasaur
ペルム紀に生息した植物食爬虫類のグループの一員．パレイアサウルス類は大型で重量級の動物で，カメ類の祖先に近縁だったかもしれない．

パンゲア Pangea
すべての主要な大陸塊から成り立った，古生代後期〜中生代初期の超大陸．

半索動物 hemichordate
脊索を持つ，原始的で蠕虫状の海生新口動物．身体は頭part，襟，鰓の切れ込みで穴のあいた体幹に区分される．半索動物はカンブリア紀に登場した．

パンサラッサ（古太平洋） Panthalassa Ocean
古生代と中生代初期に北半球を覆った単一の海洋．パンサラッサは太平洋の前身だった．

板歯類 placodont
三畳紀に生息した海生爬虫類の1グループ．主に，動きの鈍い貝類食者で，一部のものにはカメのような甲があった．

反芻動物 ruminant
食い戻しを噛む，ウシなどの動物．

板皮類（ばんぴるい） placoderm
シルル紀〜デボン紀に生息し，石炭紀前期には絶滅した，硬い骨質の装甲で覆われた頭を持ち，顎のある軟骨魚類．

盤竜類 pelycosaur
最も原始的な哺乳類型爬虫類のグループ構成員で，その多くのものに背中の帆があった．

斑れい岩 gabbro
組成は玄武岩に似ているが，地球の表面下で形成した，粗粒の火成岩．長石を含む．

[ひ]

ヒオリテス類 hyolith
古生代に生息した，2つの弁を持つ海生無脊椎動物．二枚貝類の類縁である可能性がある．

ヒカゲノカズラ類（小葉植物類） clubmoss (lycopod/lycopsid)
シダ類に類縁の原始的な維管束植物．今日では小さく取るに足らないが，古生代後期には高さ100mの木として生えていた．

尾索動物（尾索類） urochordate
ホヤ類など．主に固着性で袋状の海生脊索動物．成体では索と脊索の両方を欠く場合が多い．尾索動物は石炭紀に初めて登場した．

被子植物 angiosperm
顕花植物に対する専門用語．莢や果実などの保護ケース内に種子を持つ植物．

微小浮遊生物 nanoplankton →ナノプランクトン

ビッグバン big bang
約150億年前に非常に高温で密度が高い物体が爆発した際に，森羅万象全体（宇宙，物質，エネルギー，時間や物理法則を含む）が始まったとする理論．爆発で生じた破壊物の破片は発生源から放射状に拡がり離れ，冷え，最終的に銀河と恒星を形成した．

ヒト科 Hominid
直立歩行（二足歩行）の特徴を持つ後期のヒト上科の一員で，約500万〜400万年前，そこから現代人類が進化した．

ヒト上科 Hominoid
小型類人猿（ギボンやフクロテナガザル），大型類人猿（オランウータン，ゴリラやチンパンジー）と人類などの霊長類．

ヒト属（ホモ） Homo
人類が属する属．ホモ・サピエンス（Homo sapiens）の他に2種が認められている．最初に石器を作ったホモ・ハビリス（Homo habilis）と，初めてアフリカから世界中に広がったホモ・エレクトゥス（Homo erectus）である．

尾板 pygidium
三葉虫類の尾部．

ヒプシロフォドン類 hypsilophodont
速く走ることに向いた造りを持つ，小型鳥脚類恐竜の1グループ．

漂泳生物 pelagic organism →外洋性生物

氷河 glacier
ふもとの方へゆっくり移動し，100年に及んで1年中存続する，厚い氷の塊と圧縮された雪．

表海水層生物（表層水生物） epipelagic organism
水柱の上方（透光）帯に住む生物体．

氷河釜 kettle hole →釜状凹地

氷河時代 ice age
氷河と氷冠の表面積が増加し，寒冷気候の長期にわたる期間．地球の歴史にはいくつかの氷河時代があり，最も最近では180万〜約1万2000年前の更新世に起こった．

氷河性海面変動 glacioeustasy
氷冠の成長または溶解と共に海水量が変化して起きる世界的な海水面の変動.

氷縞粘土(バーブ,年層) varve
氷河湖に堆積した堆積物の薄い層.氷河は季節によって異なった速度で溶け,氷河の溶けた水は異なった量の氷成堆積物を運ぶ.氷縞粘土は粗い物質(夏縞)と細かい物質(冬縞)の年周期として蓄積し,地質学者たちは氷河作用を受けた地域を研究するためにこれを利用できる.

氷床 ice sheet
山からの下り坂というよりは,極めて寒冷な地域から広がり出る大陸性氷河.南極とグリーンランドは氷床で覆われている.

氷成堆積物(氷礫土) till
氷堆石の,氷河によって堆積された粘土と大礫の淘汰されていない混合物.

表層水生物 epipelagic organism →表海水層生物

氷堆石(モレーン) moraine
氷河に拾い上げられ,運ばれ,他の場所で堆積した岩屑.

氷礫岩 tillite
氷成堆積物の石化作用で形成される岩石.

氷礫土 till →氷成堆積物

ヒルナンティアン氷河時代 Hirnantian ice age
顕生累代で最初の氷河作用で,オルドビス紀の最末期(ヒルナンティアン)に起こった.

貧歯類 edentate
アリクイ類,ナマケモノ類,アルマジロ類を含む,哺乳類の目の一員.貧歯類には歯が無い.

[ふ]

ファマティナ造山運動 Fammatinian orogeny
オルドビス紀中期の南アメリカにおける造山運動の一段階.アンデス地域のプレコルディレラ山系がゴンドワナへ付加した後に続く.

ファラロンプレート Farallon plate
第三紀に北アメリカプレートの下に沈み込んだ太平洋東部の構造プレート.

フアン・デ・フカ海嶺 Juan de Fuca Ridge
カナダ西海岸沖の海嶺で,現在,北アメリカプレートの下に沈み込みつつある東太平洋海膨の孤立物.

フィルン firn →粒雪

風化作用 weathering
露出した岩石が雨,霜,風,その他の天候の要素によって分解される化学的または物理的過程.風化作用は浸食の始まりである.

付加(アクリーション) accretion
プレートテクトニクスで,海溝・トラフに海洋プレートが沈みこむ時,海洋底の堆積物がはぎ取られて陸側へ押しつけられて付け加わっていくこと.海溝の陸側に沿い大陸岩石圏が成長するとする説があり,この場合,火山性弧状列島が陸塊の縁に結合し,大陸を造り上げること.弧状列島,テレーン,海面上に出た海洋地殻の断片が付加することで形成された大陸の一部.

付加帯 accretionary belt
付加により陸棚斜面の先端に加えられた堆積体が付加体(accretionary wedge)で,多くの逆断層により積み重なっておりプリズム状の断面をもつ.この付加体がつくられている地帯を付加帯という.

腹足類 gastropod
巻貝.よく発達した頭と足を持つ単殻の軟体動物で,殻と内部器官は非相称に発達する.腹足類はカンブリア紀に登場した.

腐食動物 scavenger
死んだ動物の肉を餌にする動物.

フズリナ類 fusulinids →紡錘虫類

不整合 unconformity
堆積岩の堆積層序中の不連続.一連の岩石が海面上に隆起して浸食され,その後水没した結果,堆積が再開する時に形成される.

普通海綿類 demosponge
カンブリア紀から存在する海綿類の綱.骨格は海綿質(ケラチンに似た屈性のある蛋白質),珪質の骨片や堅い炭酸カルシウム,またはこれらの組み合わせで造られる.

浮泥食者 detritus feeder
有機物を食べるために堆積物を摂取する消費者.圧倒的にバクテリアが多い.

筆石類 graptolite
カンブリア紀から石炭紀に生息した,ろ過摂食動物で群体をなす半索動物.筆石類は現代のプランクトンのように海面付近に生息し,単純な外骨格化石から知られる.大部分はシルル紀末に絶滅した.

浮遊生物 plankton →プランクトン

ブラックスモーカー black smoker
地溝が形成された海洋底の孔から上昇する,鉱物を含んだ熱水の噴出.色は鉄,亜鉛,マンガン,銅の溶融硫化物による.

プラヤ playa
砂漠にある,囲まれた平坦な盆地.通常,1つあるいは複数の短命な(季節的な)湖が一部を占めている.プラヤが干上がると蒸発岩堆積物が形成される.

プランクトン(浮遊生物) plankton
水中を浮遊し,より大型の動物の重要な食物源である小さい,しばしば微小な浮遊性の生物体.植物プランクトンと動物プランクトンを含む.

プリオサウルス類 pliosaur
中生代に生息した,頭が大きく頸の短い,泳ぐ爬虫類の1グループ.

フリッシュ flysch
隆起したばかりの山脈から浸食された砂岩と頁岩の厚い堆積物.この用語はアルプス山脈の北と南にある堆積物に限定されることがある.

プルトン(深成岩体) pluton
地表下で形成された貫入性火成岩の塊.

プルーム plume →マントルプルーム

プレコルディレラ山系 Precordillera
カンブリア紀にローレンシアのアパラチア山脈周縁部(北アメリカ)から分離した南アメリカのテレーン.後に,そこにアンデス山脈が形成された.

プレートテクトニクス plate tectonics
大陸漂移,海洋底拡大,火山活動,地震,造山運動に対する説明として,岩石圏プレートの動きと相互作用を引き合いに出す理論.

プロブレマティカ problematic fossil
現在のいずれの門とも類縁が無いように見られる生物体の化石.プロブレマティカはカンブリア紀の地層で特に多い.

ブロントテリウム類 brontothere
サイに似た有蹄類のグループの一員で第三紀初期に生息した.一部のものは極めて大型であった.

分化 differentiation (biology)
[生物学]発達中の組織や器官の細胞がますます異なって特殊化し,特定の機能を持つより複雑な構造を生じる過程.

分化 differentiation (geology)
[地学]同一マグマからの,性質の異なる火成岩の形成.鉱物は異なる温度と圧力で結晶し,一部は他のものよりも先に蓄積する結果,異なる組成の岩石を生む.同質の溶けた岩石の塊体から,核を伴う層状の惑星に至るまで,すべての惑星の主な分化は類似の方法で生じた.

分岐進化 divergent evolution
近縁種の異なる方向への進化.異なった生活様式の結果であることがしばしばで,最終的には,2つの極めて異なった進化系列の出現につながる.

分岐図 cladogram
共通に持つ形質の数を比較することにより,生物体あるいは生物体のグループの進化上の類縁関係を示す図.

分岐論 cladistics
共有形質の程度を評価することによって,生物体を分類群に当てはめる分類法.→分類学

噴出岩 extrusive rock
噴火の産物である火成岩で,地球内で形成されるのとは対照的に,地球の表面で出現する.

分類学 taxonomy
生物体のグループ(タクサ)への分類の研究.分類の基本的な単位は種で,上位分類には属・科・目・綱・門・界の順で進む.分類の諸特徴の取り扱いの違いから主に3学派(進化分類学,数量分類学,分岐分類学)がある.

分裂 fragmentation
大地溝が生じ,その後広がる間に,大陸がより小さい断片に割れる過程.

[へ]

碧玉 jasper
主として珪質の深海堆積物で形成される変成岩.

ヘッケルの法則 Haeckel's law
現在では修正されている進化上の原理で,種の幼体はその祖先の成体に似る(個体発生は系統発生を繰り返す)としている.

ベニオフ帯 Benioff zone
海溝から岩流圏(アセノスフェア)に向かって下方に伸びる,急勾配で傾斜した地震活動地帯.これらの地帯は破壊的なプレート縁部で沈み込む構造プレートの進路を示す.地震の震源は沈み込まないプレートに対してより深くなり,深度600km以上に達する.深発地震帯ないしは和達ベニオフ帯ともいう.

ベーリング陸橋 Bering land-bridge
ベーリング海峡を横切って断続的に露出する陸橋で,北アメリカとアジアを結合する.

ヘルシニア造山運動 Hercynian orogeny
現在ヨーロッパ西部で見られる花崗岩塊の多くを据え付けた,古生代後期の造山事件.北アメリカではアレガニー造山運動に相当する.

ペレット・コンベアー pellet conveyor

カンブリア紀に進化した自然の浄水体系で，海表から海底までの間で，微小な動物プランクトンが他の動物の有機排泄物を除去し始めた．海底では浮泥食者が有機排泄物を利用した．

ベレムナイト belemnite
中生代に生息した，イカに似た頭足類の1グループ．

変異 variation
同じ種の個体間の違い．遺伝的要素または環境的要素または両者の組み合わせによるため，有性生殖するすべての個体群に見られる．

片岩 schist
温度と圧力の上昇によって層に分かれ，珪長質の成分と苦鉄質の成分が分離する傾向を持つ変成岩（雲母片岩など）．これにより，変成岩は珪長質の結晶の層と苦鉄質の結晶の層が交互になった帯状の外見を生じる．

変成岩 metamorphic rock
通常は堆積岩起源で，熱または圧力にさらされ，固体の状態のままで新しい鉱物に再結晶した岩石．どこかの時点で溶けた場合，その結果は火成岩である．

変成帯 metamorphic belt
太古の褶曲山脈のコアで露出した，変成岩が長く延びた地域．

変動帯 mobile belt
プレート縁部沿いにある，地質学上の活動が激しい地域．変動帯は火山活動，地震活動や造山活動などで特徴づけられる．

片麻岩 gneiss
暗色と明色の物質が縞状になった粗粒の変成岩．このような岩石は地球内部にある変動帯内の深部で形成される．花崗片麻岩は大陸地殻の花崗岩と関連することがしばしばある．

鞭毛虫類 flagellate
鞭毛で動く単細胞生物体の集合的な名称．

[ほ]

貿易風 trade winds
赤道付近へ吹く卓越風で，熱帯の熱い空気が上昇し，北と南からより涼しい空気を呼び込むことに起因する．貿易風は南東と北東から吹き，地球の自転によるコリオリ効果でこれらの方向に偏向する．

方解石 calcite
炭酸カルシウム（$CaCO_3$）から成る鉱物．

胞群 rhabdosome
筆石類の個虫の全部のコロニーを保護するおおい．

胞子 spore
植物の生殖体で，主に，染色体の生存能力のある半数を持つ細胞から成る．胞子は植物に生長する前に別の胞子と結合する必要がある．

胞子嚢 sporangium
植物の胞子を保つ構造．

放射性炭素年代測定法 radiocarbon dating
炭素 ^{14}C を利用する放射年代測定法．^{14}C は半減期が極めて短く，比較的新しい岩石（約7万年前まで）の年代決定に利用できる．

放射性崩壊 radioactive decay
放射性元素が中性子を放出して原子番号が変わり，その結果，全く異なった物質になる過程．

放射年代測定 radiometric dating
岩石が形成されて以来，その放射性物質がどのくらい崩壊したかを計算することによって，岩石または鉱物の年代を推測するために使われる技術．

紡錘虫類（フズリナ類） fusulinids
石灰質で渦巻状の有孔虫類のグループで，石炭紀とペルム紀に豊富だった．紡錘虫類の多くは紡錘形だった．

捕食者 predator
他の動物を殺して食べる動物．

ホットスポット hot spot
マントルプルームが地殻の基部へ高温のマグマを上昇させ，地表で高温の熱流と火山活動を生む場所．アイスランドとハワイ諸島はホットスポット上にある．

哺乳類 mammal
脊椎動物哺乳綱のすべての構成員で，約4000の種を含む．最も特徴的な特質は雌の乳腺である．有胎盤類，有袋類，単孔類の3つの目がある．有胎盤類が最もよく見られ，単孔類は最も少ない．

ホモ Homo →ヒト類

ボロファグス類 borophagine
ハイエナドッグのこと．第三紀に生息した肉食のヴルパヴス類から進化し，古第三紀後期にイヌ類（真のイヌ）から分岐したグループの一員．

盆地 basin
周囲のより高い陸地から堆積物を集め，したがって一連の地層の積み重なりを造り上げる傾向を持つ地理的な低地域．

[ま]

マイクロプレート microplate
小型の岩石圏プレートで，通常，主に珪長質岩石で構成されている．

迷子石 erratic boulder
氷河に運ばれて堆積し，その結果，周囲の岩石とは岩質の違う巨礫．

マグマ magma
地表の下方の地殻またはマントルで形成される溶けた岩石物質．凝固すると火成岩，地表に噴出して溶岩として知られる．

マニコーガン事件 Manicouagan Event
三畳紀末に起こった，カナダのケベックでの隕石の衝突．

蔓脚類（まんきゃくるい） barnacle
多くの石灰質板状の殻を持つ，固着性でろ過摂食の海生甲殻類．蔓脚類はシルル紀に生じ，三畳紀に広まった．

マントル mantle
薄い外側の地殻と核の間にある，地球の構造部分．厚さはほぼ2900 kmで，マントルは地球の容積の最大部分を構成する．他の地球型惑星のマントル同様，鉄とマグネシウムの高密な珪酸塩から成る．それに対し，小惑星帯より外側を運行する気体の惑星のマントルは主として水素であると考えられている．

マントルプルーム mantle plume
地球のマントル内から上昇する高温で部分的に溶けた物質の噴出する柱または噴出口．プルームはハワイなどの大陸プレートの縁部から離れた所に火山島を生じさせると考えられている．

[み]

ミアキス類 miacid
第三紀初期に生息した原始的な肉食哺乳類のグループの一員．ミアキス類はヴルパヴス類とヴィヴェラヴス類——イヌ類とネコ類の分枝——に多様化した．

ミトコンドリア mitochondria
原核生物の生きている細胞内にあり，細胞が働くためのエネルギーを供給する微小構造．ミトコンドリアはより大きいバクテリア内に閉じ込められた小さいバクテリアの子孫かもしれない．

ミトコンドリア・イブ Mitochondrial Eve
今日の人類のすべてのミトコンドリアDNAの源だったと仮定される女性の祖先に対するニックネーム．

ミトコンドリアDNA mitochondrial DNA (mtDNA)
ミトコンドリア内に見られるDNA．核（普通の）DNAより急速に進化するため，個体群の分岐をたどるために利用できる．また，母系列でのみ代々伝えられる（→ミトコンドリア・イブ）．人類に見られるミトコンドリアの小さな変異は，人類起源のアフリカ起源仮説を支持している．

ミランコビッチ・サイクル Milankovitch cycle
地球の動きにおける変化（軌道の離心率，自転軸の歳差運動，黄道傾斜）のサイクル．氷河時代に対する説明として18世紀後期に初めて引きあいに出され，ミルチン・ミランコビッチ（Milutin Milankovitch）によって再提起された．

[む]

無顎類 jawless fish (agnathan)
顎，体幹の骨，および多くの場合，対になった鰭を持たない魚類のような頭蓋動物．無顎類はオルドビス紀に登場した．

ムカシクジラ類 archaeocete →古鯨類

無機栄養生物 autotroph →独立栄養生物

無弓類 anapsid
頭骨の眼窩の後ろに開口部が無いことで定義される，爬虫類の主要な亜綱の一員．無弓類は爬虫類グループの中で最も原始的なものと見られている．（訳注：分岐分類学が進むにつれ，あまり使われなくなってきた．）

無酸素 anoxia
水の酸素含有量が水1リットル当たり0.1ミリリットル未満の状態．この値より下になると動物が有意な減少を示す．

無整合 nonconformity →ノンコンフォーミティー

無脊椎動物 invertebrate
背骨の無い動物．動物全種の95％を占める．

無板類 aplacophoran
殻も足も持たない蠕虫様の海生軟体動物．現代の種のみが知られる．

[め]

メガロニクス類 megalonychid
第三紀後期〜第四紀に生息し，絶滅した，巨大な地上生ナマケモノのグループの一員．

メキシコ湾流 Gulf Stream
メキシコ湾から北大西洋——そこで北大西洋海流になる——を横切って北東に流れる海流で，ヨーロッパ西海岸に温暖な状況をもたらす．

メソニクス類 mesonychid
第三紀初期に生息した原始的で雑食の無肉歯類哺乳類のグループの一員．メソニクス類はオオカミ大のメソニクス (*Mesonyx*) や巨大なアンドリューサルクス (*Andrewsarchus*) を含む．

メッシナ危機 Messinian Crisis
中新世末の海水面低下で起こった生物学的混乱．南極大陸の氷床が拡大し，地中海が干上がった．

[も]

目（もく） order
生物分類学の階級．1つの綱がいくつかの目を含み，1つの目がいくつかの科を含むことがある．霊長類は哺乳綱内の1つの目で，オモミス科やヒト科などのいくつかの科を含む．

モホロビチッチ不連続面（モホ面） Mohorovicic discontinuity (Moho)
地球の地殻とマントルの境界．そこで地震波の速度が急に速くなる．モホロビチッチ不連続面の深度は，海洋底の下約10 kmから，大陸の下35 kmと山脈の下70 kmまで幅がある．

モラッセ molasse
急速に浸食されつつある新しい山脈によって形成され，通常，粗粒の非海成堆積物の集まり．

モレーン moraine →氷堆石

門（もん） phylum
1つまたは複数の，類似または近縁の綱から成る生物体のカテゴリー．類縁のある門は共に界に分類される．脊索動物門と軟体動物門は門の2例．

[ゆ]

遊泳生物 nekton
浮遊とは対照的に，水中で活動的に泳ぐ生物体．

有殻微小化石動物 tommotiid →トモティア類
有機栄養生物 heterotroph →従属栄養生物
有機物質 organic substances
炭酸塩と炭素の酸化物以外の炭素を含むあらゆるもの．したがって，有機物質はすべての生物とその生成物を含む．

有光層 photic zone →透光帯

有孔虫類 foraminiferan
単細胞原生動物の目．大部分は海生で，通常，被甲（殻）は炭酸カルシウムでできており，細孔があり，鉱物で強化されている．有孔虫類はカンブリア紀に進化した．

有腔腸動物 coelenterate →刺胞動物

湧昇 upwelling
深海水の動き．通常は大陸岸の沖にあり，プランクトンや他の生物が採餌する栄養分を海表近くにもたらす．

有櫛（ゆうそう）動物（クシクラゲ類） ctenophore
前方に進むための櫂状の櫛板（有櫛動物という一般名の由来）を持ち，放射状に対称な海生無脊椎動物．有櫛動物はカンブリア紀に登場した．

有爪動物 onychophoran
俗名カギムシ類．堅くて，伸縮自在の多数の脚を持つ，体節に分かれた陸生無脊椎動物．有爪動物は石炭紀に登場した．

有胎盤類 placental
出産前に子宮内で胎児を養育する哺乳類の目の一員．有胎盤類には有袋類および卵を産む単孔類以外の現代のすべての哺乳類が含まれる．

有袋類 marsupial
未発達の幼体を袋の中で養育する哺乳類の目の一員．カンガルーとウォムバットは現代の数少ない有袋類に含まれるが，第三紀にはこのグループは広く行きわたっていた．

有蹄類 ungulate
4本足で蹄を持つすべての哺乳類．

U字谷 U-shaped valley
氷河の重さによって下方と側方に摩滅されたため，平坦な底と垂直な側面を持つ渓谷．

油母頁岩 oil shale →オイルシェール

[よ]

溶岩 lava
火山噴火の場合のように，地球の内部から上昇した，溶けた岩石物質．玄武岩は典型的な溶岩である．

羊群岩 roche moutonnée →羊背岩

葉状植物 thallophyte
体部（葉状体）が根，茎，葉や，より進歩した植物に付随する他の特徴のいずれにも分かれていない，海藻などの原始的な植物．

羊背岩（羊群岩） roche moutonnée
その上を氷河が通過したことにより，片側は研磨され，反対側はもぎ取っていかれた，露出した岩石．

葉緑素 chlorophyll →クロロフィル

葉緑体 chloroplast
クロロフィルを含む植物細胞の構造．

翼鰓類（よくさいるい） pterobranch
カンブリア紀に生息した，主に群体の，樹木状で固着性の半索動物．

横ずれ断層 strike-slip fault →走向移動断層

[ら]

ラーゲルシュテッテン Lagerstätten
通常よりはるかに良い状態で保存された化石を含む産地．

裸子植物 gymnosperm
果実内に囲われ保護されていない種子を持つ植物に対する名称．針葉樹類やイチョウ類が例である．

ラディオキアス radiocyath
カンブリア紀前期に生息した，多数の放射条のある頭を持ったレセプタクリテス類．古盃動物の1つと見なされていたこともある．

ラマルキズム（ラマルク説） Lamarckism
フランスの生物学者ジャン・バプティスト・デ・ラマルク (Jean-Baptiste de Lamarck, 1744-1829) が提唱した進化論で，生時に個体が獲得した特性は子孫に代々伝えられ得るとする．この説はチャールズ・ダーウィン (Charles Darwin) の研究によって，正しくないことが示された．

ララミー造山運動 Laramide orogeny
白亜紀後期に北アメリカ西部で起こり，ロッキー山脈形成の一因となった造山事件．

藍藻類（らんそうるい） blue-green algae →シアノバクテリア

[り]

陸源性堆積物 terrigenous deposits
陸塊からの浸食物質で形成された堆積物．

陸棚海 shelf sea
大陸棚を覆う，真の海洋よりはるかに浅い海．北海が例である．

離心率 eccentricity
惑星または月のような物体の軌道が円軌道から離れる度合．

リソスフェア lithosphere →岩石圏
リボ核酸 ribonucleic acid → RNA

隆起海浜層 raised beach
海水面より上方にある平坦な棚から成る沿岸の地形で，過去のどこかの時点での海水面の位置を示す．隆起海浜層は氷河作用と氷の重さの産物である．

竜脚類 sauropod
長い首が特徴の植物食竜盤類恐竜のグループの一員．

竜盤類 saurischian
「トカゲのような骨盤」の恐竜類．すべての鳥類は（名称にもかかわらず）竜盤類の系統を引いた．竜盤類は肉食の獣脚類と頸の長い植物食の竜脚形類の両方を含んでいた．

両生類 amphibian
四肢動物の最も原始的な型態で，幼生段階は水中で過ごし，成体段階は通常は陸上で過ごす．カエル類やイモリ類が例である．

リン灰土 phosphorite
糞化石，貝殻，バクテリアなどの堆積物としてのリン酸塩鉱物から成る堆積岩．

鱗甲類（ハルキエリア類） halkieriid
2つの殻，ナメクジ様の足，棘状や鱗様の骨片で覆われた上面を持つ，古生代前期のコエロスクレリトフォラ類．

[る]

累層 formation
基本的な層序学的単位．特有の地質学的な特色を持ち，地図に記せる岩体．

ルーシー "Lucy"
人類の初期の祖先アウストラロピテクス・アファレンシス (*Australopithecus afarensis*) の知られる最初の骨格化石．アウストラロピテクスの雌の成体で，1974年，エチオピアで発見された．

[れ]

霊長類 primate
キツネザル，有尾のサル，無尾または短尾のサル，ヒトを含む，高度に派生した哺乳類の目の一員．

レーイック海 Rheic Ocean
古生代初期にアヴァロニアとゴンドワナを隔てた海洋．

冷湧水海域 cold seep
岩石の細孔や割れ目を通り，冷たい鉱水がしみ

監訳者あとがき

自然史（Natural History）は，地球上に天然に実在するか，かつて存在した，動物・植物・化石・鉱物・岩石・地質など自然物の特徴や存在様式を理学的に攻究する自然科学である．そして，自然史は広く世界の知識人の思想的根底にはかり知れないほどの大きな影響を与えてきた．その例としてダーウィン（Ch. R. Darwin）の進化論を挙げるまでもないであろう．

伝統的な自然史研究に対するネガティブなイメージ，すなわち博物学という言葉が醸し出す独特の雰囲気とは全く異質な本——今日の地球科学で重要な概念であるプレートテクトニクスとプルームテクトニクスで整理された地質学的証拠が，今日の進んだ生物科学や分岐分類学の洗礼を受けた古生物学的資料と合わせてまとめられた情報を，一般市民にわかりやすいイラストを多く含んだ形で提供することができないものかと私はかねがね考えていた．今日では，本来の意味での総合的な「自然史」研究の条件が整い，成果が出てきているからである．しかし，それは必ずしも容易なことではないと思っていた．

ところが2001年6月下旬のことであったろうか．関西の大学での数年にわたる教職生活を退いて帰京してからほぼ1年ほどがすぎていた．電話連絡があったのち，祖師ヶ谷大蔵駅近くの喫茶店で，朝倉書店編集部の方から見せられたアトラスの3冊は，その直観通り，みごとな出来栄えの本であった．地球や生命が誕生してから現代までの歴史の物語と，未来への洞察を示唆するものであった．

自然史は純粋に知的な意味でアトラクティブな学問である．幼少の頃その魅力にとりつかれて，そのまま大人になって自然史の研究者になってしまった人たちがいることも事実である．しかし，強調すべき点は次のような事柄ではないだろうか．自然史の体系は，自然科学と歴史科学の接点にあるもので，生命科学の各領域と地球科学とがどのように関連しているかを示唆するであろう．また生命と地球との関連を総合的にとらえる視点に立ち，私たちの世界観や社会観の基礎となる自然観を示唆するであろう．

上述の諸科学が今日ほど細分化・専門化した時代であればあるほど，学際的研究の必要性が述べられれば述べられるほど，また先端化した科学の倫理性や公害・自然保護の接点が要請されればされるほど，さらに自然災害への対策が要請されればされるほど，人間存在との関連で自然史の重要性が強調されねばならない．

日本の教育界で，自然史教育の重要性が提起されてからすでに久しい．にもかかわらず教育現場からは自然史はますます影が薄くなりつつあるというのが，いつわりのない現状であろう．たとえば高校の学習指導要領でも「進化」が「生物Ⅰ」からはずされてしまった．「進化」概念なしでは用語の羅列で単なる個別項目の興味にとどまりかねない．1859年のダーウィンによる『種の起源』の発刊以前の博物学の時代に逆戻りするのではないかという危惧さえ感じるむきもあるようである．このような時であるからこそ，本書のように，きれいなイラストに富んだわかりやすい3巻を，全国の図書館や博物館に完備して，学校教育における自然史教育の衰退を補うための一助としてほしいと願っている．

本原書は，イギリスのブリストル大学のマイケル・J. ベントン教授監修のもとに，キングストン大学のリチャード・T. ムーディ教授，ロシアのモスクワ古生物学研究所のアンドレイ・Yu. ジュラヴリョフ博士，ブリストル大学のイアン・ジェンキンス博士に，有名な古生物ライターのドゥーガル・ディクソン氏が主著者となって，アートやデザイン，イラストほか専門家約30名の協力を得て完成された3巻であって，豊富な絵・写真・イラスト・地図・古地理図・復元図を含んでいる．各地質時代の初めに，見開きの下側を使って放射年代，統・階名，地質学的事件，当時の気候，海水準，主要動植物がカラーの対照表として示されたり，時代ごとの大きな古地理図も記載するなど，巻末の用語解説と併せて辞典的な特徴を備えているので便利である．さらに，原著の巻ごとの引用文献と謝辞については，本訳書においても原著の通りに掲載した．これは，本文記述の出典をさかのぼって知りたい読者にとっては特に有益である．その意味では，本書の読者対象は一般市民のみならず，専門家や勉学中の学生諸君までを含む幅広い範囲を視野に入れたものである．

さて，訳者が決まり，出版社側の諸手続を終えて，翻訳作業が開始されたが，私は訳者の方々の訳文と全英文との対照を行いつつ朱を入れていく作業を行った．さらに校正時においては日本文として無理がないかどうかに特に注意し，問題点については原著英文にさかのぼって検討した．邦訳が成立するまでの経緯は以上の通りである．

邦訳作業を通じて，原著の若干の不備を補う必要を感じたので，わずかながら訳注をつけた．学問は日ごとに進んでいくので，最近の重要な進歩を付記したり，原著の誤りの訂正や記事の追加も行ったが，なかには原図の改訂を行った箇所もある．また，日本の読者のために，近年の成果をふまえた参考図書で入手可能と思われるものを，巻末の「日本語参考図書」にまとめてみた．したがって，本訳書は原著に勝るとも劣らぬ内容を備え得たと自負している．

本書の刊行に当たっては，池田比佐子（第Ⅰ巻），舟木嘉浩，舟木秋子（第Ⅱ巻，用語解説），加藤 珪（第Ⅲ巻PART5，シリーズの序，地質年代図），永峯涼子（第Ⅲ巻PART6）の各氏からなる翻訳チームの努力を多としたい．また朝倉書店編集部の方々にはたいへんお世話になった．これらの方々に心から感謝申し上げる次第である．

2003年5月

小 畠 郁 生

日本語参考図書

本書をお読みになって，さらに興味を抱かれた方々のために，近年の成果をふまえた参考となる解説書を列挙しておく（順序不同）．

● 先カンブリア時代から現代にいたるまでの通史的なもの
- 丸山茂徳著，1993．地球を丸ごと考える2「46億年地球は何をしてきたか？」134pp., 岩波書店，東京．
- 丸山茂徳・磯﨑行雄著，1998．「生命と地球の歴史」275pp., 岩波書店，東京．
- NHK取材班，1994〜95．「生命40億年はるかな旅」1〜5，日本放送出版協会，東京．
- NHK「地球大進化」プロジェクト編，2004．「NHKスペシャル 地球大進化 46億年・人類への旅」1〜6，日本放送出版協会，東京．
- ダグラス・パルマー著，五十嵐友子訳，小畠郁生監訳，2000．「生物30億年の進化史」222pp., ニュートンプレス，東京．
- リチャード・フォーティ著，渡辺政隆訳，2003．「生命40億年全史」493pp., 草思社，東京．

● 時代や古生物の焦点をしぼって細かく解説したもの
- サイモン・コンウェイ・モリス著，松井孝典監訳，1997．「カンブリア紀の怪物たち—進化はなぜ大爆発したか—」301pp., 講談社，東京．
- J. ウィリアム・ショップ著，阿部勝巳訳，松井孝典監修，1998．「失われた化石記録—光合成の謎を解く—」342pp., 講談社，東京．
- ジェニファ・クラック著，池田比佐子訳，松井孝典監修，2000．「手足を持った魚たち—脊椎動物の上陸戦略—」295pp., 講談社，東京．
- フィリップ・カリー著，小畠郁生訳，1994．「恐竜ルネサンス」326pp., 講談社，東京．
- 冨田幸光著，1999．「恐竜たちの地球」224pp., 岩波書店，東京．
- 冨田幸光（文），伊藤丙雄・岡本泰子（イラスト），2002．「絶滅哺乳類図鑑」222pp., 丸善，東京．
- 金子隆一著，1998．「哺乳類型爬虫類—ヒトの知られざる祖先」303pp., 朝日新聞社，東京．
- ガブリエル・ウォーカー著，川上紳一監修，渡会圭子訳，2004．「スノーボール・アース—生命大進化をもたらした全地球凍結—」293pp., 早川書房，東京．
- 大森昌衛著，2000．「進化の大爆発—動物のルーツを探る—」179pp., 新日本出版社，東京．
- スティーヴン・ジェイ・グールド著，渡辺政隆訳，1993．「ワンダフル・ライフ—バージェス頁岩と生物進化の物語—」，524pp., 早川書房，東京．
- リチャード・フォーティ著，垂水雄二訳，2002．「三葉虫の謎—進化の目撃者の驚くべき生態—」342pp., 早川書房，東京．
- 小畠郁生著，1993．「白亜紀の自然史」200pp. + xv, 東京大学出版会，東京．
- 柴谷篤弘・長野 敬・養老孟司編，1991．講座 進化③「古生物学から見た進化」195pp., 東京大学出版会，東京．
- 重田康成著，国立科学博物館編，2001．「アンモナイト学—絶滅生物の知・形・美—」155pp., 東海大学出版会，東京．
- J. O. ファーロウ・M. K. ブレット-サーマン編，小畠郁生監訳，2001．「恐竜大百科事典」631pp., 朝倉書店，東京．
- 速水 格・森 啓編，1998．古生物の科学1「古生物の総説・分類」254pp., 朝倉書店，東京．
- 棚部一成・森 啓編，1999．古生物の科学2「古生物の形態と解析」220pp., 朝倉書店，東京．
- 池谷仙之・棚部一成編，2001．古生物の科学3「古生物の生活史」278pp., 朝倉書店，東京．
- ディヴィッド・M. ラウプ・スティーヴン・M. スタンレー著，花井哲郎・小西健二・速水 格・鎮西清高訳，1985．「古生物の基礎」425pp., どうぶつ社，東京．
- 平野弘道著，1993．地球を丸ごと考える7「繰り返す大量絶滅」137 + 4pp., 岩波書店，東京．
- 松井孝典著，1998．「地球大異変 恐竜絶滅のメッセージ（改訂版）」229pp., ワック，東京．
- カール・ジンマー著，渡辺政隆訳，2000．「水辺で起きた大進化」394pp., 早川書房，東京．
- D. E. G. ブリッグス他著，大野照文監訳，2003．「バージェス頁岩化石図譜」248pp., 朝倉書店，東京．

訳者一覧

池田比佐子	第Ⅰ巻
舟木嘉浩	第Ⅱ巻，用語解説
舟木秋子	第Ⅱ巻，用語解説
加藤 珪	第Ⅲ巻 PART5，シリーズの序，地質年代図
永峯涼子	第Ⅲ巻 PART6

索　引　　ローマ数字は巻数を示す．

[あ]

アイスレイ，ローレン　III 72
アイヒヴァルト，エトヴァルト　I 99
アヴァロニア　I 69, 70, 72, 88, 89, 105, 106
アウストラロピテクス類　III 88
アウストラロピテクス属　III 13
アウストラロピテクス・アナメンシス　III 59, 94, 103
アウストラロピテクス・アファレンシス　III 59, 94
アウストラロピテクス・アフリカヌス　III 58, 94
アウストラロピテクス・ロブストゥス　III 59
アガシー，ルイ　I 39, III 68, 71
赤潮　I 76
アカディア-カレドニア山脈（山系）　II 15, 18, 30
アカディア造山運動　II 42
アカントステガ　II 23, 36
アクチノセラス類　I 98
握斧　III 89
アクリターク　I 54, 59, 60
アジア古海洋　I 69, 73
足跡化石　II 75
アジアプレート　III 15
アシュール文化　III 88, 89, 103
アスコセラス類　I 98
アストラスピス類　I 114
アセノスフェア　I 19
アダピス類　III 64
アデニン　I 37
アデロバシレウス　III 36
アトラス山脈　II 43, III 24
アネウロフィトン　II 24
アノマロカリス類　I 71, 80, 83
アパラチア山脈　I 88, II 16, 42
アフトロブラッティナ　II 50
アフリカ大地溝系　III 102
アフリカプレート　III 16
網状生痕　I 77
網状流路　II 79
アミノ酸　I 35
アミノドントプシス　III 27
アユシェアイア　I 83
アラモサウルス　II 111
アラル海　III 49
アランダスピス類　I 114
アリスタルコス　I 12
アリストテレス　I 41
RNA　I 34, 37
アルカエオプテリス　II 24
アルキバクテリア　I 34, 36, 42, 64
アルクトキオン類　III 36
アルコンタ類　III 36
アルシノイテリウム　III 29
アルティアトラシウス　III 64
アルティカメルス　III 63
アルディピテクス　III 59
アルディピテクス・ラミダス　III 94
アルファドン　III 36
アルプス山脈　III 24
アルプス造山運動　III 25
アルベルティ，フリードリッヒ・アウグスト・フォン　II 52, 70
アルミニヘリンギア　III 38
アレガニー造山運動　II 42, 43, 54
アロデスムス　III 50
アンガラランド　II 40
アンキロサウルス類　II 111
安山岩　III 105
安定盾状地　I 59
アンデス山脈　III 16, 42, 84
アントラコテリウム類　III 63
アントラー造山運動　II 16, 21, 30
アンドリュウサルクス　III 34, 38
アンブロケトゥス　III 30
アンモナイト類　I 105, II 22, 70, 71, 82, 83, 88, 97, 98

[い]

イアペトス海　I 69, 73, 86, 88, 91, II 15, 16, 40
イアペトス構造　I 106
イアペトス縫合境界線　II 19
イウレメデン海盆　II 105
イカロサウルス　II 77
維管束植物　I 116, II 13
イグアノドン　II 111, 113
イクチオステガ　II 23, 36
異甲類　I 114
イシサンゴ類　I 112, III 18
イスアン期　I 44
異節類　III 55
一次生産者　I 77
異地性テレーン　II 19, 84
イチョウ類　II 58, 68, 83, 112
遺伝子　I 37
遺伝子プール　I 36, 64, 75
遺伝の法則　I 37
イトトンボ　II 114
イヌ上科　III 38
イベリアマイクロプレート　III 44
イマゴタリア　III 51
陰生代　I 68
隕石　I 17, 19
インドクラトン　III 46
インドケトゥス　III 30
インドプレート　III 15
インド洋　II 107
インドリコテリウム　III 29

[う]

ヴィヴェラヴス類　III 38
ウィスコンシン氷期　III 81
ウィリストンの法則　I 40
ウィルソン，エドワード・オズボーン　III 120
ウィワクシア類　I 83
ウインタテリウム　III 27
ウインタ盆地　III 25
ウェゲナー，アルフレッド　II 57
ヴェルヌーイ，エドゥアール・ド　II 53
ヴェンド生物　I 62, 64
ウェンロック礁群集　I 112
ウォルコット，チャールズ　I 80
ウォルビス海嶺　II 107
渦鞭毛藻類　I 54, 60
ウマ類　III 55
ウミエラ　I 112
ウミツボミ類　II 61
ウミユリ（類）　II 32, 61, 88, 95
ウーライト　II 82
ウラル海　I 108, II 54
ヴルパウス（類）　III 34, 38

[え]

栄養分割　III 28
栄養網　I 76, 77, 78
エウシカリヌス類　II 50
エウパルケリア　II 81
エウリジゴマ　III 53
エウリノデルフィス　III 50
エウロタマンドゥア　III 33
エオシミアス・シネンシス　III 65
エオマニス　III 33
エダフォサウルス　II 64
エディアカラ　I 60, 64
エディアカラ動物相　I 61, 62
エナリアルクトス　III 50, 51
エピガウルス　III 60
エミュー・ベイ頁岩　I 80
エルデケエオン・ロルフェイ　II 35
塩基対　I 36
エンテロドン類　III 63
エントセラス類　I 98
エンボロテリウム　III 34

[お]

オアチタ湾　I 90
オイラー極　I 22
オーウェン，デイヴィッド・デール　II 29
オーウェン，リチャード　III 21
横臥褶曲　I 26
オウムガイ類　I 92, 98, II 60, 98
大型海生爬虫類　II 68
オオツノシカ　III 83, III 86
オキシエナ　III 27
雄型　I 30
オステオボルス　III 60
オーストラリア界　III 108
オゾン層　I 20
オットイア　I 83
オッペル，アルバート　I 105
オドントグリフス　I 83
オビ海盆　II 94
オビク海　III 44
オフィオライト　I 74, 91, III 23, 46
オモミス類　III 64
オリクテロケトゥス　III 50
オルソセラス類　I 98
オルドビス紀　I 77, 86
　──の礁　I 94
オルドワイ石器　III 103
オルドワンツール　III 88
オルニトデスムス　II 114
オレオドン類　III 63
オンコセラス類　I 98
温室効果　I 86, 93, III 100, 118
温暖化　II 61

[か]

界　I 42
外核　I 16, 18, 19, 23
貝形虫類　I 85, 117
海溝　II 30, 69, 72
海山　I 51, III 22
外翅類　II 51
海水準　I 92
　──の変化　I 76
海生ワニ類　II 88
海底火山山脈　I 51
海底磁気異常　I 23
海綿動物（海綿類）　I 64, 65, 78, 93, 112, II 21, 58, 92
海洋地殻　I 50, II 106, 108
海洋底拡大　II 83
海洋プレート　II 108
外来性テレーン　II 108, 109
海嶺　II 69, 94, 107
外惑星　I 16
カウディプテリクス　II 121
化学循環　I 32
カギムシ類　II 50
カキ類　II 89
核脚類　III 63
カザフスタニア　II 16
カザフスタン　I 88
火山　II 88, 108
火獣類　III 55
過剰殺戮仮説　III 91
カスカス海　II 30
カスケード山脈　III 42
火成活動　I 59
火成岩　I 24
化石　I 23, 30
顆節類　III 27
河川堆積物　II 46
花虫類　I 65
滑距類　III 55
褐炭　II 45, 103
甲冑魚　II 22
カナダ盾状地　I 57
ガニスター　II 46
カブトガニ類　II 93
カモノハシ竜（類）　II 69, 111
カラミテス　II 47
カラモフィトン　II 24
カリーチ　II 90
カリブ海　III 106
カリブプレート　III 105, 106
ガリレオ・ガリレイ　I 12
カール　III 78
カルクリート　II 20
カルスト　II 32, 33
カルー地方　II 79
カルパチア山脈　III 24
カルー盆地　II 71
ガレアスピス類　I 114
カレドニア造山運動　I 104, II 19, 42
岩塩ドーム　II 87
環形動物　I 65, 117
環礁　II 32
完新世　III 96
岩石圏　I 19, 22, 24, III 24

索引

環太平洋火山帯　Ⅱ69
貫入岩　Ⅰ25
カンブリア紀　Ⅰ68, 69, 70, 77
　──の爆発的進化　Ⅰ35, 70, 76
緩歩多足類　Ⅰ79
緩歩類　Ⅰ85
岩流圏　Ⅰ19, 22

[き]

ギガノトサウルス　Ⅱ111
気圏の構造　Ⅰ21
気孔　Ⅱ76
気候変動　Ⅲ96
疑似的反芻動物　Ⅲ63
輝獣類　Ⅲ55
寄生者　Ⅰ77
北アメリカクラトン　Ⅱ21
北大西洋　Ⅱ94
キモレステス　Ⅲ28, 38
逆磁極　Ⅰ29
逆断層　Ⅰ26
キュヴィエ, ジョルジュ　Ⅰ41, Ⅲ12, 21
旧世界ザル　Ⅲ13
旧赤色砂岩　Ⅱ14, 19, 20, 27
旧赤色砂岩大陸　Ⅱ16, 18, 20, 24, 30, 40
旧北界　Ⅲ108
鋏角類　Ⅰ84, 85
狭鼻猿類　Ⅲ57, 65
恐竜類　Ⅱ68, 69, 70, 79, 82, 90, 93, 100, 102, 112
棘魚類　Ⅰ120, Ⅱ23
棘皮動物　Ⅰ65, 78
裾礁　Ⅱ32
魚竜類　Ⅱ77, 89, 89
魚類　Ⅱ13, 37, 71, 89, 117
　──の時代　Ⅱ18, 27
キロテリウム　Ⅱ74
キンバーライト　Ⅰ49
キンバーライトパイプ　Ⅰ18
菌類　Ⅰ43

[く]

グアニン　Ⅰ37
空椎類　Ⅱ37
苦灰岩　Ⅰ71, Ⅱ59
苦灰統　Ⅱ52, 53
クジラ類　Ⅲ14, 18
クモ類　Ⅱ23, 49
クラウディナ　Ⅰ64, 65
クラゲ類　Ⅱ93
クラトン　Ⅰ25, 45, 46, 47, 49, 53, Ⅱ16, 18, 73
クラトン性楯状地　Ⅱ12
グランドキャニオン　Ⅰ26
グリパニア　Ⅰ54, 64
グリプトドン類　Ⅲ55
グリーンストーン　Ⅰ47
グリーンストーン帯　Ⅰ48
グリーンリバー累層　Ⅲ25
グレゴリー, ジョン・ウォルター　Ⅲ102
グレーザー　Ⅰ77

クレード　Ⅰ41
グレートバリアリーフ　Ⅲ118
グレートリフトヴァレー　Ⅱ87, Ⅲ103
クレフト, ジェラード　Ⅲ53
グレーンストーン　Ⅰ113
グロッソプテリス　Ⅱ57, 58
クロル, ジェームス　Ⅲ76
クンカー　Ⅱ20

[け]

形質転換　Ⅰ39
傾斜不整合　Ⅰ26
ケイゼリング, アレクサンドル　Ⅱ53
珪藻類　Ⅰ54
ケサイ　Ⅲ83
欠脚類　Ⅱ35
欠甲類　Ⅰ114, 115, 118
KT事件　Ⅱ116
KT絶滅　Ⅱ117
ケーテテス類　Ⅰ111
ケナガマンモス　Ⅲ83
ケープベルデプルーム　Ⅱ86
ケプラー, ヨハネス　Ⅰ12
ケルゲレン海台　Ⅱ106
原猿類　Ⅲ64
原核細胞　Ⅰ61
原核生物　Ⅰ36, 57
顕花植物　Ⅱ102, 112, 119
懸谷　Ⅲ78
原始海洋　Ⅰ21
原始スープ　Ⅰ35
原始太陽　Ⅰ14
原始大陸　Ⅰ44, 46
剣歯ネコ　Ⅲ85
犬歯類　Ⅰ64, 76, Ⅲ28
減数分裂　Ⅰ36
原生生物　Ⅰ42, 64
原生代　Ⅰ21, 29, 44, 56, 68
顕生代　Ⅰ68
ケントリオドン　Ⅲ50
原有蹄類　Ⅲ63

[こ]

コイパー泥灰岩　Ⅱ70
甲殻類　Ⅰ85, 117
広弓類　Ⅱ81
光合成バクテリア　Ⅰ64
硬骨魚類　Ⅰ120, Ⅱ27
向斜　Ⅰ26
更新世　Ⅲ70
後生動物　Ⅰ65
構造海面変動　Ⅰ75
紅藻類　Ⅰ54
後退堆石　Ⅲ79
甲虫　Ⅱ50
広鼻猿類　Ⅲ57, 65
広翼類　Ⅰ118, Ⅱ22, 34, 35
コエルロサウラス　Ⅱ77
コエロドンタ・アンティクイタティス　Ⅱ83
五界体系　Ⅰ42
コケムシ類　Ⅰ92, 93, 95, 117, Ⅱ58, 61

ココスプレート　Ⅲ104, 106
古細菌　Ⅰ42
弧状列島　Ⅱ72
古生代　Ⅰ68
五大湖　Ⅲ81
古第三紀　Ⅲ14
古大西洋　Ⅱ40
古太平洋　Ⅱ30, 40, 69, 72, 94
古地磁気　Ⅰ72
骨格　Ⅰ71
骨甲類　Ⅰ114, 118
コッコリス　Ⅰ54
古テーチス海　Ⅰ106
古ドリュアス期　Ⅲ74
ゴニアタイト類　Ⅱ60
コニビア, ウィリアム　Ⅱ28, 82, 102
コノドント　Ⅰ91, 114
古杯動物　Ⅰ65, 74, 78, 79
コープ, エドワード・ドリンカー　Ⅱ91
コープの法則　Ⅰ40
コペルニクス, ニコラス　Ⅰ12
固有種　Ⅲ108
コリフォドン　Ⅲ27
古竜脚類　Ⅱ77, 79
コルダイテス　Ⅱ47, 62
コルダボク類　Ⅱ58
コロニー　Ⅰ109, 111, Ⅱ29
昆虫類　Ⅰ85, Ⅱ13, 28, 38, 49, 50
ゴンドワナ　Ⅰ59, 69, 72, 88-90, 106, 107, Ⅱ16, 18, 29, 38-40, 42-44, 56-58, 72, 73, 79, 83, 84, 94, 107
ゴンドワナ植物相　Ⅱ74

[さ]

サイクロスフェア　Ⅲ12, 18, 41
サイクロセム　Ⅱ46
最古の大気　Ⅰ44
最初の石灰岩　Ⅰ45
最初の陸上群集　Ⅰ104
最大氷期　Ⅲ74
ザイラッハー, アドルフ　Ⅰ62
サウロクトヌス　Ⅱ62
砂丘　Ⅱ74, 75
砂丘層理　Ⅱ74
サソリ　Ⅱ23, 34, 35, 49, 50
サッココマ　Ⅱ92, 93
擦痕　Ⅲ78
砂漠　Ⅱ72, 74, 75, 79
砂漠性　Ⅱ62, 79
サムフラウ山脈　Ⅱ30
サムフラウ造山運動帯　Ⅱ31
サメ類　Ⅱ23, 88, Ⅲ15
砂紋　Ⅱ75
サルカストドン　Ⅲ34, 38
サーレマー海盆　Ⅰ118
サロペラ　Ⅰ116
サンアンドレアス(トランスフォーム)断層　Ⅰ22, Ⅲ83, 84
三角州　Ⅱ20, 46, 47
山河氷河　Ⅲ72
山間流域盆地　Ⅰ20
漸減派　Ⅱ117
サンゴ　Ⅰ64, 95, 113, Ⅱ21, 32, 61, 83, 92

三重会合点　Ⅱ85, 86, Ⅲ102
三畳紀　Ⅱ68, 70
酸性雨　Ⅲ118
山西大地溝系　Ⅲ47
酸素　Ⅰ20
酸素含有量　Ⅰ29
サンダンス海　Ⅱ91
三葉虫類　Ⅰ80, 83, 85, 92, 95, 96, 97, Ⅱ60
　──の進化　Ⅰ102
山稜石　Ⅱ74

[し]

シアノバクテリア　Ⅰ34, 48, 53, 54, 57, 61, 64, 68, 74
シアノバクテリア礁　Ⅰ93
シアル　Ⅰ19
塩　Ⅱ59, 87
シカデオイデア類　Ⅱ114
シギラリア　Ⅱ47
シーケンス　Ⅰ26
シーケンス層序学　Ⅰ28
ジゴマタウルス　Ⅲ53
四肢動物　Ⅰ37
地震波　Ⅰ18
沈み込み帯　Ⅰ94, Ⅲ22
始生代　Ⅰ29, 44, 68
　──の風景　Ⅰ53
始祖鳥(アルカエオプテリクス)　Ⅱ83, 92, 93, 120, 121
示帯化石　Ⅱ83
シダ種子類　Ⅱ58
シダ類　Ⅱ47, 62, 79, 83, 97, 114
シトシン　Ⅰ37
シドネイア　Ⅰ80, 83
磁場逆転　Ⅰ23
シベリア　Ⅰ69, 72, 86, 88, 89, Ⅱ16
シベリア植物相　Ⅱ74
四放サンゴ類　Ⅰ112
刺胞動物　Ⅰ61, 65, 78
シマ　Ⅰ19
縞状鉄鉱石　Ⅰ20, 45, 48, 59
縞模様　Ⅰ23
シミ　Ⅱ51
シャジクモ類　Ⅰ54
斜層理　Ⅱ20
ジャワ海溝　Ⅱ16
周寒帯　Ⅲ109
獣脚類　Ⅱ97
重脚類　Ⅲ29
獣弓類　Ⅲ64
周極海流　Ⅲ18, 45
褶曲山地　Ⅱ12
褶曲衝上帯　Ⅲ25
種形成　Ⅰ39
従属栄養生物　Ⅰ42
収束境界　Ⅰ23
終堆石　Ⅲ79
皺皮サンゴ類　Ⅰ112
収斂進化　Ⅰ39, Ⅱ111
ジューグロドン歯　Ⅲ31
ジューグロドン類　Ⅲ30
種子植物　Ⅰ29, 83
出アフリカ仮説　Ⅲ89
種の起源　Ⅰ38, 68
種分化　Ⅰ75

141

索　引

ジュラ紀　II 82
主竜類　II 80
礁　I 113, II 21, 59
条鰭類　II 23, 27
礁湖　I 113, II 32, 58, 59
衝上断層　I 26
衝突帯　III 25
鍾乳石　I 33
蒸発岩層　II 87
床板サンゴ類　I 112, 117, II 21
消費者（有機物の）　I 77
初期の大気　I 44
燭炭　II 45
植物　I 43, II 71
植物相　II 29
植物プランクトン　II 83
食物網　I 85, II 88, 89
食物連鎖　II 88
シリウス・パセット　I 80, 84
シルル紀　I 104, II 13
　　――の風景　I 117
シレジアン　II 39
シロアリ類　II 114
真猿類　III 65
進化　I 35, 54, 85, 102, III 36, 38, 90
深海平原　I 50, 51, II 94
真核細胞　I 64
真核生物　I 36, 42, 57, 61, 64
人工衛星　I 23
新口動物　I 120
真骨類　II 88
浸食作用　I 25
真正細菌　I 42
新世界ザル　III 13
新赤色砂岩　II 14, 52, 53, 54
新第三紀　III 40
シンテトケラス　III 60
新ドリュアス期　III 74
新熱帯界　III 108
新北界　III 108, 109
針葉樹類　II 68, 69, 70, 83, 97, 112, 114
森林　II 14
　　――の伐採　III 97

[す]

彗星　I 19
スクトサウルス　II 62
スクルートン，コリン　II 23
スコット，ロバート（キャプテン・スコット）　II 23
スコレコドント　I 117
スティグマリア　II 47
スティリノドン　III 27
ステゴサウルス　II 97
ステノ，ニコラウス　I 29, III 15
ストルチオサウルス　II 112
ストロマトライト　I 51, 53, 58, 60, 64, 79, 117
スミス，ウィリアム　I 29, II 82, 102
スミロデクテス　III 64
スワジアン期　I 44

[せ]

斉一観　I 25

星雲　I 14
生痕化石　I 30, 77
正磁極　I 29
生態的地位　I 40, III 14
正断層　I 26
生物群系　III 100
生物多様性　I 75
生物地理界　III 108
生物地理区　II 94
生命の起源　I 34
セヴィア造山運動　II 104
脊索動物　I 65, 120
石質普通海綿　I 94
石筍　I 33
赤色岩層　I 56, II 58, 79
赤色砂岩　I 13, 72
石炭　II 39, 44-46
石炭紀　II 13
石炭紀後期　II 38
石炭紀前期　II 28, 34
脊椎動物　I 65, 120
赤底統　II 52, 53
石油　II 21, 45
石油堆積物　II 103
石油トラップ　II 59
セジウィック，アダム　I 70, 86, II 14
石灰海綿　I 111
石灰岩　I 45, 71, II 29, 32, 33, 59
　　――の時代　II 29
石灰シアノバクテリア　I 78, 93, 94
石灰藻類　II 54
石膏　II 59
節足動物　I 65, 83, 85, II 50
　　――の進化　I 85
絶滅　I 39, 40, 41, II 100, III 120
　　――の原因　II 61
先カンブリア時代　I 44, 68, II 12
扇鰭類　II 23
前弧海盆　III 22, 25
前礁　I 113
扇状堆積層　II 91
扇状地　II 19, 62, 74
染色体　I 37
鮮新世　III 71

[そ]

ソアニティド類　I 93, 94
双弓亜綱（双弓類）　II 80, 81, 100
総鰭類　II 13, 22, 23, 27, 36
走向移動断層　I 27
層孔虫類　I 93, 111, 118, II 21
層孔虫類礁　I 104
造山運動　I 56, 57, II 94
造礁　I 95
造礁サンゴ類　II 68
相対年代測定法　I 29
相同　I 38
草本植物　II 112
総鱗類　I 120
藻類の進化　II 54
続成作用　I 48
側生動物　I 64, 65
側堆石　III 79
ゾステロフィルム類　I 116
ソテツ類　II 58, 68, 69, 83, 112

ソノマ造山活動　II 54
ゾルンホーフェン（石灰岩）　II 93, 95

[た]

ダイアピル　II 87
大イオニア海　II 30
大気　I 44
大グレン断層　II 19
第三紀　III 12
大西洋　II 12, 86, 94, 107
　　――の拡大　III 98
　　――の循環　III 77
大西洋中央海嶺　I 22, III 16
大西洋プレート　III 106
堆積岩　I 24
大石炭湿原　II 29
大地溝　I 109, II 73, 106
大地溝形成　III 102
大地溝帯　II 72, 84, 86, 87, 88, 94, III 21
太平洋プレート　III 83
ダイヤモンド　I 49
大陸盾状地　I 46
大陸地殻　I 50, II 106, 108
大陸の古位置　I 72
大陸漂移　I 22
大陸氷河　II 56, III 78
大陸プレート　II 108
対流セル　I 22
大量絶滅　I 41, 76, 92, II 102, 116
タウイア　I 64
ダーウィン，チャールズ　I 38, 41, 68, II 57, 58, III 41
タエニオラビス類　III 28
多丘歯類　III 28
タコニック造山運動　I 86, 88, 91, II 42
タコ類　II 93
多細胞生物　I 61, 64
タスマニアデビル　III 38
タスマン帯　II 16
多足類　II 50, 51
多地域的な進化説　III 90
盾状地　I 45, 47, 49, II 30
ダート，レイモンド　III 58
タニストロフェウス　II 77
谷氷河　III 78
ダニ類　II 23
多板類　I 97
タラソレオン　III 51
ダロワ，ドマリウス　II 28, 102
単弓類　II 81
単系統（一元的）群　I 41
単細胞　I 57
単細胞生物　I 61
炭酸塩の礁　I 78
炭酸塩補償深度　II 93
単肢動物　I 85, II 51
炭素14（^{14}C）年代測定　III 96
炭素取り込み効果　III 15
炭田　II 44
単板類　I 97
単竜類　II 35

[ち]

地衣植物　I 115
チェンジャン　I 80, 84
チェンジャン動物相　I 114
地殻　I 16, 18, 19
地殻均衡　III 72
チクチュルブ構造　II 117
地溝　II 84, 87, III 21
地溝帯　II 86
地上性ナマケモノ　III 55
地層累重の法則　I 29
チーター　III 113
地中海　III 16
地中海湖　III 49
チミン　I 37
チャート　I 20, 48
中央海嶺　I 22, 23, 50, 108
中国　I 88
柱状図　I 29
紐歯類　III 27
中生代　II 68
中堆石　III 79
鳥脚類　II 112
長頸竜類　II 88
超新星爆発　I 14
超大陸ゴンドワナ　II 30
鳥盤類　II 101
鳥類　II 68, 100, 117
　　――の系統　II 121
チョーク　II 103
チョーク堆積物　II 104

[つ]

角竜　II 69
角竜類　II 111, 112
ツンドラ　III 71

[て]

ディアコデクシス　III 63
DNA　I 34, 37, 57
泥岩　I 113
ティキノスクス　II 74
ディキノドン類　II 64, 65
ディクロイディウム　II 76
ティコ・ブラーエ　I 12
ティタノテリウム類　III 26
泥炭　II 45
ディナンシアン　II 39
底盤　III 105
ディプロトドン　III 53
ディメトロドン　II 64, III 28
テイラー，フランク　III 80
ティラコレオ　III 53
ティラノサウルス　II 111
デオキシリボ核酸　I 34, 37
デカン・トラップ　I 23
適応放散　I 39
デスモスチルス類　III 52
テーチス海　II 40, 55, 70, 72, 77, 84, 88, 89, 94, III 16, 42
テーチス区　II 94
鉄　II 45
Tetracanthella arctica　III 110

デボン紀　II 13, 14
デラウェア海盆　II 54, 58
テラトルニス　III 93
テルマトサウルス　II 112
テレーン　I 74, 75
テロダス類　I 114, 115, 118
テンダグル　II 97
天皇・ハワイ海山列　III 22

[と]

ドゥギウーリトス・シルグエイ　II 81
頭足類　I 97, II 59, 61, 98
動物界　I 43
動物相更新の法則　II 82
動物地理区　II 110
トカゲ類　II 93
トクサ類　II 47, 49, 58, 62, 79, 114
独立栄養生物　I 42
ドッガー　I 83
突然変異　I 36, 64
トビムシ　I 50, III 110
トモティア類　I 70
トラップ　II 60
トラップ玄武岩　III 103
トランスサハラ海路　II 105
トランステンション盆地　III 44
ドリコリヌス　III 27
トリチロドン　III 28
トロオドン　II 121
トロゴスス　III 28
ドロップストーン　I 90, II 56, III 79
ドローの法則　I 40
トーンキスト海　I 69
トンボ類　II 93

[な]

ナイアガラ瀑布　III 82
内核　I 16, 18, 19
内翅類　II 51
内部共生　I 57
内陸海　I 75
内陸海路　II 104
内陸湖　II 72
内惑星　I 16
流れの痕跡　II 20
ナスカ海洋プレート　III 104
南極プレート　III 104
軟甲類　I 85
軟骨魚類　I 120
軟体動物　I 65
南蹄類　III 55
ナンヨウスギ類　II 77

[に]

肉鰭類　II 23
肉食動物　I 77
肉食哺乳類　III 38
肉歯類　III 26, 27
二酸化炭素　I 19, 20, II 22
二酸化炭素濃度　I 91
二酸化炭素レベル　II 76
二重らせん構造　I 37

二枚貝類　II 32, 61, 70
ニュートン, アイザック　I 12

[ね]

ネアンデルタール人　III 91, 95
ネヴァダ造山運動　II 84
ネオヴェナトル　II 114
ネオヘロス　III 53
ネコ上科　III 38
熱水生態系　I 109
熱水噴出孔　I 50, 51, 108
熱流量　III 23
ネマトフィテス類　I 116
年輪年代学　III 97

[の]

ノトサウルス類　II 77
ノルウェーヨモギ　III 111
ノンコンフォーミティー　I 26

[は]

バイオーム　III 100, 109
バイカル大地溝系　III 47
配偶体　II 118
背弧縁辺海盆　III 23
背弧海盆　III 23
背弧拡大　III 23
胚細胞分裂　I 64
背斜　I 26
ハイデルベルク人　III 91, 95
ハイランド境界断層　II 19
バウンドストーン　I 113
破壊境界　I 22
パキエナ　III 27, 38
パキケトゥス　III 31
破局説　II 116
白亜紀　II 102
バクテリア　I 48, 57, 64, 115
バク類　III 63
バージェス頁岩　I 80, 81
バージェス頁岩動物相　I 81
バシロサウルス　III 31
バソリス　III 25
鉢虫類　I 65
爬虫類　II 13, 28, 35, 37, 38, 49, 70, 71, 77, 81, 83
パックアイス　III 76
ハッチャー, ジョン・ベル　III 26
ハットン, ジェイムズ　I 12, II 18
八放サンゴ類　I 112
ハデアン期　I 44
パトリオフェリス　III 27
パナマ地峡　III 86
パナマ陸橋　III 42
バーバートングリーンストーン帯　I 34
ハパロプス　III 55
パーベック　II 83
パラキノヒエノドン　III 34, 38
パラテーチス海　III 42
パラネル・ペトン　II 35
ブランド, ジョアキム　I 70, 86
パラントロプス　III 59
パラントロプス・エチオピクス III 94

パラントロプス・ボイセイ　III 59, 94
パラントロプス・ロブストス　III 94
バリオニクス　II 114
ハルキエリア・エバンゲリスタ　I 79
ハルキゲニア　I 79, 80, 83
バルティカ　I 69, 72, 74, 86, 88, 89, 105, 106, II 12, 15, 16, 18, 42, 44
ハルパゴレステス　III 34
パレイアサウルス類　II 62
パレオストロプス　II 47
パレオパラドキシア　III 52
パロルケステス　III 53
パンゲア　II 12, 38-40, 52, 54, 58, 68, 69, 72-74, 83, 84, 86, 94
半減期　I 29
半索動物　I 65
パンサラッサ（海）　I 69, 88, 107, II 30, 40, 42, 69, 72, 94
板歯類　II 77
汎歯類　III 27
汎存種　III 108
パンダー, クリスチアン・ハインリッヒ　I 99
ハンドアックス　III 89
板皮類　I 120, II 23, 27
反復進化　I 39
ハンモッキー地形　III 81
盤竜類　II 64

[ひ]

ヒオプソドゥス類　III 27
ヒオリテス類　I 78, 83
ピカイア　I 83
ヒカゲノカズラ類　II 34, 47, 58, 62, 76
東太平洋海膨　III 22, 85
ヒゲクジラ類　III 18
被子植物　II 119
非整合　I 26
ピタゴラス　I 12
ビッグバン　I 14, 15, 35
ヒッパリオン　III 56
ヒト上科　III 57
ヒトデ類　II 88
ヒネルペトン　II 23
ヒプシロフォドン　II 114
ヒマラヤ山脈　II 104, III 24, 45, 46
ヒマラヤユキヒョウ　III 113
ビュフォン, コント・ド　I 38
ヒューロニアン階　I 56
氷河　II 40, 56, 57
氷河サイクル　III 77
氷河擦痕　II 56
氷河作用　I 58, 59, 91, III 71, 72, 78, 80
氷河時代　I 56, 57, 60, 92, II 13
氷河性海面変動　I 75
氷河性堆積物　I 60
氷冠　II 40
氷結圏　III 70
氷縞　II 56
氷室状態　I 93

氷床　III 70, 72, 80
氷成堆積物　II 56, III 79
氷堆石　III 79, 96
氷礫岩　I 60, 90, II 56, 57, III 79
ヒラキウス　III 27
ヒラコテリウム　III 27
ヒラコドン　III 56
ヒルナンティアン　I 92
ピレネー山脈　III 24, 44
ヒロノムス　II 49

[ふ]

ファマティナ造山運動　I 90
ファラロンプレート　III 106
フアン・デ・フカ　III 85, 106
フアン・デ・フカプレート　III 104
フィリップス, ウィリアム　II 28, 82, 102
風化作用　I 24, 25
フェナコドゥス（類）　III 27
フォルスラコス　III 38
腹足類　I 92, II 32, 60
フクロオオカミ　III 38
プシッタコテリウム　III 27
不整合　I 26, II 18
プッシュ・モレーン　III 79
浮泥食者　I 77
筆石類　I 109, 111, II 16
普遍種　III 108
プラケリアスの化石　II 65
プラシノ藻類　I 54
ブラックスモーカー　I 34, 50, 51, 108
プラヤ　II 72, 75
ブランデ, ヨアキム　I 70
フリッシュ　III 25
プルトン　III 25
プレコルディレラ山系　I 88, 90
プレート　I 22, II 30
プレート境界　I 23
プレートテクトニクス　I 59, 75
ブロークンリッジ海台　II 106
プロトケトゥス　III 31
プロトケラトプス　II 111, 113
プロトレピドデンドロン　II 24
ブロニアール, アレクサンドル・ド　II 82
プロパレオテリウム　III 33
分解者　I 77
分岐進化　I 39
分岐図　II 121
分岐論　I 41
フンコロガシ　III 111
分子配列決定　I 41
ブンター砂岩　II 70
フンボルト, アレクサンダー・フォン　II 82

[へ]

平滑両生類　II 37
平行不整合　I 26
ペイトイア　I 80
ベクレル, アントワーヌ・アンリ　I 29
ヘス, ハリー　II 83, III 21

小林　学・恩藤知典・山極　隆編

地学観察実験ハンドブック（新装版）

16045-3　C3044　　　　B5判　388頁　本体8500円

地学が学習者に喜んで受け入れられるためには，興味をもたせ，内容のある魅力的な観察や実験を行うことである。生の自然のもつスケールの大きさ，迫力，精妙さ，偉大さといったものを感得させる身近にある地学教材105を用いて教育現場で役立つよう勘所をおさえて明快に解説。〔内容〕岩石（10編）／鉱物（8編）／地質現象（5編）／地形（5編）／化石（8編）／地震（9編）／気象（11編）／陸水・海水（7編）／天文（22編）／火山（3編）／資料。初版1988年

元横国大 鹿間時夫著

日本化石図譜（増訂版）

16226-X　C3644　　　　B5判　296頁　本体22000円

日本における多種多様な化石を網羅し，図版に簡潔な説明を付して構成。あわせて化石全体の概説も記載した。〔内容〕化石／東亜における化石の時代分布／化石の時代分布表／東亜の地質系統表／化石図版および同説明／化石の形態に関する術語

元名大 森下　晶・前名大 糸魚川淳二著

図説古生態学

16229-4　C3044　　　　B5判　180頁　本体8500円

古生物と生活環境の相互関係を研究する古生物学の一分野である古生態学。この学問を多数の図表と写真で解説。〔内容〕化石／古生態学／現在主義／自然環境と生物／堆積学的吟味／瑞浪層群／群集古生態学／個体古生態学／フィールド観察

日本古生物学会編

化石の科学（普及版）

16230-8　C3044　　　　B5判　136頁　本体5800円

本書は日本古生物学会創立50周年の記念事業の一つとして，古生物の一般的な普及を目的に編集された。数多くの興味ある化石のカラー写真を中心に，わかりやすい解説を付す。〔内容〕化石とは／古生物の研究／化石の応用

静岡大 狩野謙一・徳島大 村田明広著

構造地質学

16237-5　C3044　　　　B5判　308頁　本体5700円

構造地質学の標準的な教科書・参考書。〔内容〕地質構造観察の基礎／地質構造の記載／方位の解析／地殻の変形と応力／地殻物質の変形／変形メカニズムと変形相／地質構造の形成過程と形成条件／地質構造の解析とテクトニクス／付録

D.E.G.ブリッグス他著　大野照文監訳
鈴木寿志・瀬戸口美恵子・山口啓子訳

バージェス頁岩化石図譜

16245-6　C3044　　　　A5判　248頁　本体5400円

カンブリア紀の生物大爆発を示す多種多様な化石のうち主要な約85の写真に復元図をつけて簡潔に解説した好評の"The Fossils of the Burgess Shale"の翻訳。わかりやすい入門書として，また化石の写真集としても楽しめる。研究史付

小畠郁生編

化石鑑定のガイド（新装版）

16247-2　C3044　　　　B5判　216頁　本体4800円

特に古生物学や地質学の深い知識がなくても，自分で見つけ出した化石の鑑定ができるよう，わかりやすく解説した化石マニア待望の書。〔内容〕Ⅰ.野外ですること，Ⅱ.室内での整理のしかた，Ⅲ.化石鑑定のこつ。初版1979年

鹿間時夫著

古脊椎動物図鑑（普及版）

16249-9　C3544　　　　B5判　224頁　本体9500円

多くの関心と興味を集めている地質時代の古生物337種を，さまざまな文献・資料から厳密に復元。正確精緻な図に適確な解説を付し，高度な学術書としても，楽しい図鑑としても役立つ。図は動物細密図の藪内正幸による。初版1979年

D.パーマー著　小畠郁生監訳　加藤　珪訳

化石革命
―世界を変えた発見の物語―

16250-2　C3044　　　　A5判　232頁　本体3600円

化石の発見・研究が自然観や生命観に与えた「革命」的な影響を8つのテーマに沿って記述。〔目次〕初期の発見／絶滅した怪物／アダム以前の人間／地質学の成立／鳥から恐竜へ／地球と生命の誕生／バージェス頁岩と哺乳類／DNAの復元

C.ミルソム・S.リグビー著
小畠郁生監訳　舟木嘉浩・舟木秋子訳

ひとめでわかる 化石のみかた

16251-0　C3044　　　　B5判　164頁　本体4600円

古生物学の研究上で重要な分類群をとりあげ，その特徴を解説した教科書。〔目次〕化石の分類と進化／海綿／サンゴ／コケムシ／腕足動物／棘皮動物／三葉虫／軟体動物／筆石／脊椎動物／陸上植物／微化石／生痕化石／先カンブリア代／顕世代

小畠郁生監訳　池田比佐子訳

恐竜野外博物館

16252-9　C3044　　　　A4変判　144頁　本体3800円

現生の動物のように生き生きとした形で復元された仮想的観察ガイドブック。〔目次〕三畳紀（コエロフィシス他）／ジュラ紀（マメンチサウルス他）／白亜紀前・中期（ミクロラプトル他）／白亜紀後期（トリケラトプス，ヴェロキラプトル他）

◈ 古生物の科学〈全5巻〉 ◈
古生物学の視野を広げ，レベルアップを成し遂げる

前東大 速水　格・前東北大 森　啓編
古生物の科学1
古 生 物 の 総 説・分 類
16641-9 C3344　　B 5 判 264頁 本体12000円

科学的理論・技術の発展に伴い変貌し，多様化した古生物学を平易に解説。〔内容〕古生物学の研究・略史／分類学の原理・方法／モネラ界／原生生物界／海綿動物門／古杯動物門／刺胞動物門／腕足動物門／軟体動物門／節足動物門／他

東大 棚部一成・前東北大 森　啓編
古生物の科学2
古 生 物 の 形 態 と 解 析
16642-7 C3344　　B 5 判 232頁 本体12000円

化石の形態の計測とその解析から，生物の進化や形態形成等を読み解く方法を紹介。〔内容〕相同性とは何か／形態進化の発生的側面／形態測定学／成長の規則と形の形成／構成形態学／理論形態学／バイオメカニクス／時間を担う形態

前静岡大 池谷仙之・東大 棚部一成編
古生物の科学3
古 生 物 の 生 活 史
16643-5 C3344　　B 5 判 292頁 本体13000円

古生物の多種多様な生活史を，最新の研究例から具体的に解説。〔内容〕生殖(性比・性差)／繁殖と発生／成長(絶対成長・相対成長・個体発生・生活環)／機能形態／生活様式(二枚貝・底生生物・恐竜・脊椎動物)／個体群の構造と動態／生物地理他

前京大 瀬戸口烈司・名大 小澤智生・前東大 速水　格編
古生物の科学4
古 生 物 の 進 化
16644-3 C3344　　B 5 判 272頁 本体12000円

生命の進化を古生物学の立場から追求する最新のアプローチを紹介する。〔内容〕進化の規模と様式／種分化／種間関係／異時性／分子進化／生体高分子／貝殻内部構造とその系統・進化／絶滅／進化の時間から「いま・ここ」の数理的構造へ／他

前京大 鎮西清高・国立科学博 植村和彦編
古生物の科学5
地 球 環 境 と 生 命 史
16645-1 C3344　　B 5 判 264頁 本体12000円

地球史・生命史解明における様々な内容をその方法と最新の研究と共に紹介。〔内容〕〈古生物学と地球環境〉化石の生成／古環境の復元／生層序／放散虫と古海洋学／海洋生物地理学／同位体〈生命の歴史〉起源／動物／植物／生物事変／群集／他

J.O.ファーロウ・M.K.ブレット-サーマン編
小畠郁生監訳
恐 竜 大 百 科 事 典
16238-3 C3544　　B 5 判 648頁 本体24000円

恐竜は，あらゆる時代のあらゆる動物の中で最も人気の高い動物となっている。本書は「一般の読者が読むことのできる，一巻本で最も権威のある恐竜学の本をつくること」を目的として，専門の恐竜研究者47名の手によって執筆された。最先端の恐竜研究の紹介から，テレビや映画などで描かれる恐竜に至るまで，恐竜に関するあらゆるテーマを，多数の図版をまじえて網羅した百科事典。〔内容〕恐竜の発見／恐竜の研究／恐竜の分類／恐竜の生態／恐竜の進化／恐竜とマスメディア

加藤碵一・脇田浩二総編集
今井　登・遠藤祐二・村上　裕編
地 質 学 ハ ン ド ブ ッ ク
16240-5 C3044　　A 5 判 712頁 本体23000円

地質調査総合センターの総力を結集した実用的なハンドブック。研究手法を解説する基礎編，具体的な調査法を紹介する応用編，資料編の三部構成。〔内容〕〈基礎編：手法〉地質学／地球化学(分析・実験)／地球物理学(リモセン・重力・磁力探査)／〈応用編：調査法〉地質体のマッピング／活断層(認定・トレンチ)／地下資源(鉱物・エネルギー)／地熱資源／地質災害(地震・火山・土砂)／環境地質(調査・地下水)／土木地質(ダム・トンネル・道路)／海洋・湖沼／惑星(隕石・画像解析)／他

R.スチール・A.P.ハーベイ編
小畠郁生監訳
古 生 物 百 科 事 典 （普及版）
16248-0 C3544　　B 5 判 264頁 本体9500円

大英博物館などに所属する23名の第一線研究者により執筆された古生物関連の項目を五十音順に配列して大項目主義によって解説。地球の成り立ちや古生物の進化・生態を，豊富な図版を挿入しながら専門研究者にも利用できる高いレベルを保ちつつ，初心者にも理解できるように解説。化石などに関心をもつ多くの人々が楽しみながら興味深く読めるように配慮された百科事典。項目には生物名のほか主要な人名・地名・博物館名等を含め，索引を付した。初版1982年

上記価格（税別）は 2006 年 11 月現在

生命と地球の進化アトラス

I 地球の起源からシルル紀

A4変型判148ページ
ISBN 4-254-16242-1 C3044【好評発売中】

1 はじめに ── 地球史の始まり
地球の起源と特質
- 化石のでき方
- 化学循環

生命の起源と特質
- 五つの界

始生代（45億5000万年前から25億年前）
- 藻類の進化

原生代（25億年前から5億4500万年前）
- 初期無脊椎動物の進化

2 古生代前期 ── 生命の爆発的進化
カンブリア紀（5億4500万年前から4億9000万年前）
- 節足動物の進化

オルドビス紀（4億9000万年前から4億4300万年前）
- 三葉虫類の進化

シルル紀（4億4300万年前から4億1700万年前）
- 脊索動物の進化

II デボン紀から白亜紀

A4変型判148ページ
ISBN 4-254-16243-X C3044【好評発売中】

3 古生代後期 ── 生命の上陸
デボン紀（4億1700万年前から3億5400万年前）
- 魚類の進化

石炭紀前期（3億5400万年前から3億2400万年前）
- 両生類の進化

石炭紀後期（3億2400万年前から2億9500万年前）
- 昆虫類の進化

ペルム紀（2億9500万年前から2億4800万年前）
- 哺乳類型爬虫類の進化

4 中生代 ── 爬虫類が地球を支配
三畳紀（2億4800万年前から2億500万年前）
- 昆虫類の進化

ジュラ紀（2億500万年前から1億4400万年前）
- アンモナイト類の進化
- 恐竜類の進化

白亜紀（1億4400万年前から6500万年前）
- 顕花植物の進化
- 鳥類の進化

III 第三紀から現代

A4変型判148ページ
ISBN 4-254-16244-8 C3044【好評発売中】

5 第三紀 ── 哺乳類の台頭
古第三紀（6500万年前から2400万年前）
- 哺乳類の進化
- 肉食哺乳類の進化

新第三紀（2400万年前から180万年前）
- 有蹄類の進化
- 霊長類の進化

6 第四紀 ── 現代に至るまで
更新世（180万年前から1万年前）
- 人類の進化

完新世（1万年前から現在まで）
- 現代の絶滅

朝倉書店

〒162-8707　東京都新宿区新小川町6-29／振替00160-9-8673
電話03-3260-7631／FAX03-3260-0180
http://www.asakura.co.jp　eigyo@asakura.co.jp